WULIXUE

高职高专规划教材

物理学

U0161274

曲梅丽 赵 辉 主编
李克勇 主审

第三版

化学工业出版社
·北京·

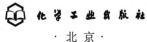

内 容 简 介

《物理学》第三版是根据教育部颁布的《高职高专教育物理课程教学基本要求》，在“以应用为目的，以必需够用为度”的原则指导下，在高职高专物理教学内容和课程体系改革的实践基础上，总结了教学实践中的改革成果和经验，为适应高职实施的项目导向教学的需要而编写的。

本书以力学、电磁学中的基本概念、基本规律和基本方法为核心，适当增加了热力学知识，同时加强了理论在工程技术中的应用。主要内容包括：质点运动学、质点动力学、刚体的定轴转动、静电场、稳恒磁场、电磁感应、热力学基础、机械振动与机械波。每一章都有学习目标，节后配有习题，章后配有本章小结和自测题。附有每章习题中计算题答案和自测题答案。

本书有配套的PPT电子教案，请发电子邮件至cipedu@163.com获取，或登录www.cipedu.com.cn免费下载。

本书可作为职业院校、高等专科学校、成人高校及本科院校开办的二级职业技术学院、继续教育学院和民办高校各专业的大学物理教材。

图书在版编目（CIP）数据

物理学/曲梅丽，赵辉主编. —3版. —北京：化学工业出版社，2022.1（2023.9重印）
高职高专规划教材
ISBN 978-7-122-39911-3

Ⅰ.①物… Ⅱ.①曲… ②赵… Ⅲ.①物理学-高等职业教育-教材 Ⅳ.①O4

中国版本图书馆CIP数据核字（2021）第188433号

责任编辑：高　钰　　装帧设计：刘丽华
责任校对：张雨彤

出版发行：化学工业出版社（北京市东城区青年湖南街13号　邮政编码100011）
印　　装：高教社（天津）印务有限公司
787mm×1092mm　1/16　印张12¾　字数295千字　2023年9月北京第3版第2次印刷

购书咨询：010-64518888　　售后服务：010-64518899
网　　址：http://www.cip.com.cn
凡购买本书，如有缺损质量问题，本社销售中心负责调换。

定　　价：38.00元　版权所有　违者必究

前言

物理学是自然科学和工程技术科学的基础，工科物理是高等院校工科各专业的重要基础，它所阐述的物理学基本知识、基本思想、基本规律和基本方法，不仅是学生学习后续专业课的基础，也是全面培养和提高学生科学素养、科学思维方法和科研能力的重要内容。

进入21世纪，科学技术的飞速发展对人才培养提出了新要求，为了满足高等职业教育培养生产、建设、管理、服务所需要的高素质技能型专门人才的需要，编者在多年教学教改的基础上，总结了教学实践中的成果，并汲取了其他院校的宝贵经验。

本书主要突出了以下几点：

1. 适应项目教学法的需要

摈弃了物理理论体系的完整性，以力学知识和电磁学知识为主，以热力学知识为辅，满足了各院校实施的项目教学的需要。

标有“*”的内容，作为选学内容，可根据不同专业的需要选学。

2. 内容简述清晰，言语简练，深入浅出

对重点和难点的阐述力求清晰、透彻，不追求缜密的推导和论证，尽量避免运用繁复的数学知识。

3. 精选例题和习题

例题和习题的选择，以达到基本训练要求为度，避免难题和偏题。例题以紧扣教学内容的典型题为主，习题的选择与各知识点紧密相关，并适当控制难度和题量。

4. 配有电子课件

本书的内容已制作成用于多媒体教学的PPT课件，并将免费提供给采用本书作为教材的院校使用。如有需要，请发电子邮件至cipedu@163.com获取，或登录www.cipedu.com.cn免费下载。

本书由曲梅丽、赵辉担任主编，梅丽、齐建春、张伟华为副主编，李克勇为主审，并聘请杨鸿为顾问。参加编写的还有张峰、刘耀斌、边敦明、杨威、孙静等。

本书在编写过程中，参阅了同行的有关著作和教材，在此谨表敬意和感谢。

由于编者水平有限，书中不当之处在所难免，恳请广大读者提出宝贵意见。

编　者

2021年8月

目录

第一章 质点运动学 / 001

第二章 质点动力学 / 019

第三章 刚体的定轴转动 / 043

第六章 电磁感应 / 108

第七章 热力学基础 / 130

第一章　质点运动学

学习目标

1. 理解选择参考系的重要意义，理解质点的概念。
2. 掌握位置矢量、位移、速度和加速度等物理量，理解这些物理量的矢量性、瞬时性和相对性。
3. 理解质点运动方程的意义，并能根据运动方程，借助于直角坐标系中矢量代数运算和微分运算，计算质点平面运动的速度和加速度。
4. 掌握抛体运动规律，会计算质点做圆周运动时的切向加速度和法向加速度。

自然界的一切物质都在不停地运动着。物质的运动形式是多种多样的。物理学是研究物质运动中最普遍、最基本运动形式的一门学科，它包括机械运动、分子热运动、电磁运动、光子运动、原子内部微观粒子的运动等。

机械运动是最简单、最常见的运动形式。物体之间或同一物体各部分之间位置的相对变化，称为机械运动，简称为运动。例如，宇宙中各种星体的运动，地面上的车行人走，工厂中的机器运转，人体中的心脏跳动，血液在血管中的流动，许多机械所用的弹簧等，都是机械运动。

任何物体的机械运动都遵循一定的客观规律。力学的研究对象是机械运动的规律及其应用。力学是物理学的一个重要分支，它是一门古老的学科。但是，在工程应用中，却始终保持着活力。今天，人们对力学规律的认识仍在深入中。

力学通常分为运动学和动力学。运动学研究物体位置随时间变化的规律，不涉及变化发生的原因。物体之间的相互作用对运动的影响，则属于动力学的研究范围。

第一节　参考系　质点　位移

一、参考系

自然界中所有物体都在不停地运动，绝对静止的物体是不存在的。例如，在地面上相对静止的建筑物都随地球一起以 $3.0\times10^4\mathrm{m\cdot s^{-1}}$ 的速度绕太阳运动，而太阳又以 $2.5\times10^5\mathrm{m\cdot s^{-1}}$ 的速度在银河系中运动。运动是物质的固有属性，运动和物质是不可分割的，这就是运动的绝对性。但是，对运动的描述却是相对的。为了描述一个物体的机械运动，必须选择另一个物体作为参考，然后再研究这个物体相对于参考物体是如何运动的。**在描述物体运动时被选作参考用的物体**被称为**参考系**。

在实际问题中，选择哪个物体作参考系，主要取决于问题的性质、研究问题的需要和方便。

二、质点

一般来说，具有一定形状和大小的物体运动时，其内部各点的位置变化是各不相同的，要进行精确的描述既非易事，在某些问题中，也无必要。当物体的线度和形状在所研究的问题中不起作用或所起的作用可以忽略不计时，可以把物体看作是仅**具有质量而没有大小和形状的理想物体**，称为**质点**。质点是一个理想化模型，它仍然是一个物体，它具有质量，但是已经被抽象为一个几何点了。

在下列情况下可以把物体当作质点对待：

1. 物体平动时

平动的物体各点的运动状况可视为相同，即具有相似的轨道，相同的速度和加速度。只要研究其中一点的运动状况，就足以认识平动物体的全貌。因而可以把平动物体简化为质点。

2. 物体的几何尺寸比观察它运动的范围小很多时

此时物体的形状和大小可以忽略。可把他看作质点。

需要注意以下两点：同一物体在一个问题中可以当作质点，而在另一个问题中却不能。例如，研究地球绕太阳公转时，由于地球半径（约 6.4×10^{3}km）比它和太阳之间的平均距离（约为 1.5×10^{8}km）小得多，可以把地球看成质点。但在研究地球的自转时，它上面各点的运动情况大不相同，就不能把它当成质点来处理了。另外，要注意区别质点和小物体。物体再小（原子核的线度约为 10^{-15}m）也有大小和形状，而质点为一个几何点，它没有大小，在空间占有确切的位置。

理想化模型的引入，在物理学中是一种常见的重要的科学分析方法。在以后的学习中还将引入一系列理想模型，例如刚体、理想气体、点电荷等。把物体视为质点的研究方法，在理论和实践上都有重要意义。当所研究的物体不能当作一个质点处理时，就可以把它看成是由许多质点（或质元）组成，分析这些质点的运动，就可以弄清整个物体的运动。这些质点或质元的组合，称为**质点系**。所以，研究质点的运动是研究物体运动的基础。在本书中，除刚体一章外，有关力学的内容，都是把物体当作质点来处理的。

三、位置矢量 运动方程

1. 位置矢量

研究质点的运动，在选定参考系之后，必须定量地描述质点的位置及其随时间的变化规律。为此，需要在此参考系上建立固定的坐标系，这样，质点在任意时刻的位置就可以用坐标来表示了。通常多采用**直角坐标系**。根据需要，还可采用**极坐标系**或者其他坐标系。

质点的位置可以用一个矢量表示出来。在选定的参考系上建立直角坐标系 Oxy，平面上任一点 P 的位置，可以从坐标原点 O 向 P 引一条有向线段 $\boldsymbol{r}$，如图 1-1 所示，$\boldsymbol{r}$ 的端点就是质点的位置，$\boldsymbol{r}$ 的大小和方向完全确定了质点相对参考系的位置，$\boldsymbol{r}$ 称为**位置矢量**，简称**位矢**。

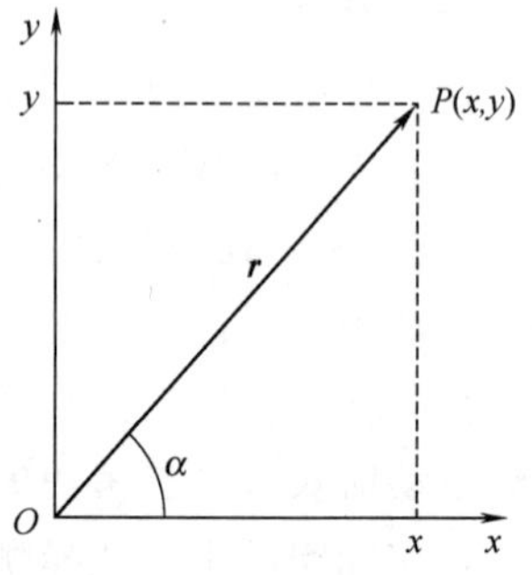

图 1-1 位置矢量

P 点的直角坐标为位矢 $\boldsymbol{r}$ 沿 x、y 轴的投影，用 $\boldsymbol{i}$、$\boldsymbol{j}$ 分别表示沿 Ox、Oy 轴的正方向的单位矢量，则位矢 $\boldsymbol{r}$ 可表示为

$$\boldsymbol{r}=x\boldsymbol{i}+y\boldsymbol{j} \tag{1-1}$$

位矢 $\boldsymbol{r}$ 的大小为

$$r=|\boldsymbol{r}|=\sqrt{x^2+y^2}$$

位矢 $\boldsymbol{r}$ 的方向用它与 Ox 轴正向的夹角 α 确定，即

$$\tan\alpha=\frac{y}{x}$$

2. 运动方程

所谓运动，实际上就是位置随时间的变化，即位置矢量 $\boldsymbol{r}$ 是时间 t 的函数

$$\boldsymbol{r}=\boldsymbol{r}(t)=x(t)\boldsymbol{i}+y(t)\boldsymbol{j} \tag{1-2a}$$

位置矢量 $\boldsymbol{r}$ 随时间变化的函数式称为质点的**运动方程**。很明显，这时质点的坐标 x、y 也是时间 t 的函数

$$\begin{cases}x=x(t)\\ y=y(t)\end{cases} \tag{1-2b}$$

上式称为质点运动方程直角坐标分量式。

当质点沿 Ox 轴做直线运动时，有

$$\boldsymbol{r}=x(t)\boldsymbol{i}$$

通常用标量形式来表示

$$x=x(t)$$

当 $x>0$ 时，质点在原点 O 的右方；当 $x<0$ 时，质点在原点 O 的左方。

在中学物理中，曾讨论过质点的直线运动和平抛运动，下面简述其运动方程。

(1) 匀速直线运动

选开始计时质点的位置为坐标原点 O，选其运动方向为 Ox 轴的正方向，则

$$x=vt$$

(2) 匀变速直线运动

坐标原点 O 和坐标轴 Ox 的选择同上，则有

$$x=v_0t+\frac{1}{2}at^2$$

(3) 自由落体运动

从质点下落时开始计时，选下落的位置为坐标原点 O，选竖直向下为 Oy 轴的正方向，则有

$$y=\frac{1}{2}gt^2$$

(4) 竖直上抛运动

从抛出时开始计时，选抛出点为坐标原点 O，选竖直向上为 Oy 轴的正方向，则有

$$y=v_0t-\frac{1}{2}gt^2$$

(5) 平抛运动

从抛出时开始计时，选抛出点为坐标原点 O，选初速度方向为 Ox 轴的正方向，选竖直向下为 Oy 轴的正方向，则有

$$\begin{cases} x=v_0 t \\ y=\frac{1}{2}gt^2 \end{cases}$$

有了质点的运动方程，就能确定任意时刻质点的位置，从而确定质点的运动。从质点的运动方程中消去时间 t，即可得质点的轨迹方程。以平抛运动为例，从质点的运动方程中消去时间 t 可得

$$y=\frac{1}{2}g\frac{x^2}{v_0^2}$$

这是一条抛物线。

可见，确定质点的运动方程是研究质点运动的一个重要环节。

四、位移和路程

1. 位移

质点在平面内沿一条曲线运动，如图 1-2 所示。质点在 t 时刻，位于 A 点，经时间 Δt 后到达 B 点，它在 A、B 两点的位置矢量分别是 $\boldsymbol{r}_A$、$\boldsymbol{r}_B$。质点在时间 Δt 内的位置变化，可以用从 A 指向 B 的有向线段 $\boldsymbol{AB}$ 来表示。这条由起点到终点的有向线段，叫做质点（在时间 Δt 内）的**位移**，用矢量 $\Delta\boldsymbol{r}$ 表示。

从图 1-2 可以看出，从 A 到 B 的位移 $\Delta\boldsymbol{r}$ 与位置矢量 $\boldsymbol{r}_A$、$\boldsymbol{r}_B$ 的关系为

$$\Delta\boldsymbol{r}=\boldsymbol{r}_B-\boldsymbol{r}_A \quad (1\text{-}3a)$$

即质点在时间 Δt 内的位移 $\Delta\boldsymbol{r}$ 等于 $\boldsymbol{r}_B$ 和 $\boldsymbol{r}_A$ 的矢量差，或为时间 Δt 内的位置矢量 $\boldsymbol{r}$ 的增量。

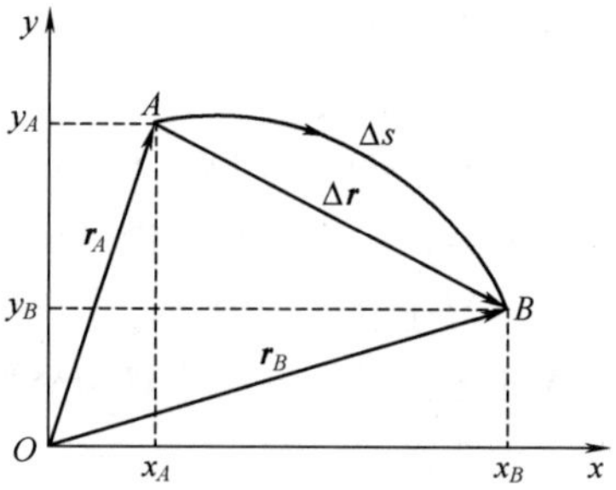

图 1-2 质点的位移和路程

由式（1-1）知

$$\boldsymbol{r}_A=x_A\boldsymbol{i}+y_A\boldsymbol{j}$$

$$\boldsymbol{r}_B=x_B\boldsymbol{i}+y_B\boldsymbol{j}$$

于是，$\Delta\boldsymbol{r}$ 也可写成

$$\Delta\boldsymbol{r}=\boldsymbol{r}_B-\boldsymbol{r}_A=(x_B-x_A)\boldsymbol{i}+(y_B-y_A)\boldsymbol{j}=\Delta x\boldsymbol{i}+\Delta y\boldsymbol{j} \quad (1\text{-}3b)$$

即

$$\begin{cases} \Delta x=x_B-x_A \\ \Delta y=y_B-y_A \end{cases} \quad (1\text{-}3c)$$

当质点沿 Ox 轴做直线运动时，其位移只用 Δx 表示即可。Δx 的数值表位移的大小，Δx 的符号表位移的方向。当 $\Delta x>0$ 时，位移沿 Ox 轴正方向；当 $\Delta x<0$ 时，位移沿 Ox 轴反方向。

2. 路程

路程是质点在一段时间内所通过的路径的长度。在图 1-2 中，质点从 A 到 B 走过的路程是它沿轨道曲线从 A 到 B 经历的长度。通常用符号 Δs 或 s 表示路程。应该注意以下方面。

（1）路程和位移是两个不同的概念

位移是矢量，路程是标量。位移表示质点位置的改变，并非质点所经历的路程。

如图 1-2 所示，位移 $\Delta \boldsymbol{r}$ 为矢量，其大小 $|\Delta \boldsymbol{r}|$ 即是弦 AB 的长度，而路程是曲线 $\overset{\frown}{AB}$ 的长度。

(2) $|\Delta \boldsymbol{r}|$ 不等于 Δr

$\Delta r = |\boldsymbol{r}_B| - |\boldsymbol{r}_A|$，它反映了 Δt 时间内质点相对于原点径向长度的变化。

习题 1-1

一、 思考题

1. 什么是质点？为什么要引入质点？在什么情况下物体可以抽象为质点？有人说："地球很大，不能看成质点；分子很小，能看成质点。"这种说法对吗？

2. 质点的位矢方向不变，它是否一定做直线运动？质点做直线运动，其位矢的方向是否一定保持不变？

3. 位矢和位移有何区别？怎样选择坐标原点，才能使二者一致？

4. 位移和路程有何区别？在什么情况下两者的量值相等？在什么情况下两者的量值不相等？

二、 计算题

1. 一个运动员沿着 400m 的跑道跑了 5 圈后回到原地，求他的位移和路程。

2. 一个人从某地出发，先向东走 80m，又向南走 60m，求：

① 整个过程的位移大小和方向；

② 整个过程的路程。

第二节　速　　度

要描述质点的运动，就必须同时说明它的运动快慢和运动方向。为此，引入速度的概念。

一、平均速度

如图 1-2 所示，质点在 Δt 时间内的位移为 $\Delta \boldsymbol{r}$，经历的路程是 Δs。把**位移 $\Delta \boldsymbol{r}$ 与时间 Δt 的比值**，称为质点在时间 Δt 内的**平均速度**，用符号 $\overline{\boldsymbol{v}}$ 表示。

$$\overline{\boldsymbol{v}} = \frac{\Delta \boldsymbol{r}}{\Delta t} \tag{1-4}$$

式中，平均速度 $\overline{\boldsymbol{v}}$ 是矢量，其方向与位移 $\Delta \boldsymbol{r}$ 的方向相同。

与此相似，把路程 Δs 与所用时间 Δt 的比值称为该段时间内质点的平均速率，用符号 $\overline{v}$ 表示。

$$\overline{v} = \frac{\Delta s}{\Delta t} \tag{1-5}$$

式中，平均速率 $\overline{v}$ 是标量，恒为正值。一般情况下，平均速度的大小与平均速率并不相等。

平均速度和平均速率不仅与所讨论的起始时刻 t 有关，还与此后所取时间 Δt 的长短有关。显然，用它们描述质点的运动是粗略的。

二、瞬时速度

在图 1-3 中可以看到，当 Δt 非常小时，才可以近似地把质点的运动路径 $\overset{\frown}{AB}$ 看成是直线 AB，才能近似地用平均速度描述质点在 A 点附近的运动情况。时间 Δt 取得越小，平均速度对质点运动的描述越精确。当 $\Delta t \to 0$ 时，**平均速度的极限**称为**质点在 t 时刻的瞬时速度**，简称**速度**，用符号 $\boldsymbol{v}$ 表示。

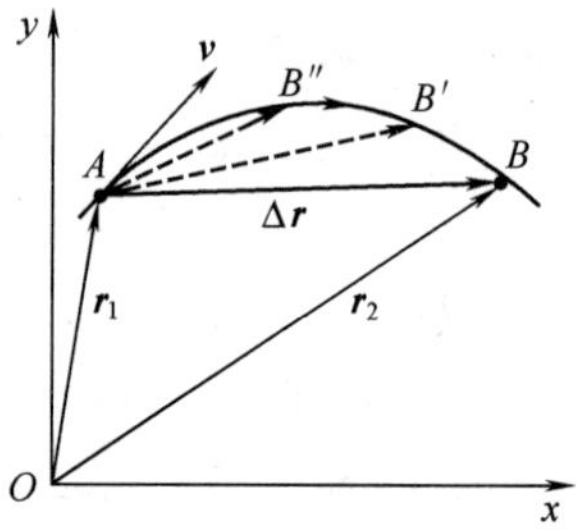

图 1-3 瞬时速度的方向

$$\boldsymbol{v}=\lim_{\Delta t \to 0} \frac{\Delta \boldsymbol{r}}{\Delta t}=\frac{\mathrm{d}\boldsymbol{r}}{\mathrm{d}t} \tag{1-6a}$$

速度是矢量，它可以精确地描述运动质点在某时刻（或某位置）的运动快慢和方向，它等于位置矢量对时间的一阶导数。

速度的方向，就是 $\Delta t \to 0$ 时 $\Delta \boldsymbol{r}$ 的极限方向。如图 1-3 所示，当 Δt 逐渐减少时，B 点向 A 点趋近，平均速度的方向即 $\Delta \boldsymbol{r}$ 的方向趋近于 A 点的切线方向，在 $\Delta t \to 0$ 的情况下，平均速度的方向即**瞬时速度的方向，沿着轨道上质点所在点的切线指向质点前进的方向**。

当 $\Delta t \to 0$ 时，质点位移的大小 $|\Delta \boldsymbol{r}|$ 与其路程 Δs 可视为相等，即 $|\Delta \boldsymbol{r}| = \Delta s$ 或 $|\mathrm{d}\boldsymbol{r}| = \mathrm{d}s$。所以速度的大小

$$v=|\boldsymbol{v}|=\lim_{\Delta t \to 0} \frac{|\Delta \boldsymbol{r}|}{\Delta t}=\lim_{\Delta t \to 0} \frac{\Delta s}{\Delta t}=\frac{\mathrm{d}s}{\mathrm{d}t} \tag{1-6b}$$

即速度的大小等于路程对时间的一阶导数。速度的大小也叫速率。

在直角坐标系中，$\boldsymbol{r}=x\boldsymbol{i}+y\boldsymbol{j}$，利用速度定义得

$$\boldsymbol{v}=\frac{\mathrm{d}\boldsymbol{r}}{\mathrm{d}t}=\frac{\mathrm{d}x}{\mathrm{d}t}\boldsymbol{i}+\frac{\mathrm{d}y}{\mathrm{d}t}\boldsymbol{j} \tag{1-7a}$$

用符号 v_x 和 v_y 分别表示$\frac{\mathrm{d}x}{\mathrm{d}t}$和$\frac{\mathrm{d}y}{\mathrm{d}t}$，得速度在直角坐标系中的分量式

$$\begin{cases} v_x=\dfrac{\mathrm{d}x}{\mathrm{d}t} \\ v_y=\dfrac{\mathrm{d}y}{\mathrm{d}t} \end{cases} \tag{1-7b}$$

即

$$\boldsymbol{v}=v_x\boldsymbol{i}+v_y\boldsymbol{j} \tag{1-7c}$$

如果已知 v_x 和 v_y，可求得速度的大小（速率）v

$$v=\sqrt{v_x^2+v_y^2} \tag{1-8}$$

速度的方向可由它与 Ox 轴正方向间的夹角 θ 决定

$$\tan\theta=\frac{v_y}{v_x}$$

在 SI 中，平均速度和速度的单位是米每秒，符号为 $\mathrm{m \cdot s^{-1}}$。

【例题 1-1】 一质点沿 Ox 轴做直线运动，其运动方程为

$$x=5-3t^2+t^3$$

式中，x 以 m 为单位；t 以 s 为单位。求：

① 质点在任意时刻的速度；

② 质点在起始时刻的位置和速度；

③ 质点在第二秒内的位移和平均速度。

【解】 ① 由速度的定义，可得质点在任意时刻的速度

$$v=\frac{\mathrm{d}x}{\mathrm{d}t}=-6t+3t^2$$

② 将 $t=0$ 代入运动方程及上式，可得质点在起始时刻的位置和速度分别为

$$x_0=5\mathrm{m},\quad v_0=0$$

③ 由运动方程可得

$$x_1=3\mathrm{m},\quad x_2=1\mathrm{m}$$

于是，第二秒内的位移为

$$\Delta x=x_2-x_1=1-3=-2\ (\mathrm{m})$$

由于第二秒内的时间 $\Delta t=1\mathrm{s}$，所以质点在第二秒内的平均速度为

$$\bar{v}=\frac{\Delta x}{\Delta t}=\frac{-2}{1}=-2\ (\mathrm{m\cdot s^{-1}})$$

式中负号说明 $\bar{v}$ 的方向与 Ox 轴正方向相反。

习题 1-2

一、思考题

1. 时间与时刻有何不同？在怎样的条件下二者趋近？

2. 平均速度和平均速率有何区别？在什么情况下二者的量值相等？

3. 瞬时速度和平均速度的关系和区别是什么？瞬时速率和平均速率的关系和区别又是什么？

二、计算题

1. 一人自坐标原点出发，经过 20s 向东走了 25m，又用 15s 向北走了 20m，再经过 10s 向西南方向走了 15m，求：

① 全过程的位移和路程；

② 整个过程的平均速度和平均速率。

2. 一质点做直线运动，其运动方程为

$$x=1+2t-t^2$$

式中，x 以 m 为单位；t 以 s 为单位。求：

① 它在任意时刻的速度；

② 它在 2s 末的速度。

3. 一质点的运动方程为 $r=2t\boldsymbol{i}+4t^2\boldsymbol{j}$，试求：

① 它的速度；

② 它的轨迹方程。

第三节 加 速 度

一般情况下，质点运动时，其速度的大小和方向都在不停地变化着。为了描述质点速度变化的情况，引入加速度的概念。加速度的定义方法与速度类似，先定义平均量，再用极限方法定义瞬时量。

一、平均加速度

如图 1-4 所示，质点做曲线运动。t 时刻，质点位于 A 点，速度为 $\boldsymbol{v}_A$；在 $t+\Delta t$ 时刻，质点位于 B 点，速度为 $\boldsymbol{v}_B$。则 $\Delta\boldsymbol{v}=\boldsymbol{v}_B-\boldsymbol{v}_A$ 是 Δt 时间内质点速度的增量。

把**速度增量 $\Delta\boldsymbol{v}$ 与时间 Δt 的比值**称为质点在这段时间的**平均加速度**，用符号 $\overline{\boldsymbol{a}}$ 表示

$$\overline{\boldsymbol{a}}=\frac{\Delta\boldsymbol{v}}{\Delta t} \tag{1-9}$$

平均加速度是矢量，其方向与速度增量 $\Delta\boldsymbol{v}$ 的方向相同，它表示质点在时间 Δt 内速度随时间的平均变化率。

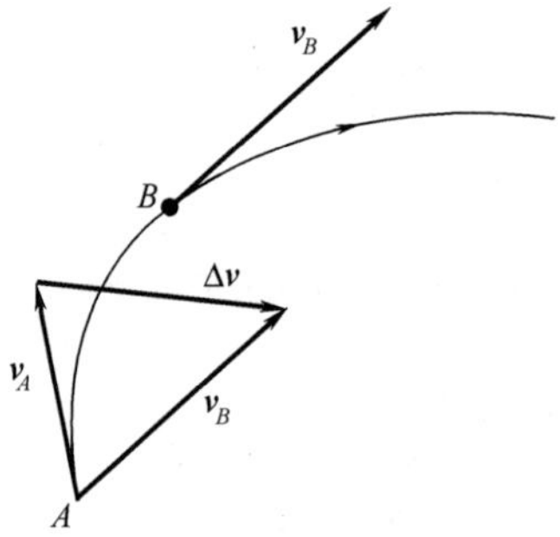

图 1-4 速度的增量

二、瞬时加速度

为精确描述质点速度的变化情况，引入瞬时加速度的概念。将 Δt 减少，当 $\Delta t\rightarrow 0$ 时，**平均加速度的极限**被称为质点在 t 时刻的**瞬时加速度**，简称为加速度，用符号 $\boldsymbol{a}$ 表示

$$\boldsymbol{a}=\lim_{\Delta t\rightarrow 0}\frac{\Delta\boldsymbol{v}}{\Delta t}=\frac{\mathrm{d}\boldsymbol{v}}{\mathrm{d}t} \tag{1-10a}$$

由式（1-6a）可知，加速度还可表示为

$$\boldsymbol{a}=\frac{\mathrm{d}^2\boldsymbol{r}}{\mathrm{d}t^2} \tag{1-10b}$$

即加速度等于速度对时间的一阶导数，或位置矢量对时间的二阶导数。

加速度是矢量，它是描述运动质点速度的大小和方向随时间变化快慢的物理量。

在直角坐标系中，$\boldsymbol{v}=v_x\boldsymbol{i}+v_y\boldsymbol{j}$，利用加速度定义得

$$\boldsymbol{a}=\frac{\mathrm{d}\boldsymbol{v}}{\mathrm{d}t}=\frac{\mathrm{d}v_x}{\mathrm{d}t}\boldsymbol{i}+\frac{\mathrm{d}v_y}{\mathrm{d}t}\boldsymbol{j}$$

用符号 a_x、a_y 分别表示$\frac{\mathrm{d}v_x}{\mathrm{d}t}$和$\frac{\mathrm{d}v_y}{\mathrm{d}t}$，得加速度在直角坐标系中的分量式

$$\begin{cases} a_x=\dfrac{\mathrm{d}v_x}{\mathrm{d}t}=\dfrac{\mathrm{d}^2x}{\mathrm{d}t^2} \\ a_y=\dfrac{\mathrm{d}v_y}{\mathrm{d}t}=\dfrac{\mathrm{d}^2y}{\mathrm{d}t^2} \end{cases} \tag{1-10c}$$

即

$$\boldsymbol{a}=a_x\boldsymbol{i}+a_y\boldsymbol{j} \tag{1-10d}$$

由式（1-10d）可知，加速度的大小为

$$a=|\boldsymbol{a}|=\sqrt{a_x^2+a_y^2} \tag{1-11}$$

加速度的方向是当 $\Delta t \to 0$ 时，平均加速度或速度增量 $\Delta \boldsymbol{v}$ 的极限方向。在直线运动中，加速度的方向与质点运动方向在同一直线上，而在曲线运动中，加速度的方向与该时刻的速度方向必然不在同一直线上，即并不沿着曲线在该点的切线方向。这一点，将在第四节里具体说明。

当质点沿 Ox 轴做直线运动时，加速度可简单地表示为

$$a=\frac{\mathrm{d}v}{\mathrm{d}t}=\frac{\mathrm{d}^2 x}{\mathrm{d}t^2}$$

a 的数值表示加速度的大小；a 的符号表示加速度的方向。当 $a>0$ 时，加速度沿 Ox 轴的正方向；当 $a<0$ 时，加速度沿 Ox 轴的负方向。但是，应当注意：$a>0$ 不一定是加速运动，$a<0$ 时也不一定是减速运动。当 $v>0$、$a>0$，或者 $v<0$、$a<0$，即加速度与速度同号时，为加速运动。而加速度与速度异号时，为减速运动。

在 SI 中，加速度的单位是米每二次方秒，符号为 $\mathrm{m}\cdot\mathrm{s}^{-2}$。

【例题 1-2】 一质点沿 Ox 轴做直线运动，其运动方程为

$$x=4.5t^2-2t^3$$

式中，x 以 m 为单位；t 以 s 为单位。求：

① 质点在任意时刻的速度和加速度；

② 质点在 2s 末的速度和加速度。

【解】 ① 由速度、加速度的定义，可得质点在任意时刻的速度和加速度分别为

$$v=\frac{\mathrm{d}x}{\mathrm{d}t}=9t-6t^2$$

$$a=\frac{\mathrm{d}v}{\mathrm{d}t}=9-12t$$

② 将 $t=2\mathrm{s}$ 代入上两式，可分别得到 2s 末的速度和加速度，即

$$v_2=9\times 2-6\times 2^2=-6\ (\mathrm{m}\cdot\mathrm{s}^{-1})$$

$$a_2=9-12\times 2=-15\ (\mathrm{m}\cdot\mathrm{s}^{-2})$$

【例题 1-3】 一质点的运动方程为

$$\boldsymbol{r}=(-2t+3t^3)\boldsymbol{i}+(4t-5t^4)\boldsymbol{j}$$

式中，$\boldsymbol{r}$ 的单位为 m；t 的单位为 s。求：

① 质点的速度；

② 质点的加速度。

【解】 由运动方程知

$$x=-2t+3t^3$$

$$y=4t-5t^4$$

则速度分量分别为

$$v_x=\frac{\mathrm{d}x}{\mathrm{d}t}=-2+9t^2$$

$$v_y=\frac{\mathrm{d}y}{\mathrm{d}t}=4-20t^3$$

所以质点的速度

$$\boldsymbol{v}=v_x\boldsymbol{i}+v_y\boldsymbol{j}=(-2+9t^2)\boldsymbol{i}+(4-20t^3)\boldsymbol{j}$$

对速度的分量式分别求导数，可得加速度分量

$$a_x=\frac{\mathrm{d}v_x}{\mathrm{d}t}=18t$$

$$a_y=\frac{\mathrm{d}v_y}{\mathrm{d}t}=-60t^2$$

所以质点的加速度为

$$\boldsymbol{a}=a_x\boldsymbol{i}+a_y\boldsymbol{j}=(18t)\boldsymbol{i}+(-60t^2)\boldsymbol{j}=18t\boldsymbol{i}-60t^2\boldsymbol{j}$$

速度和加速度的单位分别为 $\mathrm{m\cdot s^{-1}}$ 和 $\mathrm{m\cdot s^{-2}}$。

习题 1-3

一、 思考题

1. “物体运动的加速度越大，则它运动的速度也越大”，对吗？为什么？

2. 一个物体具有向东的速度，可否具有向西的加速度？

3. 一个物体做曲线运动，它的加速度是否可能为零？为什么？

4. 举例说明一物体是否能按下述情况运动：

① 具有恒定的加速度，但是运动方向在不断改变。

② 具有恒定的速率，但仍有变化的速度。

③ 具有恒定的速度，但加速度不为零。

*5. 设质点的运动方程为：$x=x(t)$，$y=y(t)$，在计算质点的速度和加速度时，有人先求出 $r=\sqrt{x^2+y^2}$，然后根据

$$v=\frac{\mathrm{d}r}{\mathrm{d}t} \quad 及 \quad a=\frac{\mathrm{d}^2r}{\mathrm{d}t^2}$$

而求得结果；又有人先计算速度和加速度的分量，再合成求得结果，即

$$v=\sqrt{\left(\frac{\mathrm{d}x}{\mathrm{d}t}\right)^2+\left(\frac{\mathrm{d}y}{\mathrm{d}t}\right)^2} \quad 及 \quad a=\sqrt{\left(\frac{\mathrm{d}^2x}{\mathrm{d}t^2}\right)^2+\left(\frac{\mathrm{d}^2y}{\mathrm{d}t^2}\right)^2}$$

两种算法是否一样？哪种算法正确？

二、计算题

1. 一质点沿 x 轴运动，坐标与时间的关系为 $x=4t-2t^3$，式中 x、t 分别以 m、s 为单位，试计算：

① 质点在任意时刻的加速度；

② 质点在 1s 末的加速度。

2. 一质点的运动方程为 $\boldsymbol{r}=(1+3t^2)\boldsymbol{i}+(2-t^3)\boldsymbol{j}$，求它在任意时刻的加速度。

*3. 如图 1-5 所示，在离水面高为 h 的岸边，有人用绳子拉船。设绳的原长为 l_0，收绳的速度恒为 $\boldsymbol{v}_0$，试写出船的运动方程，并求它的速度和加速度。

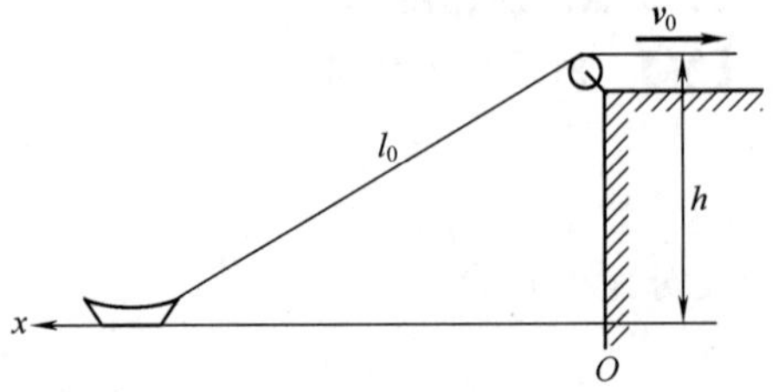

图 1-5 计算题* 3 图

*4. 一质点具有恒定的加速度 $\boldsymbol{a}=(6\boldsymbol{i}+4\boldsymbol{j})\mathrm{m\cdot s^{-2}}$。在 $t=0$ 时，其速度为零，位置

矢量 $\boldsymbol{r}_0=10\boldsymbol{i}\,\mathrm{m}$，试求：

① 质点在任意时刻的速度和位置矢量；

② 质点的轨迹方程。

第四节　平面曲线运动

物体的运动轨迹是在一个平面内的曲线，这种运动称为**平面曲线运动**。大量观察和实验结果指出，如果物体同时参与几个方向的分运动，任何一个方向的分运动不会因为其他方向运动的存在而受到影响，这称为运动的独立性，即一个运动可视为若干个各自独立的分运动的叠加，称为**运动叠加原理**。如抛体运动是竖直方向和水平方向两种直线运动叠加的结果；利用振动合成演示仪，可将两个直线运动叠加，得到圆运动、椭圆运动。一个平面曲线运动可视为几个较为简单的直线运动的合成，这是研究曲线运动的基本方法。

一、抛体运动

在地球表面附近，只在重力作用下的抛射运动叫抛体运动。设抛射物体的初速度为 $\boldsymbol{v}_0$，它与水平方向的夹角为 θ，当 $\theta=90°$时，为竖直上抛运动或竖直下抛运动；当 $\theta=0°$时，为平抛运动；当 θ 为其他角度时，为斜抛运动。

如图 1-6 所示，质点从坐标原点 O 被斜向上抛出。初速度 $\boldsymbol{v}_0$ 在水平方向和竖直方向的两个分量分别为

$$\begin{cases} v_{0x}=v_0\cos\theta \\ v_{0y}=v_0\sin\theta \end{cases}$$

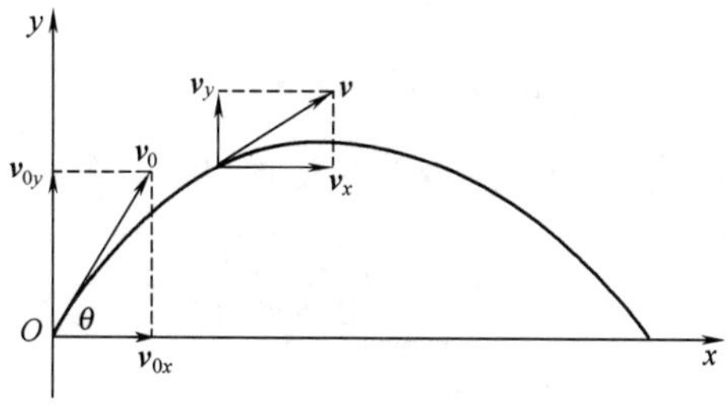

图 1-6　斜抛运动

θ 为初速度 $\boldsymbol{v}_0$ 与 Ox 轴正方向的夹角。斜抛运动可以看成是水平方向上以速度为 $v_0\cos\theta$ 的匀速直线运动和竖直方向上初速度为 $v_0\sin\theta$ 的竖直上抛运动的合成。从抛出时开始计时，根据匀速直线运动和竖直上抛运动规律，质点在任意时刻 t 的速度方程为

$$\begin{cases} v_x=v_0\cos\theta \\ v_y=v_0\sin\theta-gt \end{cases} \tag{1-12}$$

运动方程为

$$\begin{cases} x=v_0\cos\theta\cdot t \\ y=v_0\sin\theta\cdot t-\dfrac{1}{2}gt^2 \end{cases} \tag{1-13}$$

消去运动方程中的 t，可得

$$y=x\tan\theta-\frac{g}{2v_0^2\cos^2\theta}x^2 \tag{1-14}$$

上式是斜抛物体的轨迹方程，它表明在忽略空气阻力的情况下，斜抛运动轨迹是一条抛物线。

令式（1-13）中 $y=0$，可求得抛物线与 Ox 轴的一个交点的坐标为

$$x=\frac{v_0^2\sin 2\theta}{g} \tag{1-15}$$

式（1-15）是抛体的射程。

【例题 1-4】 一人在 O 处以投射角 θ 向山坡上 A 点的目标投掷一颗手榴弹，如图 1-7 所示。由 O 到 A 点的水平距离为 l，从 O 看 A 点的仰角为 α。若不计空气阻力，问手榴弹的出手速率为多大时才能击中目标？

【解】 以 O 为坐标原点，建立如图 1-7 所示的坐标系，并设手榴弹出手时的速率为 v_0，在时刻 t 击中 $A(x,y)$ 点。根据斜抛运动方程，此刻手榴弹的位置为

$$\begin{cases}x=v_0\cos\theta\cdot t\\ y=v_0\sin\theta\cdot t-\dfrac{1}{2}gt^2\end{cases} \tag{1}$$

由题意

$$\begin{cases}x=l\\ y=l\tan\alpha\end{cases} \tag{2}$$

将式（2）分别代入式（1），得

$$\begin{cases}l=v_0\cos\theta\cdot t\\ l\tan\alpha=v_0\sin\theta\cdot t-\dfrac{1}{2}gt^2\end{cases}$$

消去上式中的时间 t，并整理得

$$v_0=\sqrt{\frac{gl\cos\alpha}{2\cos\theta\sin(\theta-\alpha)}}$$

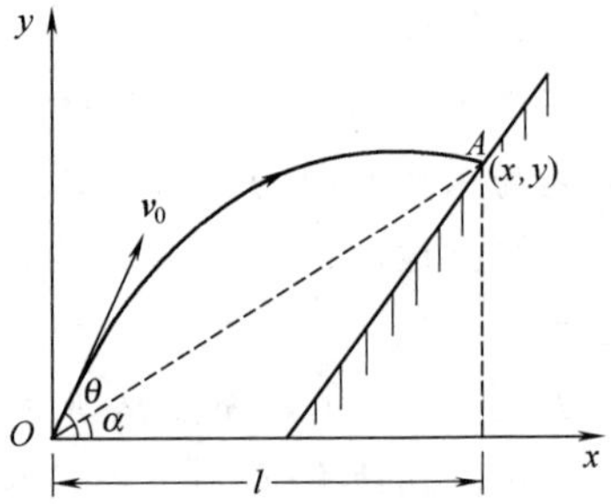

图 1-7 ［例题 1-4］图

二、圆周运动

圆周运动是一种简单、基本的曲线运动，研究圆周运动是研究物体转动的基础。

质点做圆周运动时，如果其速度的大小始终保持不变，即在任意相等的时间内，质点通过的弧长都相等，这种运动叫匀速率圆周运动，习惯上称为匀速圆周运动。在这种运动中，尽管速度的大小保持不变，但速度的方向时刻在改变，即始终存在着描述速度方向变化快慢的加速度。而在变速圆周运动中，质点速度的方向和大小都在改变，那必定存在着描述速度方向变化快慢和速度大小变化快慢的加速度。

如图 1-8 所示，质点在圆轨道上逆时针运动到 A 点。在 A 点沿圆的切线并指向质点前进的方向建立一坐标轴 AT，称为**切向坐标轴**；再沿半径方向指向圆心建立一坐标轴 AN，称为**法向坐标轴**。这种坐标系称为**自然坐标系**。圆周上每一点都有自己的切向坐标轴和法向坐标轴。

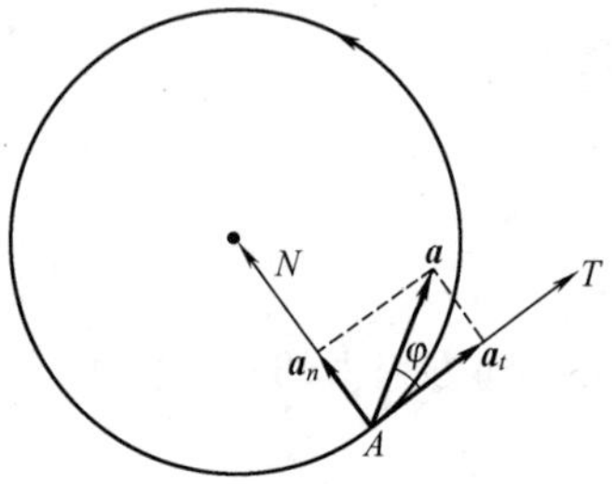

图 1-8 切向坐标轴和法向坐标轴

中学物理已经指出，做匀速圆周运动的质点，由于速度方向的变化，其加速度的大小等于$\dfrac{v^2}{R}$，方向指向圆心，称为向心加速度。

如果质点做变速圆周运动，质点速度的方向和大小均发生变化。可以证明，此时质点的加速度有两个分量，一是**由于速度方向变化所引起的加速度，其方向指向圆心，即沿法向坐标轴的正方向，其大小等于**$\frac{v^2}{R}$，称为**法向加速度**，用符号 a_n 表示。

$$a_n=\frac{v^2}{R} \tag{1-16}$$

另一个是**由于速度大小变化所引起的加速度，其方向沿切线方向，即在切向坐标轴上，其大小等于质点速率 v 对时间 t 的导数**$\frac{dv}{dt}$，称为**切向加速度**，用符号 a_t 表示。

$$a_t=\frac{dv}{dt} \tag{1-17}$$

当 $a_t>0$ 时，表示其方向与切向坐标轴正向相同，质点做加速圆周运动。

当 $a_t<0$ 时，表示其方向与切向坐标轴正向相反，质点做减速圆周运动。

法向加速度描述质点的速度方向随时间的变化快慢；切向加速度描述质点的速度大小随时间的变化快慢。法向加速度 $\boldsymbol{a}_n$ 和切向加速度 $\boldsymbol{a}_t$ 互相垂直，它们是加速度 $\boldsymbol{a}$ 的两个分量。用它们可求得加速度 $\boldsymbol{a}$ 的大小

$$a=\sqrt{a_n^2+a_t^2} \tag{1-18}$$

加速度 $\boldsymbol{a}$ 的方向可用它与速度 $\boldsymbol{v}$ 的方向（切向坐标轴）的夹角 φ 表示

$$\tan\varphi=\frac{a_n}{a_t}$$

在一般平面曲线运动中，速度的方向和大小都随时间变化，因而同时存在着法向加速度和切向加速度。若$a_n=0$，则 $a=a_t$，质点做变速直线运动。若 $a_t=0$，则 $a=a_n$，质点做匀速圆周运动。直线运动和匀速圆周运动都是一般平面曲线运动的特例。

*【例题 1-5】 质点以初速度 $\boldsymbol{v}_0$ 和恒定的切向加速度 $\boldsymbol{a}_t$，由图 1-9 中 A 点出发，绕圆心 O 做半径为 R 的圆周运动，求：

① 质点的速率；

② 质点的路程；

③ 质点在任意时刻 t 的加速度。

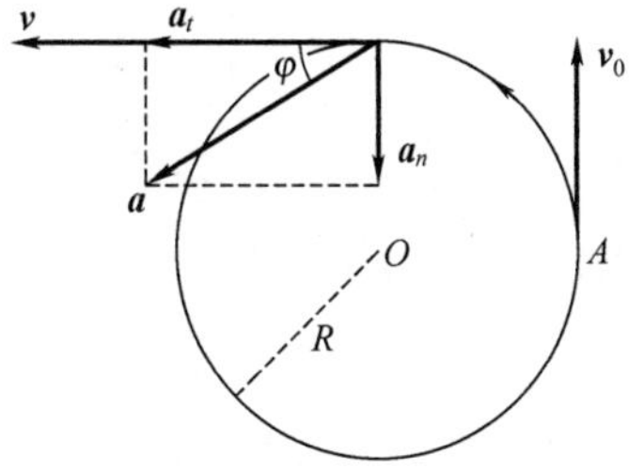

图 1-9 ［例题 1-5］图

【解】 ① 由 $a_t=\frac{dv}{dt}$ 得，$dv=a_t dt$，对它两边积分，并考虑到 $t=0$ 时，$v=v_0$，有

$$\int_{v_0}^{v} dv=\int_0^t a_t dt$$

因为 a_t 为恒量，所以

$$\int_{v_0}^{v} dv=a_t\int_0^t dt$$

于是可得质点的速率为

$$v=v_0+a_t t \tag{1}$$

② 由 $v=\dfrac{ds}{dt}$得，$ds=v dt$，将式（1）代入，并考虑到 $t=0$ 时，$s=0$，有

$$\int_0^s ds=\int_0^t (v_0+a_t t)\,dt$$

可得质点的路程为

$$s=v_0 t+\frac{1}{2}a_t t^2$$

③ 质点在任意时刻 t 的切向加速度的大小为 a_t，法向加速度 a_n 的大小为

$$a_n=\frac{v^2}{R}=\frac{(v_0+a_t t)^2}{R}$$

因此，质点在任意时刻 t 加速度的大小为

$$a=\sqrt{a_n^2+a_t^2}=\sqrt{\frac{(v_0+a_t t)^4}{R^2}+a_t^2}$$

加速度的方向由图 1-9 中 φ 确定

$$\tan\varphi=\frac{a_n}{a_t}=\frac{(v_0+a_t t)^2}{R a_t}$$

【例题 1-6】 已知质点的运动方程为

$$\begin{cases} x=R\cos\omega t \\ y=R\sin\omega t \end{cases}$$

式中，R 和 ω 是两个常量。求质点的速度、法向加速度和切向加速度。

【解】 将运动方程的两边分别求平方后再相加，得

$$x^2+y^2=R^2$$

这是以坐标原点为圆心，以 R 为半径的圆方程，说明质点做圆周运动。质点的速度在直角坐标系中的分量分别为

$$v_x=\frac{dx}{dt}=-R\omega\sin\omega t$$

$$v_y=\frac{dy}{dt}=R\omega\cos\omega t$$

所以，速度大小为

$$v=\sqrt{v_x^2+v_y^2}=R\omega$$

速度的方向沿切线方向。

由 $a_n=\dfrac{v^2}{R}$和 $a_t=\dfrac{dv}{dt}$可得，质点的法向加速度和切向加速度分别为

$$a_n=R\omega^2,\quad a_t=0$$

即质点做匀速圆周运动。

习题 1-4

一、思考题

1. 什么是运动叠加原理？斜抛运动可以看成是哪两种运动的叠加？

2. 法向加速度等于零的运动是什么运动？切向加速度等于零的运动是什么运动？

3. 质点沿圆周运动，且速率随时间均匀增大，则 $\boldsymbol{a}_n$、$\boldsymbol{a}_t$、$\boldsymbol{a}$ 的大小是否都随时间变化？

二、计算题

1. 滑雪运动员离开水平滑雪道飞入空中时的速率 $v=110\text{km}\cdot\text{h}^{-1}$，着陆的斜坡与水平面成 $\theta=45°$角，如图 1-10 所示，求：

① 计算滑雪运动员着陆时沿斜坡的位移 L（忽略起点到斜坡的距离）；

② 在实际的跳跃中，运动员所达到的距离 $L=165\text{m}$，此结果为何与计算结果不符？

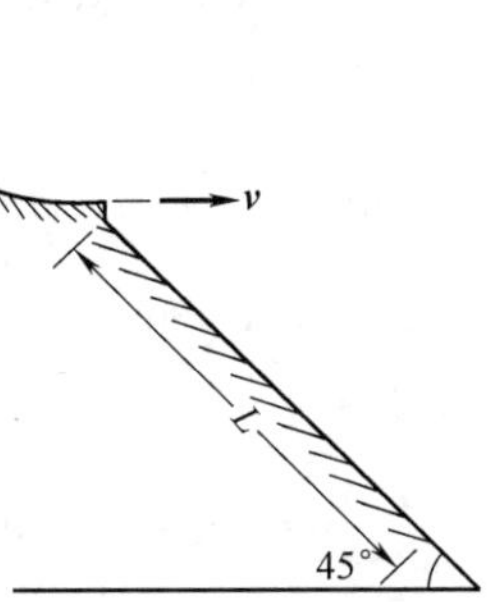

图 1-10　计算题 1 图

*2. 一球以 $30\text{m}\cdot\text{s}^{-1}$ 的速度水平抛出，求 5s 末加速度的切向分量大小和法向分量大小。

3. 转动的齿轮上的一个齿尖，沿半径为 R 的圆周按规律 $s=bt$（b 为常数）而运动。求：

① 齿尖在任意时刻的速率，并说明它做什么运动；

② 任意时刻的法向加速度和切向加速度；

③ 运动一周所需的时间。

4. 沿半径 $R=1\text{m}$ 的圆周运动的质点，按 $s=\pi t^2+\pi t$ 规律运动，式中 s、t 分别以 m、s 为单位。求：

① 质点在 1 秒末的速率。

② 质点在 1 秒末的切向加速度和法向加速度。

5. 某质点的运动学方程为

$$\begin{cases} x=0.5\cos\pi t \\ y=0.5\sin\pi t \end{cases}$$

式中，x、y 以 m 为单位，t 以 s 为单位。求质点的速率、法向加速度和切向加速度。

本章小结

本章重点是从运动方程出发，计算质点平面运动的位移、速度和加速度。难点是运动学中各物理量的矢量性和瞬时性，位移和路程的区别和联系，以及将数学的微积分和矢量运算应用于计算题中。

一、位矢 $\boldsymbol{r}$ 和运动方程

在直角坐标系中，位矢 $\boldsymbol{r}$ 可表示为

$$\boldsymbol{r}=x\boldsymbol{i}+y\boldsymbol{j}$$

运动方程可表示为：

$$\boldsymbol{r}=\boldsymbol{r}(t)=x(t)\boldsymbol{i}+y(t)\boldsymbol{j}$$

其直角坐标分量式为

$$\begin{cases}x=x(t)\\y=y(t)\end{cases}$$

二、位移 $\Delta\boldsymbol{r}$ 和路程 Δs

$$\Delta\boldsymbol{r}=\boldsymbol{r}_2-\boldsymbol{r}_1=\Delta x\boldsymbol{i}+\Delta y\boldsymbol{j}$$

注意位移 $\Delta\boldsymbol{r}$ 和路程 Δs 的区别：$|\Delta r|\leqslant\Delta s$，但 $|\mathrm{d}\boldsymbol{r}|=\mathrm{d}s$

三、位矢 $\boldsymbol{r}$、速度 $\boldsymbol{v}$、加速度 $\boldsymbol{a}$ 的关系

$$\boldsymbol{v}=\frac{\mathrm{d}\boldsymbol{r}}{\mathrm{d}t}\quad v=|\boldsymbol{v}|=\frac{\mathrm{d}s}{\mathrm{d}t}\quad \boldsymbol{a}=\frac{\mathrm{d}\boldsymbol{v}}{\mathrm{d}t}=\frac{\mathrm{d}^2\boldsymbol{r}}{\mathrm{d}t^2}$$

1. 在平面问题中

$$\boldsymbol{v}=v_x\boldsymbol{i}+v_y\boldsymbol{j}\quad \begin{cases}v_x=\dfrac{\mathrm{d}x}{\mathrm{d}t}\\v_y=\dfrac{\mathrm{d}y}{\mathrm{d}t}\end{cases}\quad v=\sqrt{v_x^2+v_y^2}$$

$$\boldsymbol{a}=a_x\boldsymbol{i}+a_y\boldsymbol{j}\quad \begin{cases}a_x=\dfrac{\mathrm{d}v_x}{\mathrm{d}t}=\dfrac{\mathrm{d}^2x}{\mathrm{d}t^2}\\a_y=\dfrac{\mathrm{d}v_y}{\mathrm{d}t}=\dfrac{\mathrm{d}^2y}{\mathrm{d}t^2}\end{cases}\quad a=\sqrt{a_x^2+a_y^2}$$

2. 在直线运动中

$$x=x(t)\quad v=\frac{\mathrm{d}x}{\mathrm{d}t}\quad a=\frac{\mathrm{d}v}{\mathrm{d}t}=\frac{\mathrm{d}^2x}{\mathrm{d}t^2}$$

四、抛体运动和圆周运动

1. 斜上抛运动

速度方程为
$$\begin{cases}v_x=v_0\cos\theta\\v_y=v_0\sin\theta-gt\end{cases}$$

运动方程为
$$\begin{cases}x=v_0\cos\theta\cdot t\\y=v_0\sin\theta\cdot t-\dfrac{1}{2}gt^2\end{cases}$$

轨迹方程为
$$y=x\tan\theta-\frac{g}{2v_0^2\cos^2\theta}x^2$$

2. 圆周运动

切向加速度 $a_t=\dfrac{\mathrm{d}v}{\mathrm{d}t}$；法向加速度 $a_n=\dfrac{v^2}{R}$

总加速度大小为
$$a=\sqrt{a_n^2+a_t^2}$$

自测题

一、判断题

1. 加速度恒定不变时，质点的运动方向必定不变。　　(　　)

2. 运动物体的速率不变时，速度可以变化。　　(　　)

3. 法向加速度是描述速度方向变化快慢的物理量。　　(　　)

4. 位置矢量大小的增量等于位移的大小。　　(　　)

5. 当时间趋向于零时，质点运动的位移大小等于路程。　　(　　)

二、选择题

1. 质点做曲线运动，$\boldsymbol{r}$ 是质点的位置矢量，r 是位置矢量的大小。$\Delta\boldsymbol{r}$ 是某时间内质点的位移，Δr 是位置矢量的大小的增量，Δs 是同一时间内的路程。那么　　(　　)

(A) $|\Delta\boldsymbol{r}|=\Delta r$；　(B) $\Delta|\boldsymbol{r}|=\Delta r$；　(C) $\Delta s=r$；　(D) $\Delta s=|\Delta\boldsymbol{r}|$。

2. 质点做匀速率圆周运动，圆的半径为 R，经时间 T 转动一圈，那么，在 $2T$ 时间内，其平均速度的大小和平均速率分别为　　(　　)

(A) 0，$\dfrac{2\pi R}{T}$；　(B) $\dfrac{2\pi R}{T}$，0；　(C) 0，0；　(D) $\dfrac{2\pi R}{T}$，$\dfrac{2\pi R}{T}$。

3. 下列各组物理量中，都是矢量的是　　(　　)

(A) 位移、速度、加速度、路程；　(B) 位矢、速度、加速度、时间；

(C) 位移、速率、平均速度、加速度；　(D) 位矢、位移、速度、加速度。

4. 物体的加速度为零，说明物体的　　(　　)

(A) 速度一定为零；　(B) 速度一定很大；

(C) 速度一定不变；　(D) 都不正确。

5. 质点的运动学方程为 $x=6+3t-5t^3$，则该质点做　　(　　)

(A) 匀加速直线运动，加速度为正值；　(B) 匀加速直线运动，加速度为负值；

(C) 变加速直线运动，加速度为正值；　(D) 变加速直线运动，加速度为负值。

*6. 某质点沿直线运动，其加速度 $a=5t-3$，那么，下述正确者为　　(　　)

(A) 根据公式 $v=at$，它的速度 $v=5t^2-3t$；

(B) 因为 $a=\dfrac{dv}{dt}$，加速度是速度的导数，速度是加速度的原函数。利用原函数与导数的不定积分关系 $v=\int a\,dt$，可算得这个质点的速度公式为 $v=\dfrac{5}{2}t^2-3t$；

(C) 不定积分 $\int a\,dt$ 表示的是无限多个原函数，无法确定此质点的速度公式；

(D) 以上说法都不对。

7. 质点做匀加速圆周运动，下面说法正确的是　　(　　)

(A) 切向加速度的大小和方向都在变化；　(B) 切向加速度的方向变化，大小不变；

(C) 切向加速度的方向不变，大小变化；　(D) 法向加速度的大小变化，方向不变。

三、填空题

1. 斜上抛运动可以看成水平方向的________运动和竖直方向的________运动的合成。

2. 切向加速度是描述质点速度的____变化快慢的物理量，法向加速度是描述质点速度的

________变化快慢的物理量。

3. 沿直线运动的质点，其运动学方程为 $x=x_0+bt+ct^2+et^3$（SI单位），x_0、b、c、e 是常量。初始时刻，质点的位置坐标为 $x=$________；质点的速度 $v=$________________，初速度 $v_0=$________；质点的加速度 $a=$________________，初始时刻的加速度 $a_0=$________。

4. 已知质点的运动方程为 $x=2\cos\pi t$，$y=2\sin\pi t$，式中 x、y 以 m 为单位，t 以 s 为单位。此质点运动方程的矢量表示式 $r=$____________________；它的轨道方程是____________；从这个方程可知，其运动轨道的形状是________；它的速度的矢量表示式为 $v=$____________________________________；速率 $v=$________；法向加速度 $a_n=$________________；切向加速度 $a_t=$________。

四、计算题

1. 质点的运动方程为 $x=-10t+30t^2$ 和 $y=15t-20t^2$，式中 x、y 以 m 为单位，t 以 s 为单位，试求：

① 质点的速度；

② 质点的加速度。

2. 有一定滑轮半径为 R，沿轮周绕一根绳子，悬在绳子一端的物体按 $s=\frac{1}{2}bt^2$（b 为常量）规律运动。若轮子和绳子之间没有滑动，试求轮周上一点在 t 时刻的速度、法向加速度、切向加速度、总加速度的大小。

第二章　质点动力学

学习目标

1. 掌握牛顿运动定律的基本内容及其适用条件，了解惯性参照系的概念。能用隔离体法分析物体的受力情况和建立动力学方程。

2. 掌握功的概念，能计算质点直线运动时变力做功的问题，理解质点的动能定理。

3. 理解保守力做功的特点和势能的概念。

4. 理解系统的功能原理，掌握机械能守恒定律及运用。

5. 理解冲量和动量的概念，理解质点的动量定理，掌握动量守恒定律。

*6. 理解碰撞的特点及种类，会用相应的规律解决具体问题。

质点动力学研究物体间的相互作用及其对运动的影响，牛顿关于运动的三个定律是整个动力学的基础。

本章的核心是牛顿运动定律。首先要学习牛顿运动定律，阐述力的概念以及运用牛顿运动定律来分析问题和解决问题。在实际问题中，力不仅作用于质点，更普遍的是作用于质点系，此外，力的作用往往还要持续一段距离，或者持续一段时间，这就引入了功、能、冲量、动量等物理量，进而论述功能原理、动量定理以及机械能守恒定律和动量守恒定律。这些定理和定律就构成了质点动力学的基本框架。

第一节　牛顿运动定律及其应用

一、牛顿运动定律

牛顿在伽利略等人对力学研究的基础上，对物体运动进行了深入的分析和研究，总结出了三条运动定律，于1686年在他的著作《自然哲学的数学原理》一书中发表，这三条定律统称为牛顿运动定律，它是动力学的基础。

1. 牛顿第一定律

任何物体都要保持其静止或匀速直线运动状态，直到有外力迫使它改变运动状态为止。这一规律称为**牛顿第一定律**，其数学形式表示为

$$\boldsymbol{F}=0\text{ 时，}\boldsymbol{v}=\text{恒矢量}$$

牛顿第一定律表明：

① 任何物体都具有保持其运动状态不变的性质，这种性质称为**惯性**。所以第一定律亦称为**惯性定律**。

② 由于物体具有惯性，所以要使物体的运动状态发生变化，一定要有其他物体对它

作用。这种物体间的相互作用称为力。由此可见，力是物体运动状态发生变化的原因。一个物体，如果不受其他物体的作用，它将保持静止或匀速直线运动状态不变。也就是说，力不是维持物体运动的原因。

③ 物体的运动状态总是与所选择的参考系有关。一物体在某参考系里是做匀速直线运动的，但在另一参考系里就可能做变速运动。例如，在一列以加速度 $\boldsymbol{a}$ 做直线运动的车厢里，有一个物体 A 放在光滑的桌面上，如图 2-1 所示，若选地面为参考系，物体 A 所受合外力为零，它以惯性保持静止状态，牛顿第一定律成立。若取车厢为参考系，物体 A 所受合外力仍为零，但它以加速度 $\boldsymbol{a}$ 相对车厢向后做加速运动。可见，对车厢这个参考系来说，牛顿第一定律不成立。这个例子说明，牛顿第一定律不是对所有参考系都成立的，只是在某些特殊的参考系中牛顿第一定律才成立。把**牛顿运动定律成立的参考系**称为**惯性参考系**，简称**惯性系**。

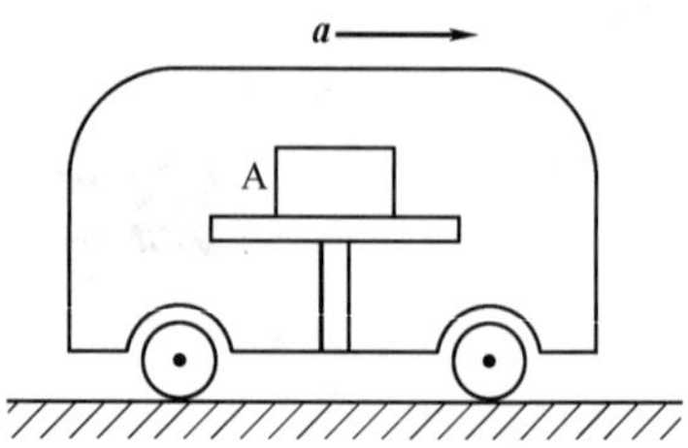

图 2-1 以加速度 a 做直线运动的车厢

2. 牛顿第二定律

在牛顿运动定律建立以前，力学已有了一定的发展，当时有很多人从事冲击和碰撞问题的研究。通过这方面的研究，人们逐步认识到一个物体对其他物体的冲击效果，与这个物体的速度和质量都有关系。而且还发现，物体的质量 m 和速度 $\boldsymbol{v}$ 的乘积，在运动变化中遵从一系列规律，把物体的质量 m 和速度 $\boldsymbol{v}$ 的乘积称为物体的**动量**，用 $\boldsymbol{p}$ 表示

$$\boldsymbol{p}=m\boldsymbol{v} \tag{2-1}$$

显然，动量 $\boldsymbol{p}$ 也是一个矢量，其方向与速度的方向相同。

在 SI 中，动量的单位为千克米每秒，符号为 $kg \cdot m \cdot s^{-1}$。

牛顿第一定律只定性地指出了力和运动的关系。牛顿第二定律阐明了作用于物体上的外力与物体动量变化的关系。**物体受到外力作用时，物体动量对时间的变化率等于作用于物体上的合外力。**这一规律称为**牛顿第二定律**，即

$$\boldsymbol{F}=\frac{d\boldsymbol{p}}{dt}=\frac{d(m\boldsymbol{v})}{dt} \tag{2-2a}$$

当物体在低速情况下运动时，即物体的运动速度 v 远小于光速 c 时，物体的质量可以当作不依赖于速度的常量，上式可写成

$$\boldsymbol{F}=m\frac{d\boldsymbol{v}}{dt} \tag{2-2b}$$

或

$$\boldsymbol{F}=m\boldsymbol{a} \tag{2-2c}$$

即物体所受的**合外力等于质量和加速度的乘积**。这是所熟知的牛顿第二定律的数学表达式。在牛顿力学中，式（2-2c）和式（2-2a）完全等效，但需要指出的是，式（2-2a）是牛顿第二定律的基本的普遍形式。一方面是因为在物理学中，动量的概念比速度、加速度更为普遍和重要；另一方面，现代实验证明，当物体的运动速度 v 接近于光速 c 时，物体的质量就明显地和速度有关了，此时有

$$m=\frac{m_0}{\sqrt{1-\frac{v^2}{c^2}}}$$

式中，m_0 是物体静止时的质量；v 是物体的速度；c 是真空中的光速。

应用牛顿第二定律时，应注意以下几点：

① 牛顿第二定律只适用于质点的运动。

② 牛顿第二定律表示合外力与加速度之间的关系是瞬时关系。

③ 式（2-2c）是矢量式，在具体应用时，常用其分量式。在平面直角坐标系中的分量式为

$$\begin{cases}F_x=ma_x\\F_y=ma_y\end{cases}\tag{2-3}$$

应用上式时，要注意各分量的符号。如力、加速度分矢量的方向与坐标轴的正方向相同时取正号，反之取负号。

在处理曲线运动，特别是在解决圆周运动的问题时，还可选取自然坐标系。此时，牛顿第二定律可写成

$$\begin{cases}F_n=ma_n=m\dfrac{v^2}{R}\\F_t=ma_t=m\dfrac{\mathrm{d}v}{\mathrm{d}t}\end{cases}\tag{2-4}$$

式中，F_n 和 F_t 分别是物体所受合外力在法线方向的分量和切线方向的分量；R 是圆周运动的半径。

④ 牛顿第二定律只适用于惯性参考系。

3. 牛顿第三定律

大量实验事实证明，物体间的作用总是相互的。**两个物体之间的作用力和反作用力，沿同一直线，大小相等，方向相反，分别作用在两个物体上**，这一规律称为**牛顿第三定律**，其数学表达式为

$$\boldsymbol{F}=-\boldsymbol{F}'\tag{2-5}$$

式中，$\boldsymbol{F}$ 是作用力；$\boldsymbol{F}'$是反作用力；负号说明 $\boldsymbol{F}$、$\boldsymbol{F}'$方向相反。

关于牛顿第三定律有以下几点说明：

① 作用力与反作用力同时存在，同时消失。

② 作用力与反作用力分别作用在两个物体上，两者不能相互抵消。

③ 无论相互作用的两个物体是静止的还是运动的，第三定律总是成立的。

④ 作用力与反作用力属于同种性质的力。

牛顿第一定律指出物体只有在外力作用下才改变其运动状态，牛顿第二定律给出了物体的加速度与作用于物体上的合力和物体质量之间的关系，牛顿第三定律则说明力具有物体间相互作用的性质。三条定律成为一个整体，它是经典力学的基础。虽然 20 世纪诞生了包含狭义相对论、广义相对论和量子力学的近代物理学，然而绝不因近代物理学的出现使经典物理学失去存在的价值。当质点速度远小于光速时，狭义相对论力学又回归到牛顿的经典力学。牛顿运动定律在力学和整个物理学中占有重要的地位，在工程技术中有着广

泛的应用。

二、力学中常见的三种力

要应用牛顿运动定律解决问题，首先必须能正确分析物体的受力情况。在日常生活和工程技术中经常遇到的力有万有引力、弹性力、摩擦力。

1. 万有引力

任何两个物体之间都存在相互吸引力，按照万有引力定律，质量分别为 m_1 和 m_2 的两个质点，相距为 r 时，它们之间的万有引力大小为

$$F=G\frac{m_1m_2}{r^2} \tag{2-6}$$

式中，$G=6.67\times10^{-11}\mathrm{N\cdot m^2\cdot kg^{-2}}$，称为万有引力恒量。由于引力恒量的数量级很小，所以一般物体间的引力极其微弱，但对于两个物体都是天体（或者其中一个是天体），这种引力却是支配它们运动的主导因素。物体的重力就是地球与物体之间的万有引力，若忽略地球自转的影响，**地球对其表面附近物体的吸引力**就是物体的**重力**，根据牛顿第二定律

$$G\frac{mM}{R^2}=mg$$

式中，m、M 分别是物体的质量和地球的质量；R 为地球半径，所以重力加速度 $g=\frac{GM}{R^2}$。重力的方向竖直向下。

2. 弹性力

当物体受外力作用而产生形变时，物体的各部分之间出现一种企图恢复原状的相互作用力，这种力称为**弹性力**。在力学中，常见的弹性力有以下三种形式。

（1）弹簧的弹性力

当弹簧发生形变时，在弹簧内部产生弹性力作用。这个力企图使弹簧恢复到原状，根据胡克定律，**在弹性限度内，弹性力 $\boldsymbol{F}$ 和弹簧的形变量 $\boldsymbol{x}$（伸长量或压缩量）成正比**，即

$$\boldsymbol{F}=-k\boldsymbol{x} \tag{2-7}$$

式中，k 为弹簧的劲度系数；负号表示弹性力的方向与形变方向相反。

（2）绳索中的张力

施力于绳子的一端，通过绳子去提拉系于绳子另一端的物体，这时出现在绳子和物体间及绳子内部相互的拉力，也是一种弹性力，它是绳子和物体间及绳子内部发生弹性形变而产生的力。在具体问题中，一般由于绳子内部的形变不大，往往忽略形变而把绳子看成是不可伸长的。

（3）压力和支持力

一物体放在桌面上，由于物体压紧桌面，它们都会因挤压而产生微小的形变，这时在物体和桌面间也出现了一对弹性力。通常把**重物作用于支承面的弹性力**称为**正压力**，而把**支持面作用于物体的弹性力**称为**支持力或弹力**。压力和支持力是一对作用力与反作用力，它们的方向总是垂直于两物体的接触面或接触点的公切面，与产生这些力的相应的形变趋向相反。

3. 摩擦力

两个相互接触的物体在沿着接触面有相对运动时，或者有相对运动的趋势时，在接触

面之间会产生一对阻碍相对运动或相对运动趋势的力，叫做**摩擦力**。相互接触的两个物体在外力作用下，有相对运动的趋势但尚未产生相对运动，这时的摩擦力叫**静摩擦力**。相对运动趋势是指假如没有静摩擦力，物体将发生相对运动，正是静摩擦力的存在，阻碍了物体相对运动的出现。静摩擦力的方向沿接触面作用并与相对运动趋势方向相反。静摩擦力的大小视外力的大小而定，介于零和最大静摩擦力 f_s 之间。实验证明，最大静摩擦力正比于正压力

$$f_s = \mu_s N$$

式中，N 为正压力大小；μ_s 称为静摩擦因数，它与接触面的材料和表面状况有关。

当外力超过静摩擦力时，物体间产生相对运动，这时的摩擦力叫做**滑动摩擦力**。滑动摩擦力的方向总是与物体相对运动的方向相反。实验证明，滑动摩擦力也与正压力成正比

$$f = \mu N \tag{2-8}$$

式中，μ 称为动摩擦因数，它与接触面的材料和表面状况有关。在相对速度不太大时，动摩擦因数略小于静摩擦因数。一般计算时，除非特别指明，否则可认为它们是相等的。

三、牛顿运动定律应用举例

牛顿运动定律定量地反映了物体所受的合外力、质量和运动之间的关系。应用牛顿运动定律解决的动力学问题一般可分为两类：一类是已知物体的受力情况求运动情况；另一类是已知物体的运动情况求受力情况。当然在实际问题中常常两者兼而有之。

牛顿运动定律只适用于讨论质点的运动。如果无法把物体或物体系统简化为一个质点，就可以设法把该物体或物体系统分割为若干个质点或质元，然后用牛顿运动定律逐一讨论。这种从物体或物体系统中取出单个质点（质元）来讨论的方法，通常称为**“隔离体法”**。

应用牛顿运动定律解题时，一般按下面的步骤进行。

① 根据问题的要求，确定研究对象。

② 运用隔离体法分析研究对象的受力情况，画出受力图。这一步是解决问题的关键。

③ 分析研究对象的运动特点。例如，区分是直线运动还是曲线运动；在直线运动中是匀速的还是变速的等问题。

④ 选择适当的坐标系或规定正方向，由牛顿第二定律列出方程。

⑤ 统一各量的单位，求解，并对结果进行必要的分析和讨论。求解时最好先用符号得出结果，然后再代入数据进行运算。这样既简单明了，又可避免数字的重复运算和运算误差。

【例题 2-1】 如图 2-2 所示，一轻绳跨过一个定滑轮，绳的两端各悬挂着质量分别为 m_1 和 m_2 的重物，其中 $m_1 > m_2$。设滑轮与绳子的质量以及滑轮与轴之间的摩擦力忽略不计。试求物体的加速度和绳中的张力。

【解】 分别取 m_1 和 m_2 为研究对象，将它们分别“隔离”出来，画出它们各自的受力图，如图 2-2 所示。

由题意知，物体 m_1 向下运动，物体 m_2 向上运动，它们加速度的大小相等，且绳中张力处处相等。选竖直向上为正方向，由牛顿第二定律得

$$T - m_1 g = -m_1 a_1$$

$$T'-m_2g=m_2a_2$$

因 $a_1=a_2$，$T=T'$，解上列方程组得

$$a_1=\frac{m_1-m_2}{m_1+m_2}g$$

$$T=\frac{2m_1m_2}{m_1+m_2}g$$

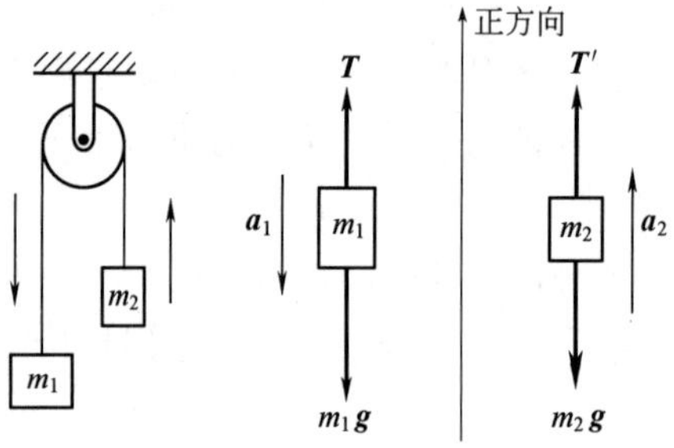

图 2-2 [例题 2-1] 图

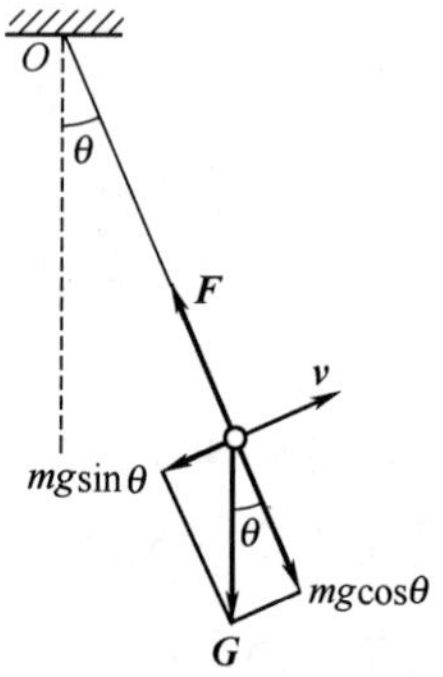

图 2-3 [例题 2-2] 图

【例题 2-2】 如图 2-3 所示，质量为 m 的小球，系于长为 l 的轻绳的一端，绳的另一端固定于 O 点，小球可绕 O 点在铅垂面内做圆周运动，当小球运动到绳与垂线夹角为 θ 时，它的速率为 v。试求：(1) 这个位置处小球的切向加速度和法向加速度；(2) 此时绳中的张力大小。

【解】 如图 2-3 所示，取小球为研究对象，将它“隔离”出来，并分析其受力情况，小球受重力 $\boldsymbol{G}$ 和绳的拉力 $\boldsymbol{F}$ 作用。将重力 $\boldsymbol{G}$ 分解为切向分量和法向分量，由牛顿第二定律可得

$$-mg\sin\theta=ma_t$$

$$F-mg\cos\theta=ma_n$$

球的法向加速度为

$$a_n=\frac{v^2}{l}$$

从上面三式中，可解出球的切向加速度

$$a_t=-g\sin\theta$$

球的拉力

$$F=\frac{mv^2}{l}+mg\cos\theta$$

由牛顿第三定律得绳中的张力大小与 $\boldsymbol{F}$ 大小相等。

习题 2-1

一、思考题

1. 有人说：牛顿第一定律只是牛顿第二定律在合外力等于零的情况下的一个特例，因而它是多余的，你的看法如何？

2. 回答下列问题：

① 质点的运动方向与合外力方向是否一定相同？

② 质点受到了几个力的作用，是否一定产生加速度？

③ 质点运动的速率不变，所受合外力是否一定为零？

④ 质点速度很大，所受到的合外力是否也很大？

3. 没有动力的小车通过弧形桥面时受几个力的作用？如图 2-4 所示，它们的反作用力作用在哪里？若车的质量为 m，车对桥面的压力是否等于 $mg\cos\theta$？小车能否做匀速率运动？

4. 如图 2-5 所示，半径为 R 的木桶，以角速度 ω 绕其轴线转动，有一人紧贴在木桶壁上，人与木桶壁的摩擦因数为 μ。在什么情形下，人会紧贴在木桶壁上而不掉下来？

5. 如图 2-6 所示，一个用绳子悬挂着的质点在水平面上做匀速圆周运动，有人在重力的方向求合力，写出

$$T\cos\theta - G = 0$$

另有人沿绳子拉力的方向求合力，写出

$$T - G\cos\theta = 0$$

显然两者不能同时成立，哪一个式子是错误的？为什么？

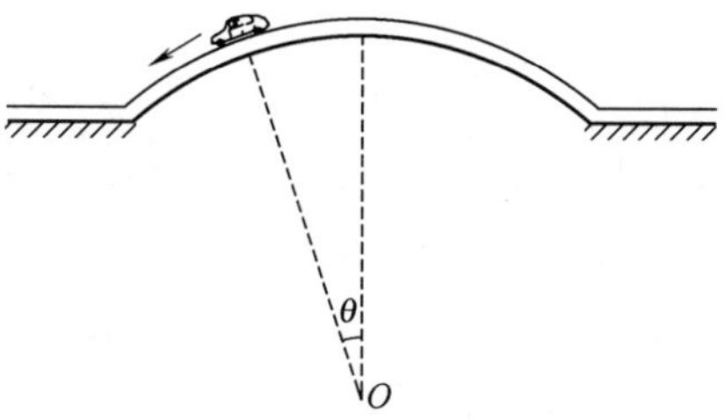

图 2-4

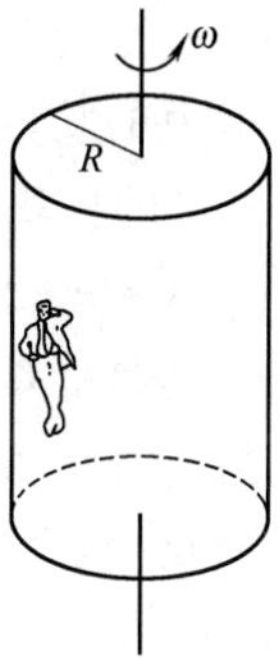

图 2-5

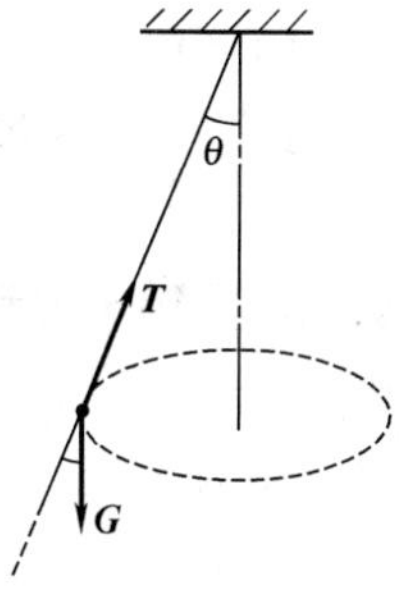

图 2-6

二、计算题

1. 质量为 m 的质点沿斜面向下滑动，当斜面的倾角为 α 时，质点正好匀速下滑，问：斜面的倾角增大到 β 时，质点从高 h 处由静止滑到底部需要多少时间？

2. 将质量为 10kg 的小球系在倾角 θ 为 37°的光滑斜面上，如图 2-7 所示，当斜面以加速度 $a\left(a=\frac{1}{2}g\right)$ 沿水平向左运动时，求：

① 绳的张力；

② 斜面对球的支持力。

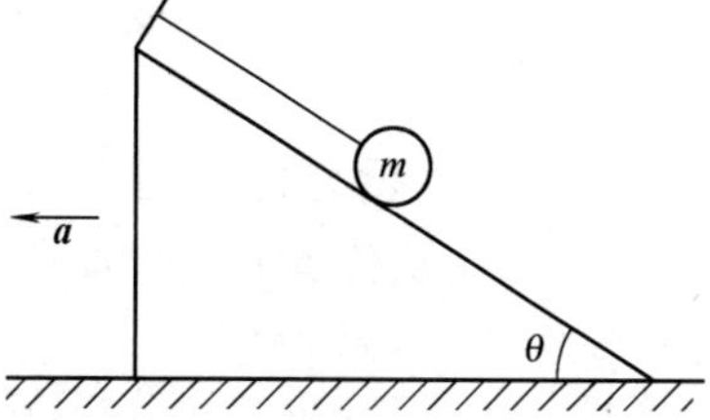

图 2-7

3. 有一飞机在俯冲后沿一竖直圆周轨道飞行。设飞机的速率恒定为 $640\text{km}\cdot\text{h}^{-1}$。为使飞机的加速度不超过重力加速度的 7 倍（7g），此圆周轨道的最小半径应为多少？设驾驶员的质量为 70 kg，在最小圆周轨道的最低点，他对座椅的压力为多大？

第二节 功 和 能

应用牛顿运动定律，原则上可以求出任何物体的运动规律。但由于数学运算的原因，使很多问题的求解过程非常困难，但如果直接运用有关的运动定理来处理这些问题，常常能使问题的解决变得十分简便，这些运动定理为动力学问题的解决提供了一套行之有效的辅助方法。从本节开始，将在牛顿定律的基础上，得出一些具有普遍意义的运动定理。

自然界存在着多种运动形式，任何一种运动形式都可以直接或间接地转变为其他运动形式，在深入研究运动形式相互转化的过程中，人们建立了功与能的概念。本节将介绍功的概念和它的计算方法，并研究与机械运动有关的能量——机械能，它包括动能和势能两部分。

一、功

1. 直线运动中恒力的功

中学物理对功的定义是

$$A = \boldsymbol{F}\boldsymbol{s}\cos\alpha \tag{2-9a}$$

式中，力 $\boldsymbol{F}$ 的大小和方向不变；$\boldsymbol{s}$ 是受该力作用的质点沿直线运动的位移；α 是力 $\boldsymbol{F}$ 和位移 $\boldsymbol{s}$ 的夹角。这是直线运动中恒力的功的计算方法。使用上一章介绍的位移符号 $\Delta\boldsymbol{r}$，则有 $|\Delta\boldsymbol{r}| = s$，可把式子改写为矢量的标积形式

$$A = F|\Delta\boldsymbol{r}|\cos\alpha = \boldsymbol{F}\cdot\Delta\boldsymbol{r} \tag{2-9b}$$

可见，**功等于力和位移的标积**。功是标量，它没有方向，但有正负。从式（2-9a）可以看出，当 $0° \leqslant \alpha < 90°$ 时，功为正值，表示力对质点做正功，此时力为动力；当 $90° < \alpha \leqslant 180°$ 时，功为负值，表示力对质点做负功，此时力为阻力。力对质点做负功，也可以说是质点克服阻力做正功。当 $\alpha = 90°$ 时，功为零，表示力对质点做零功或不做功。

2. 变力的功

许多情况下，作用于质点的力 $\boldsymbol{F}$ 是变力或质点是沿曲线运动的，那就不能直接运用式（2-9a）或式（2-9b）求功。

如图 2-8 所示，设一质点在变力 $\boldsymbol{F}$ 作用下沿曲线由 A 点运动到 B 点，求运动中变力 $\boldsymbol{F}$ 所做的功，可按两步进行。

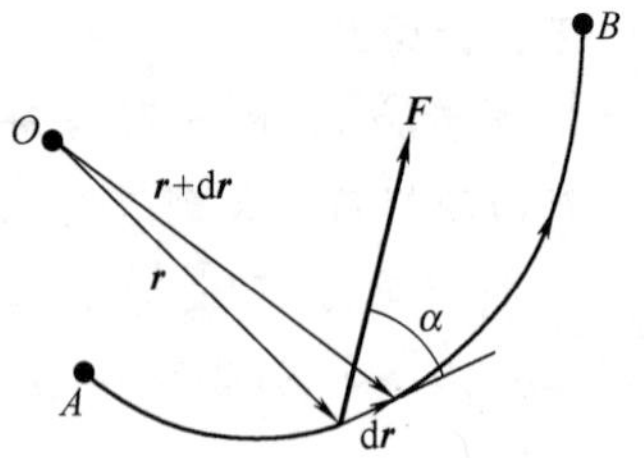

图 2-8 变力的功

① 求元功。设想把轨道曲线分割成无穷多的小段，图 2-8 中画出了从位置 $\boldsymbol{r}$ 到位置 $\boldsymbol{r}+\mathrm{d}\boldsymbol{r}$ 的一段位移 $\mathrm{d}\boldsymbol{r}$。$\mathrm{d}\boldsymbol{r}$ 是无穷小位移，又称位移元。位移元的长度是无穷小线段；在位移元 $\mathrm{d}\boldsymbol{r}$ 上，力的大小和方向可看作不变。因此，力 $\boldsymbol{F}$ 在位移元 $\mathrm{d}\boldsymbol{r}$ 上所做的功可以看作是恒力在无穷小直线段上所做的功。显然，可借助恒力做功的公式（2-9b）来计算变力 $\boldsymbol{F}$ 所做的元功 $\mathrm{d}A$

$$\mathrm{d}A = \boldsymbol{F}\cdot\mathrm{d}\boldsymbol{r} \tag{2-10a}$$

或

$$dA = F\cos\alpha\, ds \tag{2-10b}$$

式中，ds 是 $d\boldsymbol{r}$ 的长度，称为路程元；α 是 $\boldsymbol{F}$ 和 $d\boldsymbol{r}$ 的夹角。

② 求总功。质点从 A 点运动到 B 点，变力 $\boldsymbol{F}$ 所做的总功等于所有无穷小段元功 dA 之和。按照定积分求和的意义，可以用积分的方法求得总功。设用符号 A 表示总功，则

$$A = \int_{\widehat{AB}} \boldsymbol{F} \cdot d\boldsymbol{r} \tag{2-11a}$$

或

$$A = \int_{\widehat{AB}} F\cos\alpha\, ds \tag{2-11b}$$

上式为变力做功的表达式。应该注意，上式表示沿曲线把各小段的元功相加。在式（2-11a）和式（2-11b）中，积分符号的下标“$\widehat{AB}$”的意思是：沿轨道曲线从 A 点积分到 B 点。

当质点同时受到 n 个力 $\boldsymbol{F}_1$，$\boldsymbol{F}_2$，…，$\boldsymbol{F}_n$ 的作用时，**合力对质点所做的功，等于各个分力所做功的代数和**。即

$$A = A_1 + A_2 + \cdots + A_n \tag{2-12}$$

在 SI 中，功的单位是焦［耳］，符号为 J。

3. 功率

功的概念中没有时间因素。事实上，做同样多的功，作用的时间越短，则单位时间内做功就越多。为了描述单位时间内做功的多少，需要引入功率的概念。

设某力 $\boldsymbol{F}$ 在 Δt 时间内做的功是 ΔA，则此力在该段时间内的平均功率为

$$\overline{P} = \frac{\Delta A}{\Delta t} \tag{2-13}$$

令 $\Delta t \to 0$，则把平均功率的极限 $\frac{dA}{dt}$ 称为瞬时功率，简称功率。用符号 P 表示

$$P = \frac{dA}{dt} \tag{2-14a}$$

由式（2-10a）可得

$$P = \frac{dA}{dt} = \frac{\boldsymbol{F} \cdot d\boldsymbol{r}}{dt} = \boldsymbol{F} \cdot \boldsymbol{v} \tag{2-14b}$$

即力对质点的瞬时功率等于作用力与质点在该时刻速度的标积。

在 SI 中，功率的单位是瓦［特］，符号是 W。

【例题 2-3】 某物体在平面上沿 Ox 轴的正方向前进。平面上各处的摩擦系数不等，因而作用于物体的摩擦力是变力。已知某段路面摩擦力的大小随坐标 x 变化的规律为

$$f = 1 + x \qquad (x > 0)$$

求从 $x=0$ 到 $x=l$，摩擦力所做的功。

【解】 由题意知，摩擦力 $\boldsymbol{f}$ 与位移元 $d\boldsymbol{x}$ 方向相反，其夹角 $\alpha = 180°$。于是 $\cos\alpha = \cos 180° = -1$，当物体从 x 移动到 $x + dx$，摩擦力的元功为

$$dA = f\cos\alpha\, dx = -(1 + x)dx$$

从 $x=0$ 到 $x=l$，摩擦力所做的功为

$$A=-\int_0^l(1+x)\mathrm{d}x=-\left[x+\frac{1}{2}x^2\right]_0^l=-l\left(1+\frac{1}{2}l\right)$$

可见，摩擦力做功多少取决于质点通过的路径。路程越长，摩擦力做功越多。

【例题 2-4】 如图 2-9 所示，质量为 m 的质点，从 A 点沿曲线运动到 B 点。求此过程中重力所做的功。

【解】 建立如图 2-9 所示的直角坐标系 Oxy，用 G 表示重力的大小，$G=mg$；$\mathrm{d}s$ 表示与位移元 $\mathrm{d}\boldsymbol{r}$ 对应的路程元；重力 $\boldsymbol{G}$ 与位移元 $\mathrm{d}\boldsymbol{r}$ 的夹角为 α，则

$$\mathrm{d}A=G\cos\alpha\,\mathrm{d}s$$

上式中 $\mathrm{d}s\cos\alpha=-\mathrm{d}y$，于是

$$\mathrm{d}A=-mg\,\mathrm{d}y$$

因为 A 点的纵坐标为 y_1，B 点的纵坐标为 y_2，所以从 A 点到 B 点，重力做功为

$$A=-mg\int_{y_1}^{y_2}\mathrm{d}y=-(mgy_2-mgy_1) \tag{2-15}$$

可见，重力做功只与质点的始末位置有关，与它所经历的路径无关。

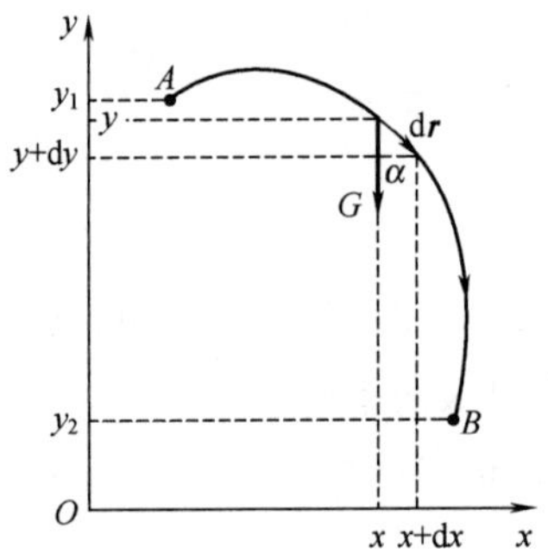

图 2-9 ［例题 2-4］图

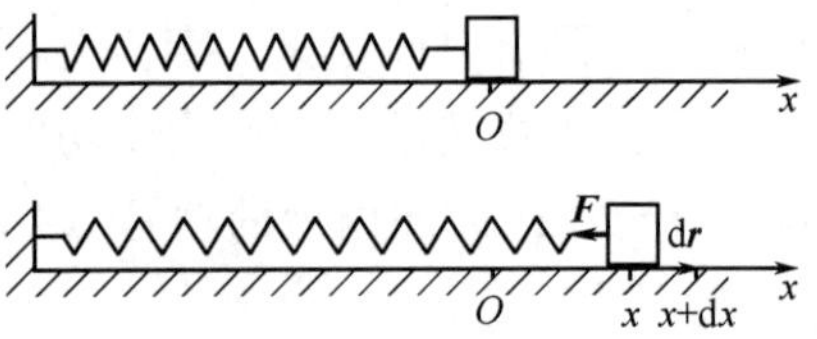

图 2-10 ［例题 2-5］图

【例题 2-5】 一水平放置的弹簧，劲度系数为 k，一端固定于墙上，另一端系一物体上，如图 2-10 所示，求物体从 x_1 移动到 x_2 过程中，弹性力所做的功。

【解】 如图 2-10 所示，取弹簧没有形变时物体所在位置为原点 O，弹簧伸长方向为 Ox 轴的正方向，物体在任意位置 x 时，弹性力的大小可以表示为

$$F=kx$$

弹性力的方向指向平衡位置（原点）。沿 Ox 轴正向取位移元 $\mathrm{d}\boldsymbol{r}$，则其大小为 $\mathrm{d}x$，方向与弹性力 $\boldsymbol{F}$ 的方向相反，于是 $\cos\alpha=\cos180°=-1$，弹性力所做的元功为

$$\mathrm{d}A=\boldsymbol{F}\cdot\mathrm{d}\boldsymbol{r}=-kx\,\mathrm{d}x$$

物体从 x_1 移动到 x_2，弹性力做的功为

$$A=-\int_{x_1}^{x_2}kx\,\mathrm{d}x=-\left[\frac{1}{2}kx^2\right]_{x_1}^{x_2}=-\left(\frac{1}{2}kx_2^2-\frac{1}{2}kx_1^2\right) \tag{2-16}$$

可见，弹性力做功只与物体的始末位置有关，与弹簧变形的中间过程无关。

二、质点的动能定理

力对物体做功，物体的运动状态就会发生变化，它们之间存在什么关系呢？

如图 2-11 所示，一质量为 m 的质点，在合外力 $\boldsymbol{F}$ 的作用下，自 A 点沿曲线运动到 B 点，它在 A 点和 B 点的速率分别为 v_1 和 v_2。设想把路径 $\overset{\frown}{AB}$ 分成许多位移元，并设作

用于某任一位移元 d$\boldsymbol{r}$ 上的合外力 $\boldsymbol{F}$ 与 d$\boldsymbol{r}$ 之间的夹角为 α。由式（2-10a）和式（2-10b）可知，当质点运动位移元 d$\boldsymbol{r}$ 时，合外力 $\boldsymbol{F}$ 对质点所做的元功为

$$dA=\boldsymbol{F}\cdot d\boldsymbol{r}=F\cos\alpha\, ds$$

根据牛顿第二定律有 $F\cos\alpha=F_t=ma_t$，其中切向加速度 $a_t=\dfrac{dv}{dt}$，因此有

$$F\cos\alpha=m\frac{dv}{dt}$$

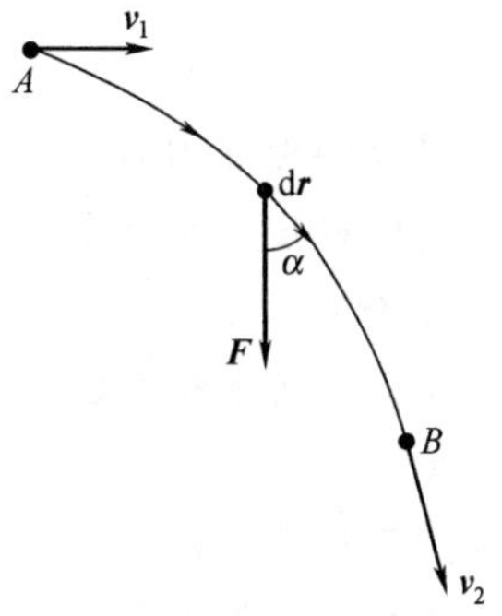

图 2-11　动能定理

所以合外力所做的元功为

$$dA=m\frac{dv}{dt}\cdot ds=mv\,dv \tag{2-17}$$

在质点从 A 点移动到 B 点的过程中，合外力所做的总功为

$$A=\int_{\widehat{AB}}dA=\int_{v_1}^{v_2}mv\,dv=\frac{1}{2}mv_2^2-\frac{1}{2}mv_1^2 \tag{2-18a}$$

把 $\frac{1}{2}mv^2$ 即**质点的质量和速率平方乘积的一半**称为该**质点的动能**，用符号 E_k 表示，即

$$E_k=\frac{1}{2}mv^2$$

那么，$E_{k1}=\frac{1}{2}mv_1^2$，$E_{k2}=\frac{1}{2}mv_2^2$ 分别表示质点在初始位置和终止位置时的动能，式（2-18a）可写成

$$A=E_{k2}-E_{k1} \tag{2-18b}$$

上式表明，**合外力对质点所做的功，等于质点动能的增量**。这一结论称为**质点的动能定理**。

动能定理是功和动能变化的一般关系式。当合外力对质点做正功（$A>0$）时，质点的动能增大；当合外力对质点做负功（$A<0$）时，质点的动能减小。

动能定理是在牛顿运动定律的基础上得出的，所以它只适用于惯性系。在不同的惯性系中，质点的位移和速度是不同的，因此，功和动能依赖于惯性系的选取。

在 SI 中，动能的单位与功的单位相同，是焦［耳］，符号为 J。

三、势能

下面从重力、弹性力、摩擦力做功的特点出发，引入保守力和非保守力的概念，然后介绍重力势能和弹性势能。

1. 保守力

由前面对功的计算，可以发现**重力、弹性力做功只与质点的始末位置有关，与所经历的路径无关**，这类力称为**保守力**。而摩擦力做功的多少与质点运动的路径有关，路径越长，摩擦力做功的数值越多，这类力称为**非保守力**。

由于保守力做功与路径无关，这必然得出**保守力沿任意闭合路径一周所做的功为零**的结论。用数学式子表示为

$$\oint_L \boldsymbol{F} \cdot \mathrm{d}\boldsymbol{r} = 0 \tag{2-19}$$

上式是反映保守力做功特点的数学表达式。这一结论，也可以看作是保守力的另一种定义，这两种定义是完全等效的。通常把**保守力在空间的分布**称为**保守力场**。

2. 势能

从前面关于重力、弹性力做功的讨论中，可以知道这些保守力做功只与质点的始末位置有关。为此，可以引入势能的概念。把**质点系中由质点间的相对位置决定的能量**称为**势能**，用符号 E_p 表示。显然，势能属于系统所有。

势能概念的引入是以质点处于保守力场这一事实为依据的。由于保守力做功只取决于质点的始末位置，所以才存在仅由位置决定的势能函数。对于非保守力场，不存在势能的概念。另外，势能的量值只具有相对的意义，只有选择了势能零点，才能确定某一点的势能值。**质点在某点所具有的势能等于将质点从该点移到势能零点保守力所做的功。**势能零点可根据问题需要任意选择，但作为两个位置的势能差，其值是一定的，与势能零点的选择无关。

力学中常见的势能有重力势能和弹性势能，由对应的重力做功和弹性力做功的例题可知，两种势能的表达式分别为

重力势能 $E_p = mgy$ （势能零点为 $y=0$ 处）

弹性势能 $E_p = \frac{1}{2}kx^2$ （势能零点为 $x=0$ 处）

式（2-15）和式（2-16）可统一写成

$$A = -(E_{p2} - E_{p1}) = -\Delta E_p = E_{p1} - E_{p2} \tag{2-20}$$

上式表明，**保守力所做的功等于相应势能增量的负值（或相应势能的减少量）**。

在 SI 中，势能的单位与功的单位相同，是焦［耳］，符号为 J。

习题 2-2

一、思考题

1. 起重机将质点匀速提升或加速提升到一定高度，它对质点做的功是否相同？

2. 合外力对质点不做功，质点一定沿直线运动吗？

3. 合外力对质点所做的功等于质点动能的增量，而其中某一分力做的功，能否大于质点动能的增量？

二、计算题

1. 设质点在力 $F=ax-b$ 的作用下，沿 Ox 轴从 $x_1=1\text{m}$ 移动到 $x_2=3\text{m}$ 处，已知 $a=4\text{N}\cdot\text{m}^{-1}$，$b=6N$，求力在此过程中所做的功。

2. 原长为 l、劲度系数为 k 的弹簧，一端固定在半圆弧的 A 点，圆弧半径 $R=l$。弹簧的另一端从半圆弧的顶点 B，沿半圆弧移动拉到 C 点，如图 2-12 所示，求弹力在此过程中所做的功。

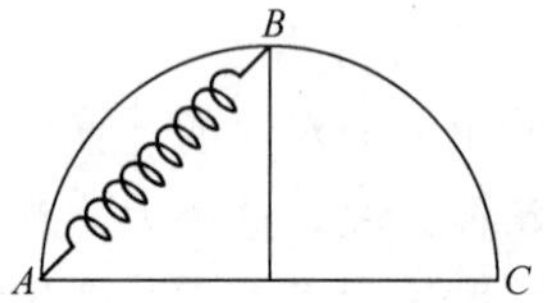

图 2-12

3. 质量为 2.0×10^{-3} kg 的子弹，在枪筒中前进时受到

的合力的大小为

$$F=400-\left(\frac{8000}{9}\right)x$$

式中，x 以 m 为单位，F 以 N 为单位．子弹在枪口的速度大小是 $300\mathrm{m}\cdot\mathrm{s}^{-1}$。计算枪筒的长度。

4. 如图 2-13 所示，A 和 B 两质点的质量 $m_A=m_B$，质点 B 与桌间的动摩擦因数为 0.2，绳与滑轮之间的摩擦力忽略不计。试求质点 A 由静止下落 $h=1.0\mathrm{m}$ 时的速度。

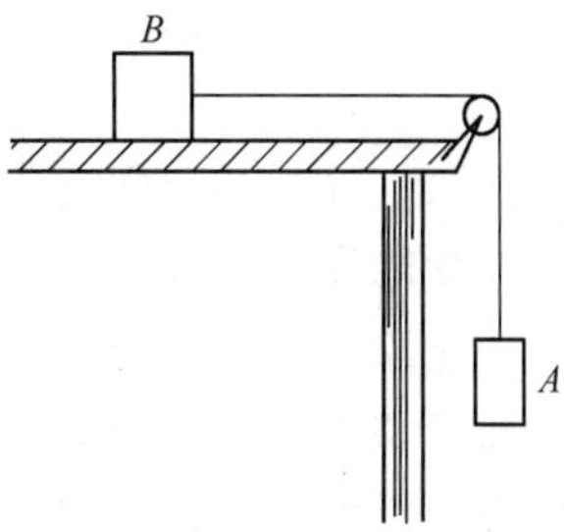

图 2-13

第三节　功能原理　机械能守恒定律

一、功能原理

仔细考察一个装置、机器或车辆，就会认识到，把它们简化为一个质点的做法，有时显得过于简单。例如，在平直道路上行驶的汽车，其车体在平动，可以把车体看成一个质点，但是还有车轮在滚动，发动机的各个部件在相对运动……因此，有时要把实际的装置看成是由若干个质点组成的质点系。

质点系中的质点所受的作用可能来自外界质点，也可能来自系统内的质点，通常把**外界质点对系统内质点的作用力**称为**外力**，而**质点系内各质点的相互作用力**称为**内力**。

前面所讲的质点的动能定理，也可以推广到质点系，即质点系的动能定理形式仍然是

$$A=E_{k2}-E_{k1}$$

式中，E_{k1} 和 E_{k2} 分别表示质点系在初、末两状态的总动能；A 是作用于质点系各质点上的力所做功的代数和。从质点系的内、外来区分，这个功 A 可以分为内力的功和外力的功，即

$$A_{外}+A_{内}=E_{k2}-E_{k1} \tag{2-21a}$$

内力中既有保守力，也有非保守力，因此内力的功可以分为保守内力的功和非保守内力的功，因此有

$$A_{外}+A_{保内}+A_{非保内}=E_{k2}-E_{k1} \tag{2-21b}$$

由式（2-20）知，保守力的功等于相应势能增量的负值，所以

$$A_{保内}=-(E_{p2}-E_{p1})$$

将上式代入式（2-21b），并整理得

$$A_{外}+A_{非保内}=(E_{k2}+E_{p2})-(E_{k1}+E_{p1})$$

通常把**质点系的动能和势能之和**称为**质点系的机械能**，用符号 E 表示

$$E=E_k+E_p$$

于是，上式可表示为

$$A_{外}+A_{非保内}=E_2-E_1 \tag{2-22}$$

上式表明，**外力和非保守内力做功的代数和等于质点系机械能的增量**。这一结论被称为质点系的**功能原理**。

功能原理指出，质点系力学范畴的能量——机械能的增多或减少，取决于系统外质点做功和系统中非保守内力做功的代数和。外力做功，系统内机械能和系统外质点的某种能量发生相应的转换；非保守内力做功，在系统内则产生机械能和非机械能的转换。

二、机械能守恒定律

在物理学中常讨论的一种重要情况是，质点系在运动过程中，只有保守内力做功，外力的功和非保守内力的功都是零或可以忽略不计，即 $A_{外}+A_{非保内}=0$，由式（2-22）可得

$$E_2=E_1$$

或

$$E=E_k+E_p=恒量 \tag{2-23}$$

上式说明，**当外力和非保守内力都不做功或所做的总功为零时**（**或说只有保守内力做功**)，**质点系内各质点的动能和势能可以相互转化，但质点系的机械能保持不变**。这就是**机械能守恒定律**。

在机械运动范围内，所涉及的能量只有动能和势能。由于物质运动形式的多样性，还将遇到其他形式的能量，如热能、电能、原子能等。如果系统内有非保守力做功，则系统的机械能必将发生变化。但在机械能增加或减少的同时，必然有等值的其他形式能量在减少或增加。考虑到诸如此类的现象，人们从大量的事实中总结出了更为普遍的**能量守恒定律，即对于一个不受外界作用的孤立系统，能量可以由一种形式转化为另一种形式，但系统的总能量保持不变**。

【例题 2-6】 在图 2-14 中，一个质量 $m=2\text{kg}$ 的质点，从静止开始，沿着 1/4 的圆周（圆的半径 $R=5\text{m}$）从 A 点滑到 B 点，在 B 点时的速率 $v=7\text{m}\cdot\text{s}^{-1}$。求质点从 A 点运动到 B 点摩擦力所做的功。

【解】 如图 2-14 所示，取质点为研究对象，质点受三个力作用：重力 $\boldsymbol{G}$、支持力 $\boldsymbol{N}$ 和摩擦力 $\boldsymbol{f}$，其中支持力 $\boldsymbol{N}$ 处处与质点运动的方向垂直，所以不做功；重力 $\boldsymbol{G}$ 为保守力，摩擦力 $\boldsymbol{f}$ 为非保守力。以 B 点为重力势能零点，则质点在 A 点时系统的机械能 $E_1=mgR$，在 B 点时的机械能 $E_2=\frac{1}{2}mv^2$，由功能原理知，它们的差值就是摩擦力 $\boldsymbol{f}$ 做的功 A，即

$$A=E_2-E_1=\frac{1}{2}mv^2-mgR=\frac{1}{2}\times2\times7^2-2\times9.8\times5=-49\ (\text{J})$$

式中负号说明摩擦力做负功。

该题也可以用功的定义或动能定理来处理，但都比用功能原理麻烦，读者可自行求解。

【例题 2-7】 如图 2-15 所示，一劲度系数为 k 的轻弹簧，其一端固定在竖直面内圆环的最高点 A 处，另一端系一质量为 m 的小球，小球穿过圆环并在圆环上作摩擦力不计的运动，设弹簧原长与圆环的半径 R 相等，求小球自弹簧原长 C 点无初速地沿着圆环滑至

最低点 B 时所获得的动能。

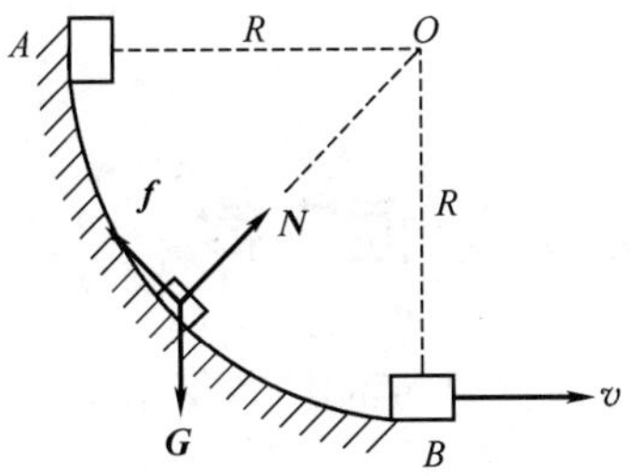

图 2-14 ［例题 2-6］图

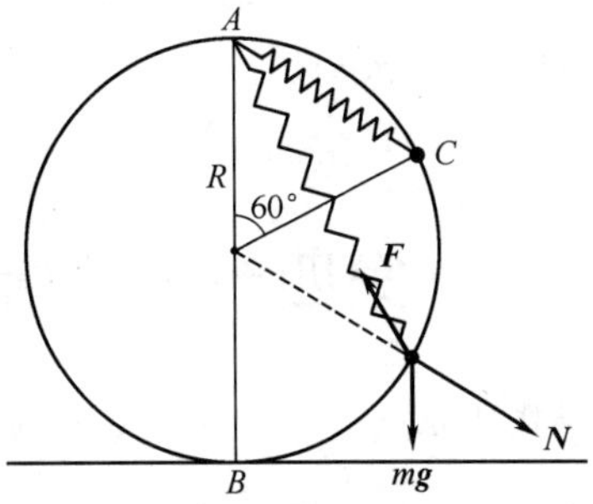

图 2-15 ［例题 2-7］图

【解】 如图 2-15 所示，以小球为研究对象，小球受三个力作用：弹性力 $\boldsymbol{F}$、重力 $m\boldsymbol{g}$ 和圆环对重物的支持力 $\boldsymbol{N}$。小球在滑动过程中，支持力 $\boldsymbol{N}$ 总是与运动方向垂直，不做功，只有重力和弹性力做功，且两者都是保守力，故小球在滑动过程中机械能守恒。

取 B 点为重力势能零点，弹簧原长处为弹性势能零点。小球位于 C 点时，动能为零，重力势能 $E_{p1}=mg(R+R\cos60°)$，弹性势能为零。小球滑至 B 点时，动能为 E_{k2}，重力势能为零，弹性势能 $E_{p2}=\frac{1}{2}kR^2$。由机械能守恒定律得

$$E_{k2}+\frac{1}{2}kR^2=mg(R+R\cos60°)$$

由上式得

$$E_{k2}=\frac{3}{2}mgR-\frac{1}{2}kR^2$$

习题 2-3

一、 思考题

1. 机械能守恒的条件是什么？有人说：只要合力做功等于零，机械能就守恒。这种说法对吗？为什么？

2. 在下面各实例中，哪些过程机械能守恒？哪些不守恒？请说明理由。

① 不计空气阻力，抛射体在空中的运动。

② 物体沿着光滑的斜面下滑。

③ 不计空气阻力，一个轻弹簧下端挂着的质点在竖直方向上下振动。

④ 跳伞员张开降落伞后，在空中匀速下落。

二、计算题

1. 有一质量为 m 的质点处于静止状态，从高出弹簧 h 处自由下落到一弹簧上，弹簧的劲度系数为 k，求弹簧被压缩的最大距离。

2. 如图 2-16 所示，质量为 6.0×10^{-3}kg 的小球系于绳的一端，另一端固定于 O 点。绳长 1.0m。将小球拉至水平位置 A，然后放手。假定不计空气阻力，且 $\theta=30°$，求小球经过圆弧上 B、C 两点时的

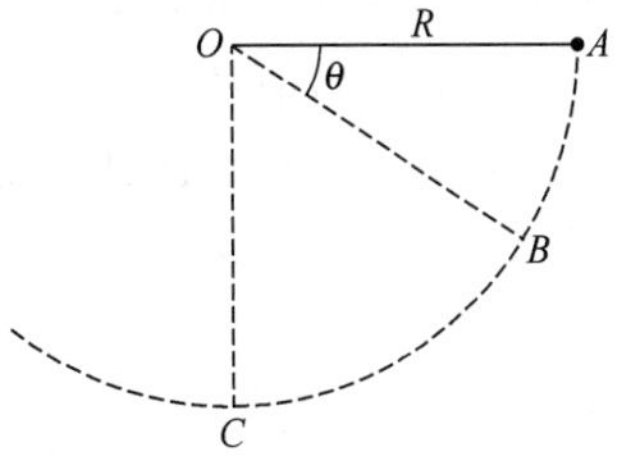

图 2-16

① 速率；

② 法向加速度大小和切向加速度大小；

③ 绳中张力的大小。

第四节 动量定理 动量守恒定律

动量是描述质点运动的一个重要物理量，本节在冲量和动量概念的基础上，讨论质点的动量定理以及动量守恒定律。

一、冲量和质点的动量定理

力作用在质点上，可使质点的动量或速度发生变化。在很多实际情况中，需考虑力对时间累积的效果。由牛顿第二定律式（2-2a）

$$\boldsymbol{F}=\frac{\mathrm{d}\boldsymbol{p}}{\mathrm{d}t}=\frac{\mathrm{d}(m\boldsymbol{v})}{\mathrm{d}t}$$

可得

$$\boldsymbol{F}\mathrm{d}t=\mathrm{d}\boldsymbol{p}=\mathrm{d}(m\boldsymbol{v})$$

式中，$\boldsymbol{F}\mathrm{d}t$ 表示力在时间 $\mathrm{d}t$ 内持续作用的效果，叫做在 $\mathrm{d}t$ 时间内合外力的冲量。

对上式从 t_1 到 t_2 这段有限时间进行积分，并考虑到在低速运动的范围内，质点的质量可视为不变，所以

$$\int_{t_1}^{t_2}\boldsymbol{F}\mathrm{d}t=\boldsymbol{p}_2-\boldsymbol{p}_1=m\boldsymbol{v}_2-m\boldsymbol{v}_1 \tag{2-24}$$

左侧积分表示在 t_1 到 t_2 这段有限时间内合外力的冲量，用 $\boldsymbol{I}$ 表示，式（2-24）的物理意义是：**在给定时间内，作用在质点上合外力的冲量，等于质点在该时间内动量的增量**。这就是**质点的动量定理**。当 $\boldsymbol{F}$ 为一恒力时，式（2-24）可写为

$$\boldsymbol{F}\Delta t=m\boldsymbol{v}_2-m\boldsymbol{v}_1$$

冲量 $\boldsymbol{I}$ 是矢量，一般来说，冲量的方向并不与动量的方向相同，而是与动量增量的方向相同。

在 SI 中，冲量单位是牛［顿］秒，符号为 N·s。

动量定理常用于求解碰撞和打击一类问题，这类问题的特点是质点间相互作用时间极短，而作用力变化十分剧烈，能迅速达到极大值，又急剧下降到零，这种力称为**冲力**。因冲力是变力，且随时间变化的关系又十分复杂，用牛顿运动定律无法直接求解。但应用动量定理，可以由动量的变化来确定冲量的大小，如果能测得冲力的作用时间，就可以对冲力的平均值做出估算。

如果质点做平面运动，那么动量定理在平面直角坐标系 Oxy 中的分量为

$$\begin{cases}\displaystyle\int_{t_1}^{t_2}F_x\mathrm{d}t=mv_{2x}-mv_{1x}\\ \displaystyle\int_{t_1}^{t_2}F_y\mathrm{d}t=mv_{2y}-mv_{1y}\end{cases} \tag{2-25}$$

由动量定理可见，在相等的冲量作用下，不同质量的质点，其速度变化是不相同的，

但它们动量的变化却是一样的，所以从过程的角度来看，动量 $\boldsymbol{p}$ 比速度 $\boldsymbol{v}$ 更能恰当地反映质点的运动状态，因此，一般描述质点做机械运动时的状态参量，用动量 $\boldsymbol{p}$ 比用速度 $\boldsymbol{v}$ 更确切些，动量 $\boldsymbol{p}$ 和位矢 $\boldsymbol{r}$ 是描述质点机械运动状态的状态参量。

【例题 2-8】 设质量为 60kg 的跳高运动员越过横杆后，竖直落到泡沫垫上，垫比杆低 1.5m。运动员触垫后经 0.5s，速度变为零。求此过程中垫子作用于运动员的平均力。

【解】 以运动员为研究对象，运动员在与垫子作用过程中受的力有重力 $\boldsymbol{G}$ 和垫子的平均作用力 $\overline{\boldsymbol{N}}$，如图 2-17 所示。选竖直向下为正方向，据动量定理有

$$(mg-\overline{N})\Delta t = mv_2 - mv_1$$

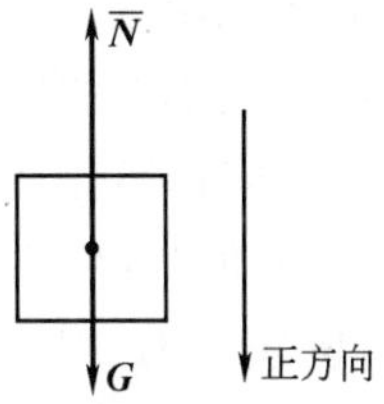

图 2-17 ［例题 2-8］图

已知人触垫时的初速度 $v_1=\sqrt{2gh}$，末速度 $v_2=0$。由上式得

$$\overline{N}=mg+\frac{m\sqrt{2gh}}{\Delta t}=60\times 9.8+\frac{60\times\sqrt{2\times 9.8\times 1.5}}{0.5}=1.24\times 10^3 \text{ (N)}$$

二、动量守恒定律

设系统由 n 个质点组成，它们的质量分别为 m_1，m_2，…，m_n，任一个质点 m_i 所受的合力 $\boldsymbol{F}_i$ 是作用于它的外力 $\boldsymbol{F}_{i外}$ 和内力 $\boldsymbol{F}_{i内}$ 的矢量和，对该质点应用牛顿第二定律，有

$$\boldsymbol{F}_{i外}+\boldsymbol{F}_{i内}=\frac{\mathrm{d}}{\mathrm{d}t}(m_i\boldsymbol{v}_i)$$

系统有 n 个质点，将上式对 i 求和，得

$$\sum_{i=1}^{n}\boldsymbol{F}_{i外}+\sum_{i=1}^{n}\boldsymbol{F}_{i内}=\frac{\mathrm{d}}{\mathrm{d}t}\left(\sum_{i=1}^{n}m_i\boldsymbol{v}_i\right)$$

式中，$\sum_{i=1}^{n}m_i\boldsymbol{v}_i$ 是系统中各质点动量的矢量和，称为系统的总动量。由牛顿第三定律可知，内力是成对出现的，它们的大小相等，方向相反，因而所有内力的矢量和 $\sum_{i=1}^{n}\boldsymbol{F}_{i内}=0$，于是有

$$\sum_{i=1}^{n}\boldsymbol{F}_{i外}=\frac{\mathrm{d}}{\mathrm{d}t}\left(\sum_{i=1}^{n}m_i\boldsymbol{v}_i\right)$$

从上式可见，当系统所受的外力矢量和为零，即 $\sum_{i=1}^{n}\boldsymbol{F}_{i外}=0$ 时，$\frac{\mathrm{d}}{\mathrm{d}t}\left(\sum_{i=1}^{n}m_i\boldsymbol{v}_i\right)=0$，这时系统的总动量保持不变，即

$$\sum_{i=1}^{n}m_i\boldsymbol{v}_i=\text{恒矢量} \tag{2-26}$$

上式表明，**在一个力学系统中，当系统所受的外力矢量和为零时，系统的总动量将保持不变**。这一规律称为**动量守恒定律**。

应用动量守恒定律时，应注意以下几点。

① 系统动量守恒的条件是所有外力矢量和等于零。显然，完全不受外力作用的孤立系统才满足这个条件，因此孤立系统的动量守恒。例如，太阳系由于远离其他恒星系统，就近似于这种情况。

② 有时系统所受的外力矢量和虽不为零，但与系统的内力相比较，外力远小于内力，这时可以略去外力对系统的作用，认为系统的动量是守恒的，像碰撞、打击、爆炸等问题，一般都可以这样来处理。

③ 如果系统所受外力的矢量和并不为零，但合外力在某个方向上的分量为零，此时，系统的总动量虽不守恒，但系统的总动量在该方向上的分量却是守恒的。

④ 动量守恒定律只适用于惯性系，定律中各质点的动量都是对同一个惯性系而言的。

虽然动量守恒定律是从牛顿运动定律导出的，但在牛顿运动定律不能适用的原子、原子核等微观领域中，微观粒子的相互作用却遵循动量守恒定律。动量守恒定律是自然界中最普遍、最基本的定律之一。

动量守恒定律在生产和科研中有着广泛的应用。喷气式飞机、导弹、火箭等飞行原理就是基于动量守恒定律的。

【例题 2-9】 如图 2-18 所示，设炮车在水平光滑的轨道上发射炮弹。炮弹离开炮口时对地面的速度为 $\boldsymbol{v}_1$，仰角为 α，炮弹的质量为 m_1，炮身的质量为 m_2。求炮车的水平反冲速度。

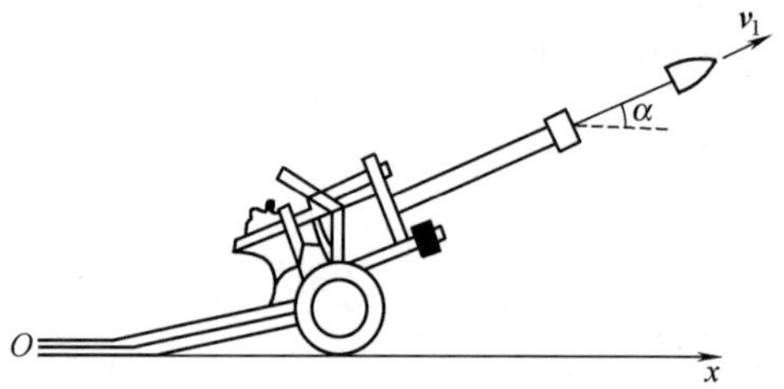

图 2-18 [例题 2-9] 图

【解】 如图 2-18 所示，以炮弹和炮车组成的系统为研究对象。在发射过程中，系统所受的外力除重力 $m_1\boldsymbol{g}$ 和 $m_2\boldsymbol{g}$ 外，还有轨道作用于炮车竖直向上的支持力 $\boldsymbol{N}$。在发射过程中，$m_1\boldsymbol{g}$、$m_2\boldsymbol{g}$ 和 $\boldsymbol{N}$ 的合力不为零，系统的总动量不守恒。

由于轨道无摩擦，系统在水平方向上不受外力作用，所以系统沿 Ox 轴方向动量守恒。发射炮弹前系统静止，动量为零。设炮弹出膛时炮车的速度为 $\boldsymbol{v}_2$，则

$$m_1 v_1 \cos\alpha + m_2 v_2 = 0$$

由此得到炮车的速度为

$$v_2 = -\frac{m_1}{m_2} v_1 \cos\alpha$$

式中，负号表示炮车的反冲速度与 Ox 轴正方向相反。

习题 2-4

一、 思考题

1. 你是怎样接住对方猛掷过来的篮球的？为什么这样接？这是利用了什么原理？

2. 要把钉子钉在木板上，用手挥动锤子打击钉子，钉子就容易打进去，如果用锤子压钉子，钉子就很难进去，如何解释这种现象？

3. 一个人站在静止的小船上，当他由船头走向船尾时，小船会向前运动。如果水的阻力可以忽略，在人停下来以后，小船能否借助惯性继续向前运动？

二、计算题

1. 质量为0.2kg的垒球，投出时速率为30m·s^{-1}，被棒击的速率为50m·s^{-1}，投出和击回时速度方向相反，设球投出时的速度方向为正方向，求：

① 球的动量变化和打击力的冲量；

② 若棒与球接触时间为0.002s，则打击的平均冲力为多少？

2. 一质量为60kg的人，以2.0m·s^{-1}的速率跳上一辆迎面开来，速率为1.0m·s^{-1}的小车，小车的质量为180kg，求人跳上小车后，人和小车共同运动的速率。

3. 一静止的质点，由于内部作用而炸裂成三块，其中两块质量相等，并以相同的速率30m·s^{-1}沿相互垂直的方向分开。第三块质量3倍于其他任一块的质量。求第三块的速度大小和方向。

4. 光滑的铁轨上，一辆质量为3×10^4kg的车厢，以2m·s^{-1}速率和它前面一辆质量为5×10^4kg的车厢，以1m·s^{-1}的速率沿相同方向前进的车厢挂接，挂接后它们以相同的速率前进，求：

①挂接后它们的速率为多大？

②质量为5×10^4kg的车厢受到的冲量为多大？

*第五节　碰　　撞

如果两个或两个以上的质点相遇，而相遇时的相互作用仅持续极短的时间，这种相遇就称为**碰撞**。“碰撞”的含义比较广泛，除了球的撞击、打桩、锻铁外，分子、原子、原子核等微观粒子的相互作用也都是碰撞，甚至人从车上跳下、子弹打入墙壁等现象，在一定条件下也可看作是碰撞。碰撞的主要特点是，在极短的时间内相互作用的内力非常大，而其他作用力相对来说就变得微不足道。因此，在处理碰撞问题时，有理由将碰撞的质点作为一个系统来考虑，并认为系统内仅有内力作用。所以，这一系统应遵守动量守恒定律。

碰撞分为**正碰**和**斜碰**。以两个球相碰撞为例，假如碰撞前的速度在两球的中心连线上，碰撞时相互的冲力和碰撞后的速度也在这一连线上，这种碰撞叫正碰（或对心碰撞）。若碰撞前后的速度不在两球的中心连线上，则叫斜碰。

从碰撞过程中机械能是否有损失的角度，可将碰撞分为**完全弹性碰撞**、**完全非弹性碰撞**和**非弹性碰撞**三种。下面以两质点碰撞为例进行讨论。

一、完全弹性碰撞

设两个质点的质量分别为m_1和m_2，沿一条直线分别以$\boldsymbol{v}_{10}$和$\boldsymbol{v}_{20}$的速度运动，发生对心弹性碰撞之后两者的速度方向分别为$\boldsymbol{v}_1$和$\boldsymbol{v}_2$，如图2-19所示。

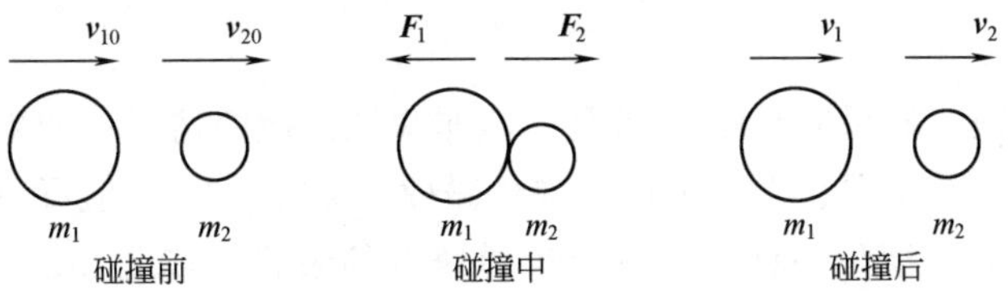

图2-19　两球对心碰撞

若碰撞后两质点的机械能没有损失，这种碰撞就是**完全弹性碰撞**。由动量守恒定律和动能守恒定律得

$$\begin{cases} m_1 v_{10} + m_2 v_{20} = m_1 v_1 + m_2 v_2 \\ \dfrac{1}{2} m_1 v_{10}^2 + \dfrac{1}{2} m_2 v_{20}^2 = \dfrac{1}{2} m_1 v_1^2 + \dfrac{1}{2} m_2 v_2^2 \end{cases}$$

两式联立可解得

$$\begin{cases} v_1 = \dfrac{(m_1 - m_2) v_{10} + 2 m_2 v_{20}}{m_1 + m_2} \\ v_2 = \dfrac{(m_2 - m_1) v_{20} + 2 m_1 v_{10}}{m_1 + m_2} \end{cases} \tag{2-27}$$

下面分析两种特例。

① 若 $m_1 = m_2$，可得

$$v_1 = v_{20}, \quad v_2 = v_{10}$$

即质量相同的两个质点发生完全弹性碰撞前后，可以互换速度。

② 若 $m_1 \ll m_2$，且 $v_{20} = 0$，可得

$$v_1 = -v_{10}, \quad v_2 = 0$$

即碰撞后，质量大的质点不动，而质量很小的质点以原来的速率反弹回来。乒乓球碰铅球，网球碰墙壁，气体分子与容器壁的垂直碰撞，反应堆中中子与重核的完全弹性对心碰撞都是这样的例子。

二、完全非弹性碰撞

若两质点碰撞后合二为一，不再分开，这样的碰撞就是**完全非弹性碰撞**。设碰后它们以速度 $\boldsymbol{v}$ 运动，由动量守恒定律可得

$$m_1 v_{10} + m_2 v_{20} = (m_1 + m_2) v$$

所以

$$v = \frac{m_1 v_{10} + m_2 v_{20}}{m_1 + m_2} \tag{2-28}$$

损失的机械能为

$$E_{损} = \frac{1}{2} m_1 v_{10}^2 + \frac{1}{2} m_2 v_{20}^2 - \frac{1}{2}(m_1 + m_2) v^2$$

三、非弹性碰撞

一般情况下，两质点相碰发生的形变不能完全恢复，存在能量损失，机械能不守恒，称为**非弹性碰撞**。牛顿从实验结果中总结出一个**碰撞定律**：碰撞后两质点的分离速度（$v_2 - v_1$）与碰撞前两质点的接近速度（$v_{10} - v_{20}$）成正比，比值由两质点的材料性质决定，即

$$e = \frac{v_2 - v_1}{v_{10} - v_{20}} \tag{2-29}$$

通常称 e 为**恢复系数**。如果 $e = 0$，这就是完全非弹性碰撞的情况；如果 $e = 1$，不难证明，这就是完全弹性碰撞的情况；对一般的非弹性碰撞，$0 < e < 1$，e 值可通过实验测定。

【例题 2-10】 冲击摆是一种用来测定子弹速度的装置，如图 2-20 所示。子弹从水平方向射入砂箱后，子弹和砂箱共同摆到某一高度 H。如果子弹和砂箱的质量分别为 m 和

M，求子弹的速度 $\boldsymbol{v}$。

【解】 如图 2-20 所示，取子弹与砂箱为一个系统。本题包括两个物理过程：一是子弹与砂箱发生完全非弹性碰撞，该过程遵守动量守恒定律；一是子弹与砂箱一起摆动，该过程遵守机械能守恒定律。这两个过程的联系是：第一个过程碰撞后的速度 V 是第二个过程的初速度。

由动量守恒定律得

$$mv=(M+m)V$$

选子弹射入处为重力势能零点，由机械能守恒定律得

$$\frac{1}{2}(M+m)V^2=(M+m)gH$$

解上两式的方程组，得

$$v=\frac{M+m}{m}\sqrt{2gH}$$

可见，只要测得 m、M、H，便可求得子弹的速度。

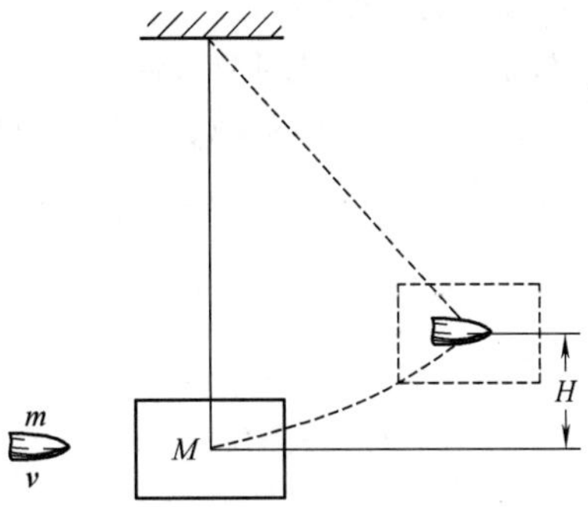

图 2-20　［例题 2-10］图

*习题 2-5

一、思考题

1. 一个系统的动量守恒时，其机械能是否一定守恒？

2. 假定一小球与地面发生完全弹性碰撞，它的动量在碰撞前后是否相等？

二、计算题

质量 $m_1=2.0\times10^{-2}$kg 的子弹，击中质量为 $m_2=10$kg 的冲击摆，使摆在竖直方向升高 $h=7\times10^{-2}$m，子弹嵌入其中，求：

① 子弹的初速率 v_0 是多少？

② 击中后的瞬间，系统的动能为子弹初动能的多少倍？

本章小结

本章重点是力、功、能、冲量、动量等物理量的概念，牛顿运动定律、动能定理、功能原理、机械能守恒定律、动量定理和动量守恒定律。难点是变力做功的计算，保守力和势能的概念的理解。

一、牛顿运动定律

牛顿运动定律是从大量实验事实中总结出来的规律，适用于宏观物体的低速运动，是整个经典力学的基础。

1. 牛顿第一定律　　$\boldsymbol{F}=0$ 时，$\boldsymbol{v}=$恒矢量，$\boldsymbol{a}=0$

2. 牛顿第二定律　　$\boldsymbol{F}=\frac{\mathrm{d}\boldsymbol{p}}{\mathrm{d}t}=\frac{\mathrm{d}(m\boldsymbol{v})}{\mathrm{d}t}=m\frac{\mathrm{d}\boldsymbol{v}}{\mathrm{d}t}=m\boldsymbol{a}$

其分量式为

$$\begin{cases}F_x=ma_x\\F_y=ma_y\end{cases}\qquad\begin{cases}F_n=ma_n=m\dfrac{v^2}{R}\\F_t=ma_t=m\dfrac{\mathrm{d}v}{\mathrm{d}t}\end{cases}$$

3. 牛顿第三定律 $\boldsymbol{F}=-\boldsymbol{F}'$

二、功和能

1. 变力的功 $A=\int_{\widehat{AB}}\boldsymbol{F}\cdot\mathrm{d}\boldsymbol{r}=\int_{\widehat{AB}}F\cos\alpha\mathrm{d}s$

2. 质点的动能定理 $A=\int_{\widehat{AB}}\mathrm{d}A=\frac{1}{2}mv_2^2-\frac{1}{2}mv_1^2$

3. 保守力的相关势能

保守力：做功只与质点的始末位置有关，与经历的路径无关的力。

重力势能 $E_p=mgy$（y 为高度，以 $y=0$ 处为重力势能零点）

弹性势能 $E_p=\frac{1}{2}kx^2$（x 为弹簧形变量，以 $x=0$ 处为弹性势能零点）

保守力所做的功与相应势能变化之间的关系为

$$A=-(E_{p2}-E_{p1})=-\Delta E_p=E_{p1}-E_{p2}$$

4. 系统的功能原理

$$A_{外}+A_{非保内}=(E_{k2}+E_{p2})-(E_{k1}+E_{p1})=E_2-E_1$$

5. 机械能守恒定律

当系统 $A_{外}+A_{非保内}=0$ 时，则系统

$$E=E_k+E_p=常量$$

三、动量定理和动量守恒定律

1. 质点的动量定理 $\int_{t_1}^{t_2}\boldsymbol{F}\mathrm{d}t=\boldsymbol{p}_2-\boldsymbol{p}_1=m\boldsymbol{v}_2-m\boldsymbol{v}_1$

2. 动量守恒定律 若 $\sum_{i=1}^{n}\boldsymbol{F}_{i外}=0$，则系统的总动量保持不变，即

$$\sum_{i=1}^{n}m_i\boldsymbol{v}_i=恒矢量$$

*** 四、碰撞**

碰撞可以分为完全弹性碰撞、完全非弹性碰撞和非弹性碰撞。

自测题

一、判断题

1. 弹力产生在直接接触而又发生形变的两个质点之间。 （ ）
2. 滑动摩擦力总是阻碍质点间的相对运动。 （ ）
3. 质点受到的合外力为零时，它一定处于静止状态。 （ ）
4. 作用力和反作用力大小相等，方向相反，所以能够互相抵消。 （ ）
5. 当力的方向与运动方向垂直时，该力一定不做功。 （ ）
6. 保守力所做的功等于相应势能的增量。 （ ）
7. 系统动能增量只与外力做功有关而与内力做功无关。 （ ）
8. 系统动量守恒时，机械能不一定守恒。 （ ）
9. 质点受到的合外力的冲量等于动量的增量。 （ ）
10. 质量相同的两个质点发生完全弹性碰撞前后，可互换速度。 （ ）

二、选择题

1. 在竖直升降电梯中用弹簧秤测量质点的重量。当电梯静止时，测得质点的重量为 mg。当电梯做匀变速直线运动时，测得质点的重量为 $0.8mg$，则该电梯的加速度为　(　)

(A) 大小为 $0.2g$，方向竖直向上；　(B) 大小为 $0.8g$，方向竖直向上；

(C) 大小为 $0.2g$，方向竖直向下；　(D) 大小为 $0.8g$，方向竖直向下。

2. 用轻绳系一小球，使之在竖直平面内做圆周运动，绳中张力最小时，小球的位置在　(　)

(A) 圆周最高点；　(B) 圆周最低点；

(C) 圆周上和圆心处于同一水平面的两点；　(D) 条件不足，不能确定。

3. 关于静摩擦力做功，指出下述正确者　(　)

(A) 质点相互作用时，在任何情况下，每一个静摩擦力都不做功；

(B) 受静摩擦力做用的质点必定静止，所以静摩擦力不做功；

(C) 彼此以静摩擦力作用的两个质点处于相对静止状态，所以两个静摩擦力做功之和等于零；

(D) 以上说法都不对。

4. 人沿梯子向上爬行，指出下述正确者　(　)

(A) 地球对人的重力做负功，梯子对人的支持力做负功；

(B) 地球对人的重力做负功，梯子对人的支持力做正功；

(C) 地球对人的重力做负功，梯子对人的支持力不做功，人向上爬行，肢体相对运动时人体内力做正功；

(D) 重力和支持力都做正功。

5. 质量为 2.0×10^{-2}kg 的子弹沿 Ox 轴正方向以 $500\text{m}\cdot\text{s}^{-1}$ 的速率射入一木块后，与木块一起以 $50\text{m}\cdot\text{s}^{-1}$ 的速率沿 Ox 轴正方向前进，在此过程中木块所受冲量在 Ox 轴上的分量为　(　)

(A) 9N·s；　(B) －9N·s；　(C) 18N·s；　(D) －18N·s。

6. 质量为 m 的小球，以水平速度 $\boldsymbol{v}$ 与固定的竖直壁碰撞后被以相同的速率反弹回来。以小球的初速度方向为 Ox 轴的正方向，则在此过程中小球动量的增量为　(　)

(A) $mv\boldsymbol{i}$；　(B) $0\boldsymbol{i}$；　(C) $2mv\boldsymbol{i}$；　(D) $-2mv\boldsymbol{i}$。

7. 子弹以水平速度 $\boldsymbol{v}_0$ 射入一静止于光滑水平面上的木块后，随木块一起运动。对于这一过程的分析，正确的是　(　)

(A) 子弹、木块组成的系统机械能守恒；

(B) 子弹、木块组成的系统在水平方向的动量守恒；

(C) 子弹所受的冲量等于木块所受的冲量；

(D) 子弹动能的减少等于木块动能的增加。

8. 下列说法中正确的是　(　)

(A) 质点的动量不变，动能也不变；　(B) 质点的动能不变，动量也不变；

(C) 质点的动量变化，动能也一定变化；　(D) 质点的动能变化，动量却不一定变化。

三、填空题

1. 两质量分别为 m 和 M 的质点，放在光滑的水平面上。现有一水平力 F 作用在质点 m 上，使两质点一起向右运动，如图 2-21 所示，则两质点运动的加速度为________，两质点的相互作用力的大小为________。

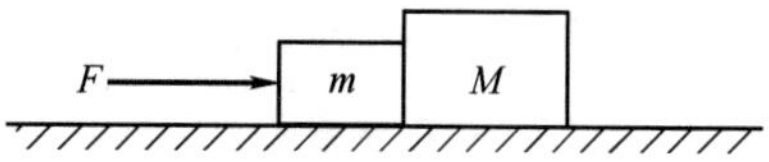

图 2-21

2. 一质点放在水平传送带上，质点与传送带间无相对运动。当传送带匀速运动时，静摩擦力对质点做功是____；当传送带减速运动时，静摩擦力对质点做功是______（填入“正”、“负”或“零”）。

3. 地球绕太阳运动的轨道是椭圆形。在远日点时地球具有的引力势能比在近日点时大，则地球公转的速率是______点比______点大。

4. 一质量为 m 的质点，原来以速度 $\boldsymbol{v}$ 向北运动，它受到外力打击后，变为向西运动，速率仍为 v，则外力的冲量大小为__________，方向为__________。

*5. 两球质量分别为 $m_1=2.0\times10^{-3}\text{kg}$，$m_2=5.0\times10^{-3}\text{kg}$，在光滑的水平桌面上运动，用直角坐标系 Oxy 描述其运动，两者速度分别为 $\boldsymbol{v}_1=0.10\boldsymbol{i}\ \text{m}\cdot\text{s}^{-1}$，$\boldsymbol{v}_2=(0.03\boldsymbol{i}+0.05\boldsymbol{j})\text{m}\cdot\text{s}^{-1}$。若碰撞后合为一体，则碰撞后速度的大小 $v=$__________，$\boldsymbol{v}$ 与 Ox 轴的夹角$\alpha=$________。

四、计算题

1. 如图 2-22 所示，一圆锥摆的细绳长为 l，一端固定在天花板上，另一端挂着质量为 m 的小球。小球经推动后，在水平面内以角速度 ω 做匀速圆周运动。问绳子与竖直方向所成的角度 θ 为多少？

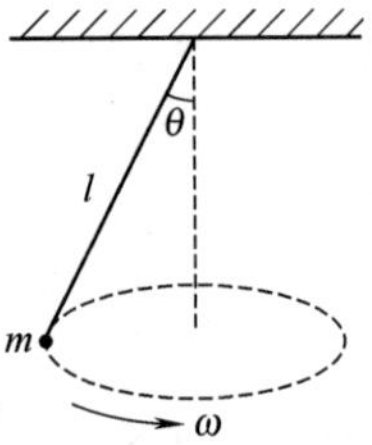

图 2-22

2. 质量为 2kg 的质点沿 Ox 轴正方向做直线运动，所受合外力 $F=(10+6x^2)\text{N}$，如果在 $x_0=0$ 处时速度 $v_0=0$，求该质点移动到 $x=4.0\text{m}$ 处时速度的大小。

3. 一劲度系数为 k 的轻弹簧原长 l_0，上端固定，下端系一质量为 m 的质点，先用手托住质点使弹簧保持原长。然后将质点释放，质点到达最低位置时弹簧的最大伸长量和弹性力是多少？质点经过平衡位置时的速率多大？[提示：①平衡位置，合力等于零，速率最大；②最低位置处，瞬时速度等于零，即动能等于零。]

*4. 质量为 5.6g 的子弹，水平射入一静止在水平面上、质量为 2kg 的木块内，并留在木块中。木块和水平面间的动摩擦因数为 0.2。当子弹射入木块后，子弹与木块一起向前移动了 50cm，求子弹的初速度。

第三章　刚体的定轴转动

学习目标

1. 理解刚体定轴转动的角速度和角加速度的概念，掌握线量和角量的关系。
2. 了解转动惯量的概念，掌握刚体转动定律，能解决简单的定轴转动问题。
3. 理解力矩的功和刚体定轴转动的动能定理。
4. 了解角动量概念，理解刚体的角动量定理和角动量守恒定律，并能用其解决有关问题。

事实上，不是任何情况下都可以把物体简化为质点的。例如，机器中转动的飞轮、滚动中的车轮以及转动中的滑轮等。在研究这类物体的运动时，既要考虑它们的大小和形状，又要分析它们的质量分布状况。

在许多情况下，实际物体（一般指固体）在运动和相互作用时，其大小和形状的变化很小，因而常常可以忽略这些物体的大小和形状的变化，对它们进行简化。由此，抽象出另一个物理模型，把**在外力作用下，大小和形状保持不变的物体**称为**刚体**。本章从质点运动的规律出发，分析和讨论刚体定轴转动的规律。

第一节　刚体运动学

一、平动和转动

刚体最简单的运动是平动和转动。如果刚体内任意两点间的连线在运动过程中始终保持平行，这种运动称为**平动**，如图 3-1 所示。如汽缸中活塞的运动，刨床上刨刀的运动等都是平动。平动的特点是刚体上各点的运动情况完全一样，因此刚体的平动可看作是质点的运动，描述质点运动的各个物理量和质点力学的规律都适用于刚体的平动。

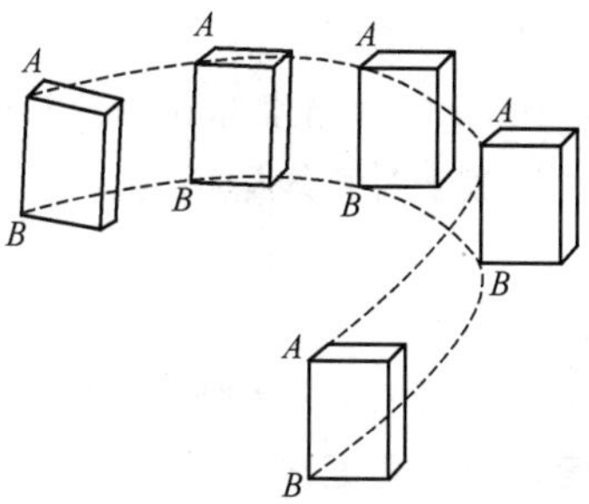

图 3-1　刚体的平动

如果刚体运动时，其上各点都绕着同一直线做圆周运动，这种运动称为**转动**，这条直线叫做转轴。如果转轴的位置或方向随时间变化（如旋转陀螺），这是**非定轴转动**。如果转轴的位置或方向是固定不动的（如机器上飞轮的运动），这种转轴为固定转轴，此时刚体的转动为**定轴转动**。

可以证明，刚体的一般运动可看成是平动和转动的合成，所以刚体平动和转动的规律是研究刚体复杂运动的基础。

同质点力学一样，刚体的定轴转动同样可分为运动学和动力学，本节研究刚体定轴转动的运动学。

二、角速度和角加速度

1. 角速度

如图 3-2 所示，刚体绕定轴转动时，刚体上任一点 P 将在通过点 P 且与转轴垂直的平面内做圆周运动，该平面称为转动平面，圆心 O 是转轴与该平面的交点。因此刚体的定轴转动实质上就是刚体上各个点在垂直于转轴 Oz 的平面内的圆周运动。

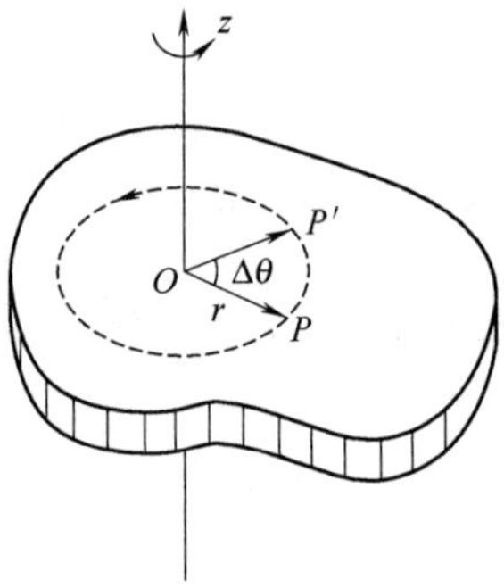

图 3-2 刚体的定轴转动

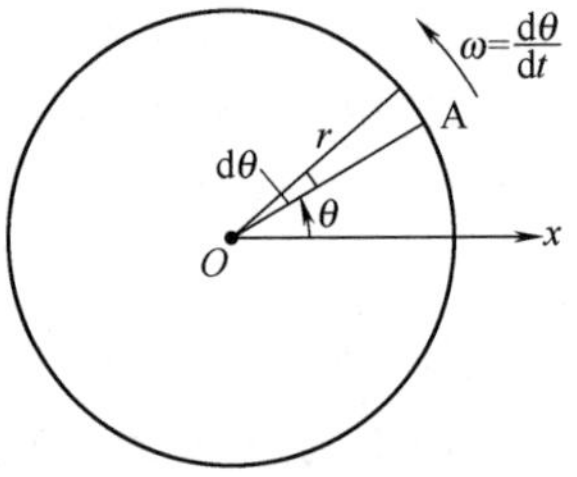

图 3-3 角坐标和角速度

刚体绕定轴转动时，虽然刚体上各点的位移、速度、加速度都不相同，但各点的半径在相同时间 Δt 内扫过的角度 $\Delta\theta$ 却是相同的。显然，用角坐标或角位置 θ 描述转动更为方便。

设刚体绕固定轴 O 在纸面内逆时针转动，如图 3-3 所示，A 为刚体上的一个质点，它与转轴的距离为 r。t 时刻，质点 A 与转轴 O 的连线与基准方向 x 轴的夹角为 θ，称 θ 为**角坐标**或**角位置**。刚体转动时 θ 随时间变化，它是时间 t 的函数，将

$$\theta=\theta(t) \tag{3-1}$$

称为刚体定轴转动的运动方程。

设 t 时刻，A 点的角坐标是 θ，经过一段时间 Δt，即在 $t+\Delta t$ 时刻，该质点的角坐标变为 $\theta+\Delta\theta$。那么，称 $\Delta\theta$ 为 Δt 时间内 A 点的**角位移**，它也是刚体上每个质点的角位移，称为刚体的角位移。

在 SI 中，角坐标和角位移的单位是弧度，符号为 rad。

类似于对直线运动的描述，**把刚体转过的角位移 $\Delta\theta$ 与所用时间 Δt 之比**

$$\overline{\omega}=\frac{\Delta\theta}{\Delta t} \tag{3-2}$$

称为 Δt 时间内的**平均角速度**。当 $\Delta t\to 0$ 时，取上式的极限，得到刚体在 t 时刻的**瞬时角速度**，简称**角速度**，即

$$\omega=\lim_{\Delta t\to 0}\frac{\Delta\theta}{\Delta t}=\frac{\mathrm{d}\theta}{\mathrm{d}t} \tag{3-3}$$

可见，**角速度等于角坐标对时间的一阶导数，它是描述刚体转动快慢的物理量**。

在 SI 中，角速度的单位是弧度每秒，符号为 $\mathrm{rad\cdot s^{-1}}$。

除了用角速度描述刚体转动快慢外，还可使用另一个量——**转速**。通常用符号 n 表示转速，它表示刚体每分钟转动的转数，其单位是转每分，符号为 $\mathrm{r\cdot min^{-1}}$。角速度 ω

与转速 n 的关系为

$$\omega=\frac{2\pi}{60}n$$

2. 角加速度

在一般情况下，刚体的角速度是随时间变化的。为了描述角速度变化的快慢，引入角加速度的概念。设在 Δt 时间内，刚体的角速度由 ω_0 变化到 ω，角速度的改变量 $\Delta\omega=\omega-\omega_0$，将 $\Delta\omega$ 与相应时间 Δt 的比值

$$\bar{\alpha}=\frac{\Delta\omega}{\Delta t} \tag{3-4}$$

称为刚体在这段时间内的**平均角加速度**。当 $\Delta t\to 0$ 时，取上式的极限，得到刚体在 t 时刻的**瞬时角加速度**，简称**角加速度**，即

$$\alpha=\lim_{\Delta t\to 0}\frac{\Delta\omega}{\Delta t}=\frac{d\omega}{dt}=\frac{d^2\theta}{dt^2} \tag{3-5}$$

可见，**角加速度等于角速度对时间的一阶导数，等于角坐标对时间的二阶导数，它是描述角速度变化快慢的物理量。**

在 SI 中，角加速度的单位是弧度每二次方秒，符号为 $rad\cdot s^{-2}$。

为了更好地理解这些描述刚体转动的物理量的物理意义，应该明确，角位移 $\Delta\theta$、角速度 ω 和角加速度 α，不但有大小，而且有转向。在定轴转动的情况下，它们的转向可用正、负值来表示。通常规定：沿逆时针转向的 $\Delta\theta$ 和 ω 取正，沿顺时针转向的 $\Delta\theta$ 和 ω 取负。角加速度 α 的正负号与角速度改变量 $\Delta\omega=\omega-\omega_0$ 的正负号一致。当刚体做加速转动时，α 与 ω_0 同号；当刚体做减速转动时，α 与 ω_0 异号。因此，在具体计算时，这些量都可以视为代数量。

还需知道，要充分反映刚体转动的情况，角速度和角加速度应该用矢量表示。在定轴转动中，这两个矢量的方向都是沿着转轴的。角速度矢量 ω 的指向由**右手螺旋法则**来确定：把右手拇指伸直，其余四指弯曲，使弯曲的方向与刚体转动方向相同，这时拇指所指的方向就是 ω 的方向，如图 3-4 所示。角加速度矢量 α 的指向由定义式 $\alpha=\frac{d\omega}{dt}$确定，当刚体加速转动时，$\alpha$ 与 ω 方向相同，当刚体减速转动时，α 与 ω 方向相反。

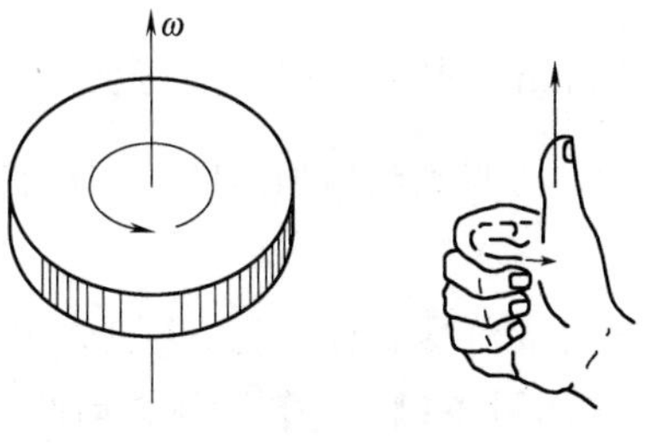

图 3-4 角速度矢量

显然，刚体中所有质点在任意相等的时间内的角位移都相等，因而各质点都具有相同的角速度和角加速度，这是刚体定轴转动的特点。

三、匀变速转动的公式

刚体绕定轴转动，如果在任意相等的时间间隔内，角速度的变化都相同，这种运动称为**匀变速转动**。匀变速转动的角加速度 α 为一恒量。若用 ω_0 表示刚体在 $t=0$ 时刻的角速度，用 ω 表示刚体在 t 时刻的角速度，用 θ 表示刚体从 0 时刻到 t 时刻这段时间内的位移，仿照匀变速直线运动公式的推导，由式 $\omega=\frac{d\theta}{dt}$和式 $\alpha=\frac{d\omega}{dt}$可得匀变速转动的相应公

式为

$$\omega=\omega_0+\alpha t \tag{3-6}$$

$$\theta=\omega_0 t+\frac{1}{2}\alpha t^2 \tag{3-7}$$

$$\omega^2-\omega_0^2=2\alpha\theta \tag{3-8}$$

类似地，若以 ω_0 的转向为正方向，则刚体做匀加速转动时，角加速度 α 取正值；刚体做匀减速转动时，角加速度 α 取负值。

四、角量和线量的关系

刚体定轴转动时，其上各质点的角速度和角加速度都相等。然而，刚体上各质点的速度 $\boldsymbol{v}$ 和加速度 $\boldsymbol{a}$ 却不都相同。

设距转轴为 r 处的质点的线速度为 v，切向加速度为 a_t，法向加速度为 a_n（三者统称为“线量”），角速度为 ω，角加速度为 α（两者统称为“角量”）。下面讨论角量和线量的关系。

用 s 表示与质点的角坐标 θ 对应的圆轨道上的弧长，那么

$$s=r\theta$$

式中，r 是质点距转轴的距离，即圆轨道的半径。将上式对时间求导数，并注意到线速度 $v=\frac{\mathrm{d}s}{\mathrm{d}t}$，角速度 $\omega=\frac{\mathrm{d}\theta}{\mathrm{d}t}$，于是，得到

$$v=r\omega \tag{3-9}$$

上式表明，质点的线速度 v 与角速度 ω 成正比。将式（3-9）两边再对时间求导数，并注意到切向加速度 $a_t=\frac{\mathrm{d}v}{\mathrm{d}t}$，角加速度 $\alpha=\frac{\mathrm{d}\omega}{\mathrm{d}t}$，于是又得到

$$a_t=r\alpha \tag{3-10}$$

上式指出，质点的切向加速度 a_t 与角加速度 α 成正比。此外，利用 $a_n=\frac{v^2}{r}$，并借助式(3-9)，可得到法向加速度 a_n 与角速度 ω 的关系

$$a_n=r\omega^2 \tag{3-11}$$

根据角量和线量的关系，若已知刚体的角量，即可求出刚体上任一点的线量。

【例题 3-1】 已知刚体转动的运动方程为

$$\theta=At+Bt^3-Ct^4$$

式中，A、B、C 都是常量。求：

① 角速度；

② 角加速度。

【解】 ① 由角速度的定义式，得

$$\omega=\frac{\mathrm{d}\theta}{\mathrm{d}t}=A+3Bt^2-4Ct^3$$

② 由角加速度的定义式，得

$$\alpha=\frac{\mathrm{d}\omega}{\mathrm{d}t}=6Bt-12Ct^2$$

【例题 3-2】 半径 $r=0.2\mathrm{m}$ 的飞轮，以转速 $n=1500\mathrm{r}\cdot\mathrm{min}^{-1}$ 转动，受到制动后做匀减速转动，经 $t=30\mathrm{s}$ 停下来。求：

① 飞轮的角加速度和从开始制动到停止转动所转的转数；

② 制动开始后 $t=6\mathrm{s}$ 时飞轮的角速度；

③ $t=6\mathrm{s}$ 时飞轮边缘上一点的线速度、切向加速度和法向加速度。

【解】 ① 由题意知，$\omega_0=\dfrac{2\pi\times1500}{60}=50\pi\ \mathrm{rad}\cdot\mathrm{s}^{-1}$；当 $t=30\mathrm{s}$ 时，$\omega=0$。因飞轮做匀减速转动，由式（3-6）得

$$\alpha=\frac{\omega-\omega_0}{t}=\frac{0-50\pi}{30}=-\frac{5\pi}{3}(\mathrm{rad}\cdot\mathrm{s}^{-2})$$

式中，“—”号表示 α 的方向与 ω_0 的方向相反，飞轮做匀减速转动。

由式（3-8）得，飞轮在 30s 内转过的角度为

$$\theta=\frac{\omega^2-\omega_0^2}{2\alpha}=\frac{-(50\pi)^2}{2\times\left(-\frac{5\pi}{3}\right)}=750\pi(\mathrm{rad})$$

所以，飞轮制动过程中转的转数为

$$N=\frac{750\pi}{2\pi}=375(\mathrm{r})$$

② 在 $t=6\mathrm{s}$ 时，飞轮的角速度为

$$\omega=\omega_0+\alpha t=50\pi+\left(-\frac{5}{3}\pi\right)\times6=40\pi(\mathrm{rad}\cdot\mathrm{s}^{-1})$$

③ 在 $t=6\mathrm{s}$ 时，飞轮边缘一点的线速度的大小为

$$v=r\omega=0.2\times40\pi=25.1(\mathrm{m}\cdot\mathrm{s}^{-1})$$

线速度的方向沿此点的切线并指向飞轮转动的方向。相应的切向加速度和法向加速度分别为

$$a_t=r\alpha=0.2\times\left(-\frac{5\pi}{3}\right)=-1.05(\mathrm{m}\cdot\mathrm{s}^{-2})$$

$$a_n=r\omega^2=0.2\times(40\pi)^2=3.16\times10^3(\mathrm{m}\cdot\mathrm{s}^{-2})$$

式中，“—”号说明飞轮做减速转动。

习题 3-1

一、思考题

1. 什么是刚体？在刚体的定轴转动中，常用哪些物理量来描述它的转动情况？

2. 以恒定的角速度转动的飞轮上有两点，一个点 A 在飞轮的边缘，另一个点 B 在转轴与边缘的一半处。试问：两个点在 Δt 时间内，运动的路程、转过的角度、具有的线速度、角速度、切向加速度和角加速度之间的关系分别是怎样的？

二、计算题

1. 一发动机的飞轮在 t 时间内转过的角度 θ 由下式给出

$$\theta=A+Bt^3$$

式中，A、B 均为常量，θ 的单位为 rad，t 的单位为 s，试求其角速度和角加速度的表

达式。

2. 飞轮从静止开始做匀加速转动，在最初 2min 内转了 3600r，求：

① 飞轮的角加速度；

② 第 2s 末的角速度。

3. 一辆汽车以 $16.67\mathrm{m \cdot s^{-1}}$ 的速率行驶，其车轮直径为 0.76m。汽车刹车过程中，车轮可以看作匀速转动。

① 求车轮绕轴转动的初角速度是多大？

② 如果使车轮在 30r 内停下来，问角加速度多大？

③ 在刹车时间内，汽车前进了多远？

4. 一直径为 1.0m 的轮子，绕固定轴以 $4\pi\ \mathrm{rad \cdot s^{-1}}$ 的初角速度开始转动，角加速度为 $6\pi\ \mathrm{rad \cdot s^{-2}}$，试求：

① 6s 末的角速度；

② 在 6s 内轮子转过的转数；

③ 6s 末轮沿上一点的切向加速度；

④ 6s 末轮沿上一点的总加速度的大小。

第二节 转动定律

本节讨论刚体定轴转动的动力学问题，即研究刚体获得角加速度的原因，以及刚体定轴转动所遵从的动力学规律。为此，先介绍力矩的概念。

一、力矩

一个具有固定转轴的静止刚体，在外力作用下可能发生转动，也可能不发生转动。实践表明，外力改变刚体转动状态的效果，不仅与力的大小有关，而且与力的方向和力的作用点的位置有关。例如，开关门窗时，如图 3-5 所示，当力 $\boldsymbol{F}$ 的作用线通过转轴或平行于转轴，就无法使门窗转动。这说明在转动问题上，必须引入一个能把这三种因素表征出来的物理量，这个量就是力矩。

为简单起见，设刚体所受外力 $\boldsymbol{F}$ 在垂直于转轴 Oz 的平面内，作用点为 P，如图 3-6 所示。d 为力的作用线与转轴之间的垂直距离，称为力对转轴的力臂。物理上把**力和力臂**

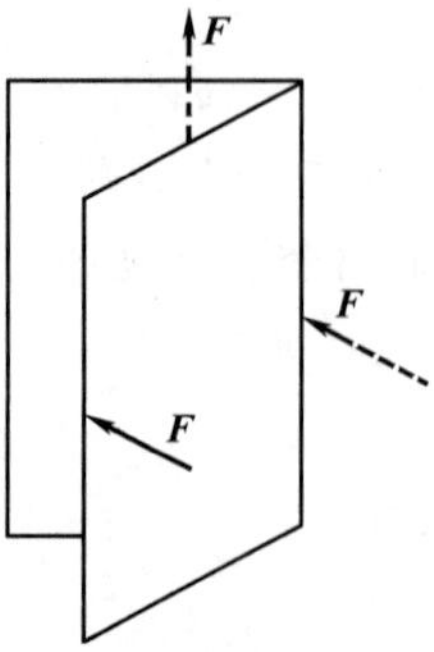

图 3-5 力的作用点对转动效果的影响

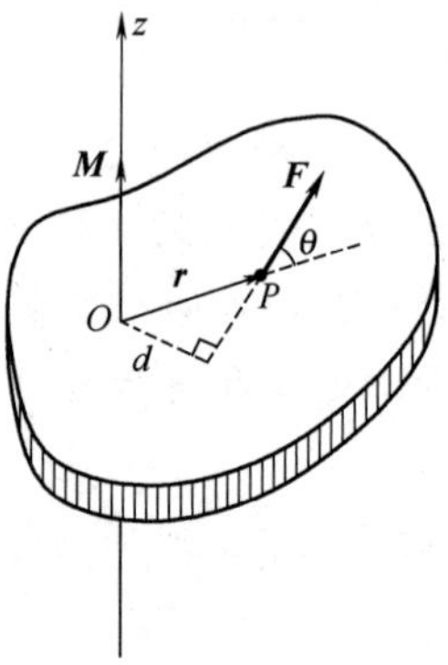

图 3-6 力对轴的力矩

的乘积称为**力对转轴的力矩**，用 M 表示，即

$$M=Fd \tag{3-12a}$$

设从转轴 Oz 到 P 点的矢径为 $\boldsymbol{r}$，$\boldsymbol{r}$ 与 $\boldsymbol{F}$ 之间的夹角为 θ。由图 3-6 可看出，$d=r\sin\theta$。因此，力矩的一般定义式为

$$M=Fr\sin\theta \tag{3-12b}$$

力矩是矢量，其方向由右手螺旋法则来确定：将右手拇指伸直，其余四指由矢径 $\boldsymbol{r}$ 通过小于 180°的角转向力 $\boldsymbol{F}$，拇指所指的方向就是力矩的方向。如图 3-7 所示。按矢量矢积的定义，力矩 $\boldsymbol{M}$ 可以用 $\boldsymbol{r}$ 与 $\boldsymbol{F}$ 的矢积来表示

$$\boldsymbol{M}=\boldsymbol{r}\times\boldsymbol{F} \tag{3-13}$$

在定轴转动中，力矩的方向总是沿着转轴，只可能有两种取向。如果规定一个方向为正，就可用正、负号来表示力矩的方向。因此，力矩可当作代数量来处理。

如果同时有几个力作用于刚体上，则**刚体受的合力矩等于各个力对转轴的力矩的代数和**。

在 SI 中，力矩的单位为牛［顿］米，符号为 N·m。

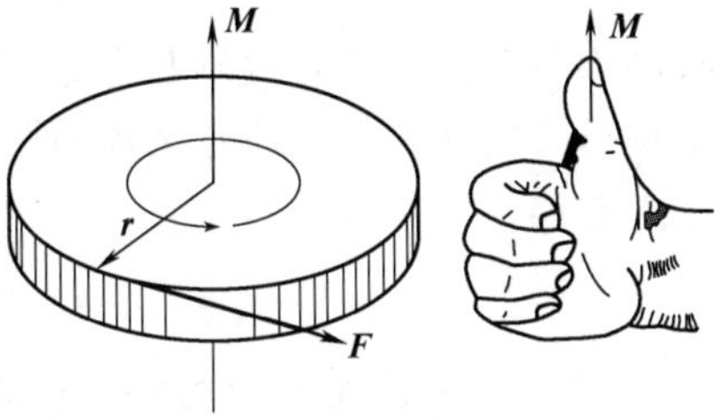

图 3-7 力矩方向

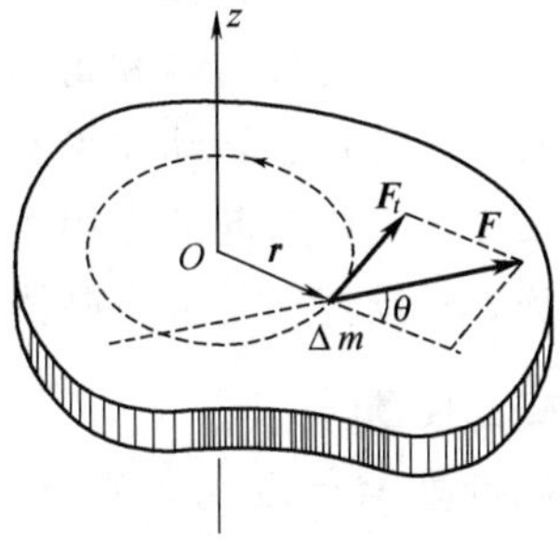

图 3-8 推导转动定律用图

二、转动定律

一个刚体，只要受到外力矩作用，就会改变其转动状态，也就产生了角加速度，所以说**外力矩是使刚体产生角加速度的原因**。下面讨论外力矩和角加速度之间的关系。

如图 3-8 所示，先取刚体内的一个质点为研究对象。设质点的质量为 Δm，它到转轴 Oz 的距离为 r，所受的力为 $\boldsymbol{F}$，由力矩的定义知，此质点所受的力矩大小为

$$M=rF\sin\theta=rF_t$$

式中，$F_t=F\sin\theta$ 为垂直于 r 的切向分力。设质点的切向加速度为 a_t，角加速度为 α，则由牛顿第二定律和角量与线量的关系有：$F_t=\Delta m a_t$，$a_t=r\alpha$。于是上式可写成

$$M=r\Delta m a_t=r\Delta m(r\alpha)=\Delta m r^2\alpha \tag{3-14}$$

现以刚体为研究对象。刚体可看作由 n 个（n 的数目很大）质点组成，对组成刚体的每一个质点，都可写出类似式（3-14）的方程。对第 i 个质点，设其质量为 Δm_i，它到转轴的距离为 r_i，它受到的外力矩为 M_i，则有

$$M_i=\Delta m_i r_i^2\alpha$$

由于刚体做定轴转动，则每个质点的角加速度都相同，把这些类似的方程加起来，得到

$$\sum_{i=1}^{n} M_i = (\sum_{i=1}^{n} \Delta m_i r_i^2)\alpha \tag{3-15}$$

必须指出，式中 $\sum_{i=1}^{n} M_i$ 表示作用于刚体各质点的外力矩的代数和，即作用于刚体的合外力矩。本来，每个质点除受刚体外的力作用外，还受到刚体内质点间的内力作用。但是根据牛顿第三定律，每一对内力的合力矩为零，对于整个刚体，所有质点的合内力矩也必定为零。因此，在计算 $\sum_{i=1}^{n} M_i$ 时，不必考虑内力矩。

式中 $\sum_{i=1}^{n} \Delta m_i r_i^2$ 是由刚体内各质点相对于转轴的分布决定，它只与绕定轴转动的刚体本身性质和转轴的位置有关，定义为**转动惯量**。对于绕定轴转动的刚体，它为一恒量。

用 M 表示合外力矩，用 I 表示转动惯量，式（3-15）可写成

$$M = I\alpha \tag{3-16}$$

上式表明，**绕定轴转动的刚体，其角加速度与它受到的合外力矩成正比，与刚体的转动惯量成反比，角加速度的方向与它受到的合外力矩的方向相同**。这一结论称为**刚体的定轴转动定律**。它揭示了合外力矩和角加速度之间的瞬时对应关系。

不难看出，力矩、转动惯量和角加速度在刚体转动中所起的作用，分别与力、质量和加速度在质点运动中所起的作用相当。因此，如同牛顿第二定律是解决质点运动问题的基本定律一样，转动定律是解决刚体定轴转动问题的基本定律。

三、转动惯量

从转动定律 $M = I\alpha$ 可以看出，当合外力矩 M 为零时，角加速度 α 也为零。这表明，任何转动的刚体都具有保持原来的转动状态不变的性质，称为**转动惯性**。当 M 一定时，α 与 I 成反比，I 越大，α 就越小。这表明，I 越大，转动状态就越难改变，转动惯性就越大。所以，**转动惯量 I 是刚体转动惯性大小的量度**。

转动惯量的定义式为

$$I = \sum_{i=1}^{n} \Delta m_i r_i^2 \tag{3-17a}$$

即**刚体的转动惯量等于刚体内各质点的质量与其到转轴距离平方的乘积之和**。

对于质量离散分布的转动系统，可直接用定义式来计算转动惯量。对于质量连续分布的刚体，式（3-17a）中的求和应以积分来代替，即

$$I = \int_M r^2 \mathrm{d}m \tag{3-17b}$$

式中，积分符号的下标“M”表示积分区域是刚体占据的空间（即刚体质量分布的空间）范围；积分式中的 $\mathrm{d}m$ 表示质点的质量；r 为质点到转轴的距离。

在 SI 中，转动惯量的单位是千克二次方米，符号为 $\mathrm{kg \cdot m^2}$。

按式（3-17b）可以计算某些简单的转动刚体（如几何形状简单、对称、质量分布均匀的刚体）的转动惯量，在更多的情况下，计算刚体的转动惯量是比较困难的，甚至无法计算。在工程和科学研究中，常常用实验的方法测量刚体的转动惯量。表 3-1 列出了一些常见刚体的转动惯量，以供查用。

表 3-1　几种刚体的转动惯量

图	说　　明	转动惯量 I
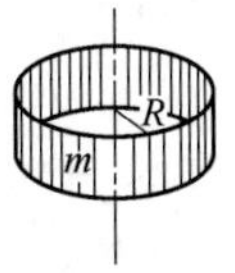	半径为 R、质量为 m 的细圆环，转轴垂直于圆环平面且通过中心	mR^2
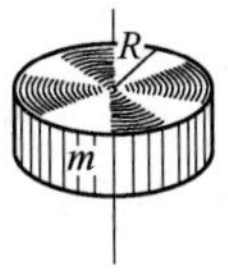	半径为 R、质量为 m 的圆盘或圆柱，转轴垂直于盘面且通过中心	$\frac{1}{2}mR^2$
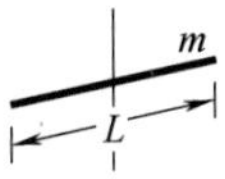	长为 L、质量为 m 的细长直杆，转轴垂直于细杆且通过杆中心	$\frac{1}{12}mL^2$
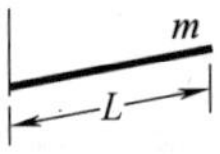	长为 L、质量为 m 的细长直杆，转轴垂直于细杆且通过杆的一端	$\frac{1}{3}mL^2$
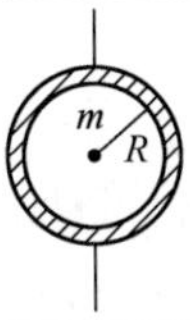	半径为 R、质量为 m 的球壳，转轴通过球心	$\frac{2}{3}mR^2$
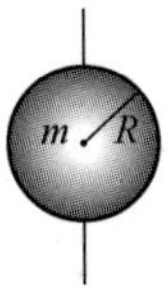	半径为 R、质量为 m 的实心球，转轴通过球心	$\frac{2}{5}mR^2$

从式（3-17b）和表 3-1 可以看出，刚体的转动惯量与以下三个因素有关。

① **与刚体质量有关**。例如，质量均匀分布的两个圆盘，半径和厚薄均相同，对中心轴的转动惯量，钢质盘比木质盘的大。

② **在质量相同的情况下，与质量分布有关**。例如，一个钢质圆盘和一个钢质圆环，半径和质量均相同，但质量分布在边缘的圆环的转动惯量大。

③ **与转轴的位置有关**。例如，一根均匀细棒，对于与棒垂直的转轴的转动惯量，随转轴的位置不同而不同。所以，刚体的转动惯量只有指明对哪个转轴时，才有明确的意义。

转动惯量的这些特性，在工程技术中有着广泛的应用。例如，在蒸汽机和内燃机上，装置质量大、边缘厚的飞轮，借助飞轮的转动惯性大，维持转动的平稳。

四、转动定律的应用

刚体定轴转动定律定量地反映了物体所受的合外力矩、转动惯量和角加速度之间的关系，它在转动中的地位与牛顿第二定律相当。应用转动定律解决定轴转动问题，一般也可分为两类：一类是已知刚体的力矩情况求转动情况；另一类是已知刚体的转动情况求力矩情况。在实际问题中，常常是两者兼有。应用转动定律求解问题的方法和步骤也与牛顿第二定律的应用相似。

需要指出的是，如果一个系统中有若干个物体，其中有的物体在平动，有的物体在定轴转动，那么可采用“隔离体法”把它们分别“取”出来。平动物体可看作质点，应用牛顿第二定律写出它们的力学方程；定轴转动物体，可用转动定律写出它的转动方程；再找出隔离体之间的联系，写出必要的关系式；最后把所有方程联立求解。

【例题 3-3】 有一台电动机，启动力矩 $M_1=725\text{N}\cdot\text{m}$，启动时阻力矩 $M_2=500\text{N}\cdot\text{m}$，转子的转动惯量 $I=0.14\text{kg}\cdot\text{m}^2$。求：

① 电动机启动时的角加速度；

② 电动机启动后经多长时间，角速度达到 $\omega=314\text{rad}\cdot\text{s}^{-1}$？

【解】 以转子为研究对象，取启动力矩的方向为正方向，则作用在转子上的合外力矩为

$$M=M_1-M_2=725-500=225(\text{N}\cdot\text{m})$$

① 由转动定律可得

$$\alpha=\frac{M}{I}=\frac{225}{0.14}=1607(\text{rad}\cdot\text{s}^{-2})$$

② 因为转子受恒力矩作用，所以做匀加速转动，且 $\omega_0=0$，由 $\omega=\omega_0+\alpha t$ 得

$$t=\frac{\omega-\omega_0}{\alpha}=\frac{314-0}{1607}=0.195(\text{s})$$

【例题 3-4】 如图 3-9 所示，一轻绳跨过一轴承光滑的定滑轮，滑轮可视为等厚圆盘，绳的两端分别悬有质量为 m_1 和 m_2 的物体，且 $m_1<m_2$。设滑轮的质量为 m，半径为 R，绳与轮之间无相对滑动，求物体的加速度、滑轮的角加速度和绳的张力。

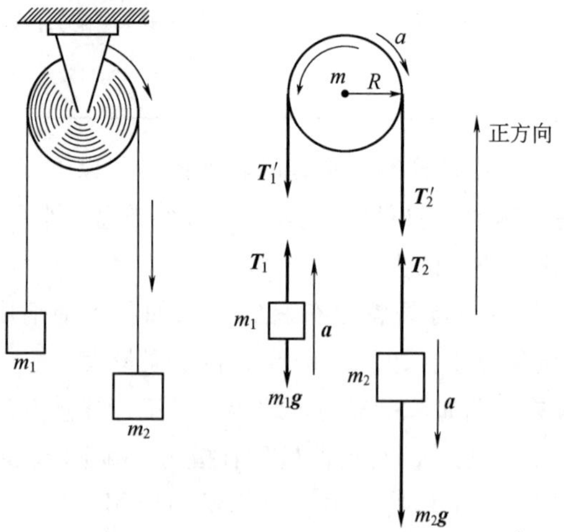

图 3-9 ［例题 3-4］图

【解】 如图 3-9 所示，分别以两个物体和滑轮为研究对象，并将它们隔离出来，进行受力分析，其中张力 $\boldsymbol{T}_1$ 和 $\boldsymbol{T}_2$ 的大小不能假定相等，但 $T_1=T_1'$，$T_2=T_2'$。

对 m_1 和 m_2 两物体，它们做平动，选竖直向上为正方向，应用牛顿第二定律，有

$$T_1-m_1g=m_1a$$

$$T_2-m_2g=-m_2a$$

对转动的滑轮，由于转轴通过轮中心，所以仅有张力 $\boldsymbol{T}_1'$ 和 $\boldsymbol{T}_2'$ 对它有力矩的作用，选

使滑轮顺时针转动的力矩为正，由转动定律得

$$T_2'R - T_1'R = I\alpha$$

其中滑轮的转动惯量由表 3-1 可查得，$I=\frac{1}{2}mR^2$。因为绳相对于滑轮无滑动，所以在滑轮边缘一点的切向加速度与物体的加速度大小相等，因此有为 $a=R\alpha$。

从以上各式即可解出

$$a=\frac{(m_2-m_1)g}{m_1+m_2+\frac{m}{2}};\quad \alpha=\frac{(m_2-m_1)g}{\left(m_1+m_2+\frac{m}{2}\right)R}$$

$$T_1=\frac{m_1\left(2m_2+\frac{m}{2}\right)g}{m_1+m_2+\frac{m}{2}};\quad T_2=\frac{m_2\left(2m_1+\frac{m}{2}\right)g}{m_1+m_2+\frac{m}{2}}$$

习题 3-2

一、 思考题

1. 如图 3-10 所示，棒的一端 O 固定，棒可绕水平轴转动，有三个力 $\boldsymbol{F}_1$、$\boldsymbol{F}_2$、$\boldsymbol{F}_3$，其大小相等，作用点相同，它们的力矩是否相等？

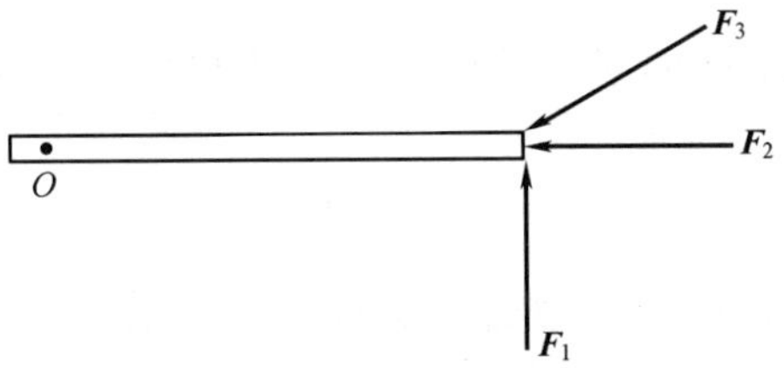

图 3-10

2. 刚体转动时，若它的角速度很大，那么作用在它上面的合力是否很大？作用在它上面的合力矩是否很大？

3. 在某一瞬时，物体在合力矩的作用下，其角速度可以为零吗？其角加速度可以为零吗？

4. 质量相等，直径不等的两个质量均匀分布的圆盘，它们对通过中心并垂直盘面的转轴的转动惯量是否相等？为什么？

5. 骑自行车时，当自行车脚蹬子在怎样的位置时，人施于它的力矩最大，在怎样的位置力矩最小？

二、 计算题

1. 设某机器上的飞轮的转动惯量为 63.6kg・m^2，转动的角速度为 31.4rad・s^{-1}，在制动力矩的作用下，飞轮经过 20s 匀减速地停止转动，求角加速度和制动力矩。

2. 一燃气轮机在试车时，加大油门后经过 t 秒时间，涡轮的转速由每分钟 2800r 增加到 11200r。已知燃气作用在涡轮上的力矩为 2.03×10^3N・m，涡轮的转动惯量为 25kg・m^2。求时间 t 为多少？

3. 如图 3-11 所示，两个物体质量分别为 m_1 和 m_2。定滑轮的质量为 m，半径为 R，可看成圆盘。已知 m_2 与桌面间的动摩擦因数是 μ。设绳与滑轮间无相对滑动，且可不计滑轮轴的摩擦力矩。求 m_1 下落的加速度和两段绳中的张力大小。

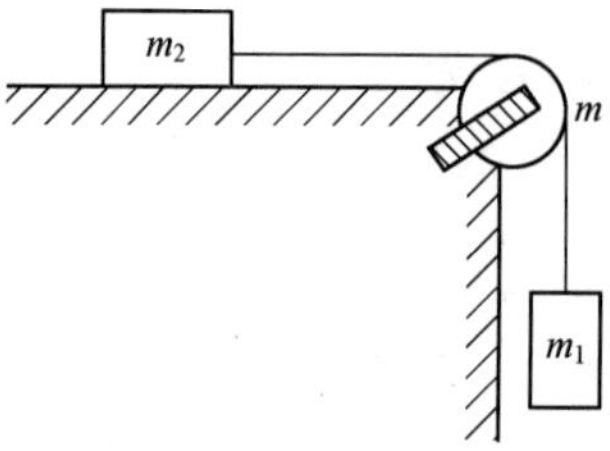

图 3-11

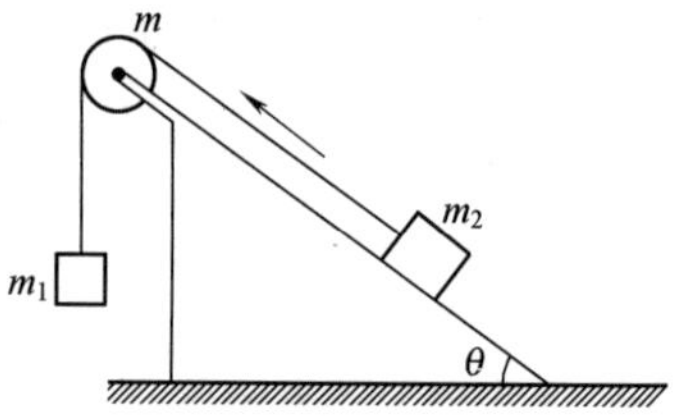

图 3-12

4. 如图 3-12 所示，质量 $m=10\text{kg}$，半径 $r=10\text{cm}$ 的定滑轮两边分别挂着质量为 $m_1=10\text{kg}$ 和 $m_2=5\text{kg}$ 的滑块，质量为 m_2 的滑块在倾角 $\theta=30°$的斜面上滑动，它与斜面间的动摩擦因数为 $\mu=0.3$。设滑轮与转轴间无摩擦，绳与轮间无相对滑动。求滑块的加速度大小和两段绳中张力的大小。

第三节 刚体转动的动能定理

本节讨论合外力矩对空间的累积效应，即从功和能的角度来讨论刚体定轴转动的问题。

一、力矩的功

质点在外力作用下发生位移时，就说力对质点做了功。类似地，当刚体在合外力矩作用下绕定轴转动而发生角位移时，就说力矩对刚体做了功。

如图 3-13 所示，当刚体在外力 $\boldsymbol{F}$ 作用下，绕 Oz 轴转过微小角位移 $d\theta$ 时，力 $\boldsymbol{F}$ 的作用点 P 在垂直于转动轴的平面上的位移为 $d\boldsymbol{r}$，其大小 $|d\boldsymbol{r}|=rd\theta$，根据功的定义，力 $\boldsymbol{F}$ 在这段位移上做的元功为

$$dA=\boldsymbol{F}\cdot d\boldsymbol{r}=F\cos\beta\cdot rd\theta$$

式中，β 是力 $\boldsymbol{F}$ 与 $d\boldsymbol{r}$ 的夹角。由于 $F\cos\beta$ 是力 $\boldsymbol{F}$ 沿 $d\boldsymbol{r}$ 方向的分量，所以 $F\cos\beta\cdot r$ 就是力对转轴的力矩 M。因此有

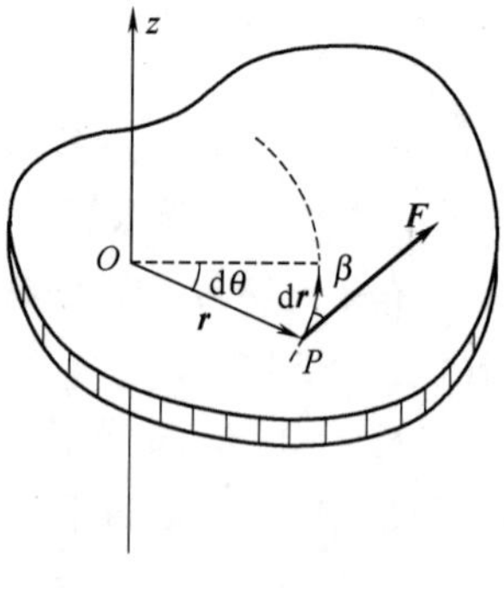

图 3-13 外力矩的功

$$dA=Md\theta \tag{3-18}$$

即外力对转动刚体所做的元功等于相应力矩和角位移的乘积。

在刚体从角坐标 θ_0 转到角坐标 θ 的过程中，外力矩做的功用积分表示

$$A=\int_{\theta_0}^{\theta}Md\theta \tag{3-19}$$

如果有若干个外力作用于刚体上，先分别计算每个外力的力矩，再求这些外力矩的代数和，得合外力矩。上式中 M 若是合外力矩，则 A 就是合外力矩的功。

按照功率的定义，由式（3-18）可知，力矩的功率为

$$P=\frac{\mathrm{d}A}{\mathrm{d}t}=M\frac{\mathrm{d}\theta}{\mathrm{d}t}=M\omega \tag{3-20}$$

即**力矩的瞬时功率等于力矩的大小与角速度大小的乘积**。当功率一定时，转速越低，力矩越大；反之，转速越高，力矩越小。

二、转动动能

刚体绕定轴转动，其上每个质点都绕轴做圆周运动，都具有一定的动能，所有质点动能之和就是刚体的转动动能。设刚体由 n 个质点组成，其中第 i 个质点的质量为 Δm_i，它到转轴的距离为 r_i，线速率为 v_i，则该质点的动能 $E_{ki}=\frac{1}{2}\Delta m_i v_i^2$，考虑到 $v_i=r_i\omega$，则 $E_{ki}=\frac{1}{2}(\Delta m_i r_i^2)\omega^2$。因此，整个刚体的动能为

$$E_k=\sum_{i=1}^{n}\frac{1}{2}\Delta m_i v_i^2=\frac{1}{2}\sum_{i=1}^{n}(\Delta m_i r_i^2)\omega^2$$

式中，$\sum_{i=1}^{n}\Delta m_i r_i^2$ 正是刚体绕定轴转动的转动惯量 I，所以刚体绕定轴转动的动能可写为

$$E_k=\frac{1}{2}I\omega^2 \tag{3-21}$$

可以看出，刚体的转动动能与质点的动能在形式上相互对应，转动惯量与质量对应，角速度与速度对应。

三、定轴转动的动能定理

下面研究力矩的功与转动动能之间的关系。

设刚体在合外力矩 M 的作用下，绕定轴转过角位移 $\mathrm{d}\theta$，合外力矩对刚体做的元功为

$$\mathrm{d}A=M\mathrm{d}\theta$$

由转动定律 $M=I\alpha=I\frac{\mathrm{d}\omega}{\mathrm{d}t}$，上式可写成

$$\mathrm{d}A=I\frac{\mathrm{d}\omega}{\mathrm{d}t}\mathrm{d}\theta=I\omega\mathrm{d}\omega$$

若在时间 t 内，刚体转动的角速度由 ω_0 变到 ω，那么合外力矩对刚体做的功为

$$A=\int\mathrm{d}A=\int_{\omega_0}^{\omega}I\omega\mathrm{d}\omega$$

即

$$A=\frac{1}{2}I\omega^2-\frac{1}{2}I\omega_0^2 \tag{3-22}$$

上式称为**刚体定轴转动的动能定理**。它表明：**合外力矩对刚体所做的功等于刚体转动动能的增量**。

当作用在刚体上的合外力矩做正功时，刚体的转动动能增大；当合外力矩做负功时，刚体的转动动能减少。例如，转动物体受到摩擦力矩或阻力矩作用时，其转动动能就要减少，直到停止转动。

【例题 3-5】 如图 3-14 所示，一半径为 R、质量为 M 的圆盘滑轮可绕通过盘心的水

平轴转动，滑轮上绕有轻绳，绳的一端悬挂质量为 m 的物体。当物体从静止下降距离 h 时，物体的速度是多少？

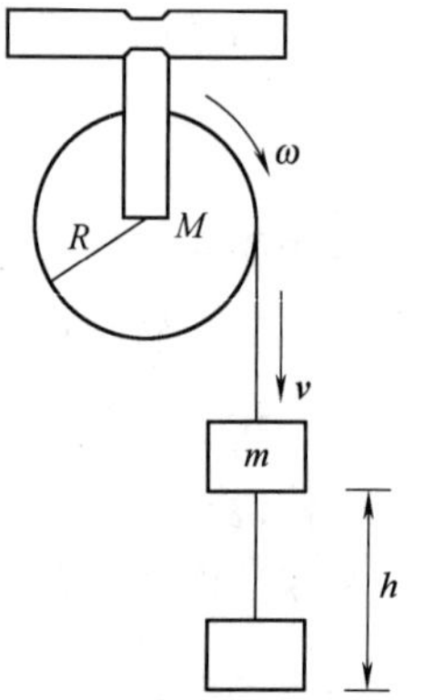

图 3-14 ［例题 3-5］图

【解】 如图 3-14 所示，将滑轮和物体看成一个系统。物体的重力就是系统受到的合外力，重力产生的力矩就是系统受到的合外力矩，合外力矩对系统做的功为

$$A=mgh$$

设物体开始下降时为初态，下降 h 距离后为终态。系统初态的动能 $E_{k0}=0$，系统终态时的动能包括滑轮的转动动能和物体的平动动能，$E_k=\frac{1}{2}I\omega^2+\frac{1}{2}mv^2$，由动能定理得

$$mgh=\frac{1}{2}I\omega^2+\frac{1}{2}mv^2$$

查表 3-1 知，滑轮的转动惯量 $I=\frac{1}{2}MR^2$，物体下落速度与滑轮的角速度之间的关系为 $v=R\omega$，由此可解出

$$v=2\sqrt{\frac{mgh}{M+2m}}$$

本题也可以用机械能守恒定律求解。

以滑轮、物体和地球组成的系统为研究对象。由于只有保守内力做功，系统机械能守恒。

设物体开始下降时为初态，下降 h 距离后为终态，并设终态时重力势能为零。初态时，动能为零，重力势能为 mgh，机械能$E_0=mgh$；终态时，重力势能为零，动能包括滑轮的转动动能和物体的平动动能，机械能 $E=\frac{1}{2}I\omega^2+\frac{1}{2}mv^2$，由机械能守恒定律得

$$mgh=\frac{1}{2}I\omega^2+\frac{1}{2}mv^2$$

整理，即可得出同样的结果。

显然，本题还可以用动力学的方法处理，请读者自行求解。

习题 3-3

一、 思考题

1. 有两个飞轮，一个是木制的，周围有铁制的轮缘，另一个是铁制的，周围镶有木制的轮缘。若两个飞轮半径相等，总质量相等，以相同的角速度绕过飞轮中心的轴转动，哪一个飞轮的动能较大？

2. 为什么质点系动能的改变不仅与外力有关，而且也与内力有关，而刚体的转动动能的改变只与外力矩有关，而与内力矩无关？

二、计算题

1. 一均匀圆盘状飞轮，质量为 20kg，半径为 0.3m。求它以 $60\mathrm{r\cdot min^{-1}}$ 的转速旋转时的动能。

2. 冲床冲压元件所需的能量全部来自转动着的惯性轮。设惯性轮的转动惯量为

$50kg \cdot m^2$，转速为 $200r \cdot min^{-1}$，在一次冲压后转速变为 $120r \cdot min^{-1}$，求冲压时对元件所做的功。

第四节　角动量守恒定律

本节将讨论力矩对时间的累积效应。先介绍角动量的概念，然后得出角动量定理和角动量守恒定律。

一、角动量

设一质量为 m 的质点，绕圆心 O 做圆周运动，如图 3-15 所示。某一时刻质点的速度为 $\boldsymbol{v}$，$\boldsymbol{v}$ 与矢径 $\boldsymbol{r}$ 相互垂直，并在同一平面内。质点的动量为 $\boldsymbol{p}=m\boldsymbol{v}$，定义质点 m 对圆心 O 的**角动量**为矢径 $\boldsymbol{r}$ 与质点动量 $\boldsymbol{p}$ 的矢积（又叫动量矩），用符号 $\boldsymbol{L}$ 表示

$$\boldsymbol{L}=\boldsymbol{r}\times\boldsymbol{p}=\boldsymbol{r}\times m\boldsymbol{v} \tag{3-23}$$

质点的角动量 $\boldsymbol{L}$ 是一个矢量，其大小为

$$L=rmv\sin\theta$$

θ 为矢径 $\boldsymbol{r}$ 与 $\boldsymbol{v}$（或 $\boldsymbol{p}$）之间的夹角。因为这时 $\boldsymbol{v}$ 垂直于 $\boldsymbol{r}$，所以 $\theta=90°$，$\boldsymbol{L}$ 的大小为

$$L=rmv$$

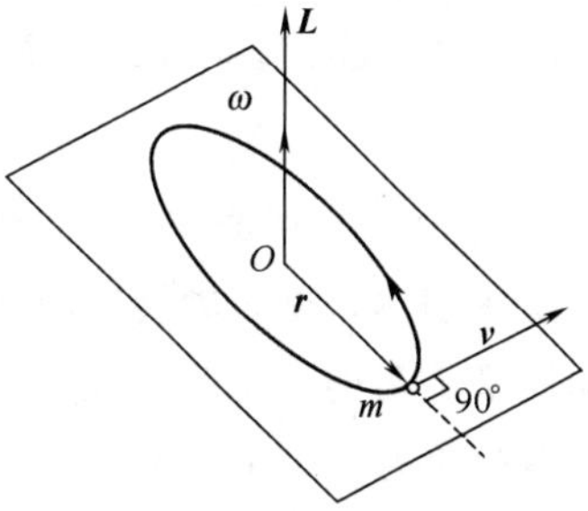

图 3-15　质点的角动量

由于 $v=r\omega$，所以角动量的大小又可写为

$$L=mr^2\omega \tag{3-24}$$

角动量 $\boldsymbol{L}$ 方向由右手螺旋法则来确定：将右手拇指伸直，其余四指由矢径 $\boldsymbol{r}$ 通过小于 180°的角转向 $\boldsymbol{v}$（或 $\boldsymbol{p}$），拇指所指的方向就是 $\boldsymbol{L}$ 的方向。对于绕定轴转动的刚体，$\boldsymbol{L}$ 与 ω 的方向相同，且只有两个取向，可用正负号表示。因此，角动量 $\boldsymbol{L}$ 可当代数量来处理。

刚体可以看成由许多质点组成，其中第 i 个质点 Δm_i 的角动量可表示为 $L_i=\Delta m_i r_i^2\omega$，当刚体绕定轴转动时，组成刚体的每一个质点都在与转轴垂直的某个平面上作圆周运动，每一个质点的角动量方向相同，因而整个刚体绕定轴的角动量等于各个质点对定轴的角动量的代数和，即

$$L=\sum_{i=1}^{n}(\Delta m_i r_i^2)\omega$$

由于 $I=\sum\limits_{i=1}^{n}\Delta m_i r_i^2$，所以

$$L=I\omega \tag{3-25}$$

上式表明，**刚体绕定轴转动的角动量 $\boldsymbol{L}$ 等于转动惯量 $\boldsymbol{I}$ 和角速度 $\boldsymbol{\omega}$ 的乘积**。

在 SI 中，角动量的单位是千克二次方米每秒，符号为 $kg \cdot m^2 \cdot s^{-1}$。

二、角动量定理

刚体绕定轴转动时，转动惯量 I 是一个常量，所以转动定律可以变换为如下形式

$$M=I\frac{d\omega}{dt}=\frac{d(I\omega)}{dt}$$

注意到 $L=I\omega$，则上式又可写成

$$M=\frac{dL}{dt} \tag{3-26}$$

上式指出，刚体绕定轴转动时，**作用于刚体上的合力矩等于刚体的角动量对时间的变化率**。这是转动定律的角动量表示式。把上式变换成

$$M dt = dL$$

如果在 t_0 到 t 时间内，合外力矩 M 持续地作用在转动刚体上，使刚体的角速度由 ω_0 变化到 ω，角动量从 L_0 变为 L，对上式两边取积分，则有

$$\int_{t_0}^{t} M dt = L - L_0 \tag{3-27a}$$

或

$$\int_{t_0}^{t} M dt = I\omega - I\omega_0 \tag{3-27b}$$

式中，$\int_{t_0}^{t} M dt$ 是描写合外力矩 M 在 t_0 到 t 时间内累积效应的物理量，称为力矩对刚体的**冲量矩**。

式（3-27b）的导出，认为转动物体是刚体，其转动惯量 I 保持不变。实际上，许多物体是非刚体，做定轴转动时，内部各质点相对于转轴的位置可能发生变化，那么物体的转动惯量 I 可能也随时变化。若在 t_0 到 t 时间内，转动惯量由 I_0 变为 I，则式（3-27b）可以写成更普遍的形式

$$\int_{t_0}^{t} M dt = I\omega - I_0\omega_0 \tag{3-28}$$

式（3-28）表明，当转轴给定时，**作用于物体上的冲量矩等于物体在这段时间内角动量的增量**。这一结论称为**角动量定理**。

在 SI 中，冲量矩的单位是牛米秒，符号为 N·m·s。

三、角动量守恒定律

当作用于质点上的合外力等于零时，由动量定理可以导出动量守恒定律。同样当作用于绕定轴转动的物体上的合外力矩等于零时，由角动量定理可以导出角动量守恒定律。

由式（3-27a）可以看出，当合外力矩 $M=0$ 时，可得

$$L=L_0$$

或

$$L=\text{恒量} \tag{3-29}$$

上式表明，**如果作用于物体的合外力矩为零**（或不受外力矩作用），**物体的角动量保持不变**。这一规律称为**角动量守恒定律**。

应该明确，由于物体的角动量 L 等于它的转动惯量 I 和角速度 ω 的乘积，所以角动量守恒定律可以有以下几种情形。

① 对于定轴转动的刚体，其转动惯量是常量。由于 $I\omega=$恒量，所以 $\omega=$恒量，即刚体做匀角速转动。

② 对于定轴转动的非刚体，其转动惯量可以改变。则由 $I\omega=I_0\omega_0=$恒量，得

$$\omega=\frac{I_0\omega_0}{I}$$

这时，物体的角速度随转动惯量的改变而改变，但乘积 $I\omega$ 保持不变。当 I 增加时，ω 就减小；I 减小时，ω 就增大，因此可以用减小（或增加）物体转动惯量的手段来加快（或减慢）物体的转动速度。此类方法广泛应用于各种跳、翻、转的体育动作和舞蹈表演中。例如跳水运动员在空中翻筋斗时，跳水员先将两臂伸直，并以某一速度离开跳板，跳到空中时，将臂和腿尽量蜷缩起来，以减小转动惯量，因而角速度增大，在空中迅速翻转。当快要接近水面时，再伸直臂和腿增大转动惯量，减小角速度，以便竖直地进入水中，减少激起的水花。

③ 对于绕同一转轴转动的物体所组成的系统，若系统所受的合外力矩为零，则系统的总角动量保持不变。这时，由于系统内物体间的内力矩作用，可使角动量在物体之间发生转移，但对整个系统来说，内力的总力矩为零，系统的总角动量保持不变。如图 3-16 所示，人站在可转动的凳子上，原来静止，当人转动手中所持的轮子时，则人必然同时发生反向的转动，而总角动量为零。这种情形和枪弹从枪口发出时，枪身反座，而枪弹与枪身的总动量为零的情形相似。

图 3-16　人在转椅上的转动

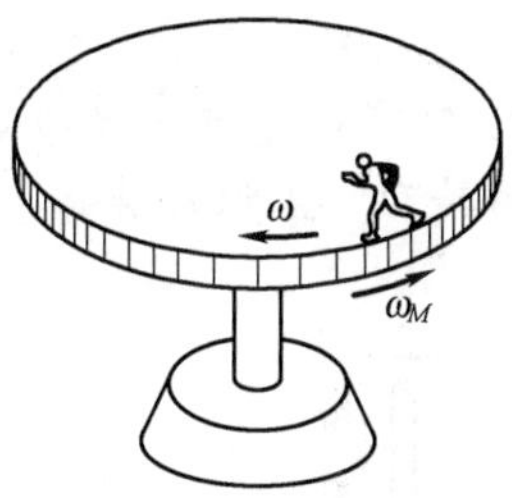

图 3-17　［例题 3-6］ 图

【例题 3-6】 质量为 M、半径为 R 的转台，可绕过中心的竖直轴转动，如图 3-17 所示，质量为 m 的人站在台的边缘。最初，人和台都静止；后来，人在台的边缘开始跑动。设人的角速度（相对地面）为 ω；求转台的转动角速度 ω_M（忽略转轴处的摩擦力矩和空气阻力）。

【解】 如图 3-17 所示，由题意知，人和转台组成的系统不受外力矩作用，其角动量守恒。开始时，系统的角动量为

$$L_0=0$$

后来，人的角动量为 $mR^2\omega$，转台角动量为 $\frac{1}{2}MR^2\omega_M$，这时，系统的角动量为

$$L=mR^2\omega+\frac{1}{2}MR^2\omega_M$$

由 $L=L_0$，可解得

$$\omega_M=-\frac{2m}{M}\omega$$

上式表明，转台相对地面以$\frac{2m}{M}\omega$的角速度沿与人相反方向转动。

这个例题指出，外力矩等于零时，当转动系统的一部分由于内力矩作用而改变转动状态时，此系统的另外部分转动状态将发生相应的变化以实现系统的角动量守恒。若想使系统的另外部分不转动，必须施以外力矩。例如，一个未通电的电动机，最初它的角动量为零，接通电源，转子开始转动。如果定子在地面固定不牢，它将会有相反的转动趋势而使基座移动。同样，正在工作的电机突然停下来，转子转动状态的变化也会对定子机座发生影响。因此，各种电机、有转动部件的机械装置，都应考虑这个因素，对机座采取加固措施。

习题 3-4

一、 思考题

1. 握着哑铃的人将手伸开，坐在以角速度 ω_0 转动的转椅上（摩擦不计），如果此人把手缩回，使转动惯量减少到原来的一半。试问：

① 角速度变为多少？

② 转动动能变为多少？

2. 宇航员悬浮在飞船舱内时，不接触舱壁，如用右脚顺时针划圈，身体就会向左转；如两臂平举在竖直面内向后划圈，身体就会向前转，这是什么原因？

二、计算题

1. 如图 3-18 所示，一质量为 m、长为 l 的均匀直棒，以铰链固定于一端 O 点，棒可绕 O 作无摩擦的转动。棒原来静止，今在 A 端作用一与棒垂直的冲量 $\boldsymbol{F}\Delta t$，求此棒获得的角速度。

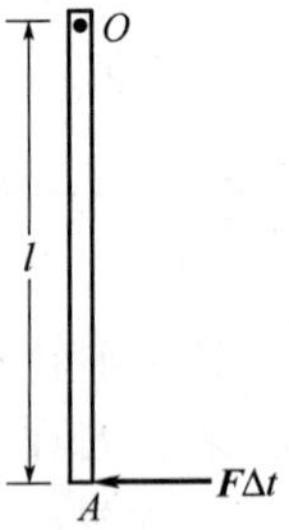

图 3-18

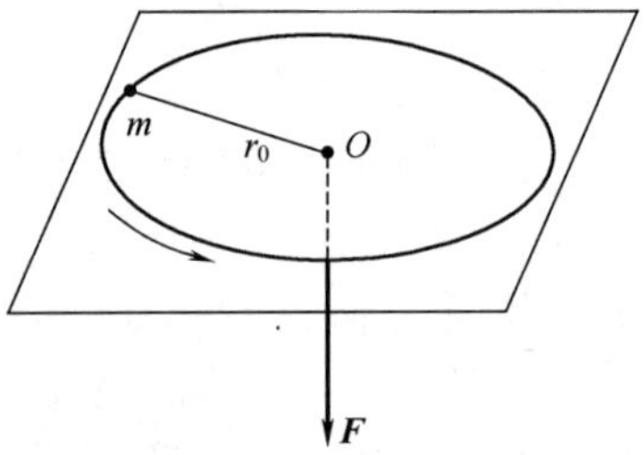

图 3-19

2. 如图 3-19 所示，一质量为 m 的小球由一绳索系着，以角速度 ω_0 在无摩擦的水平面上绕半径为 r_0 的圆周运动。如在绳的一端作用一竖直向下的拉力 $\boldsymbol{F}$，小球则绕半径为 $\frac{r_0}{2}$的圆周运动。求：

① 小球新的角速度；

② 拉力所做的功。

3. 工程上，两飞轮常用摩擦啮合器使它们以相同的转速一起转动，如图 3-20 所示，A 和 B 两飞轮的轴杆在同一中心线上，A 轮的转动惯量为 $I_A=10\text{kg}\cdot\text{m}^2$，$B$ 轮的转动惯量为 $I_B=20\text{kg}\cdot\text{m}^2$。开始时 A 轮的转速 $n_A=600\text{r}\cdot\text{min}^{-1}$，$B$ 轮静止。C 为摩擦啮合

器。求：

① 两轮啮合后的转速 n；

② 在啮合过程中损失的机械能。

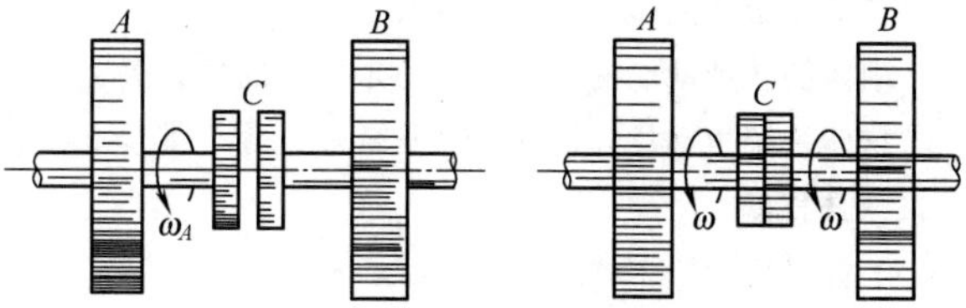

图 3-20

本章小结

本章的重点是刚体定轴转动的力矩、转动惯量、角动量等物理量的概念和转动定律，难点是刚体绕定轴转动的角动量守恒定律及其应用。

一、角量与线量的关系

$$s=r\theta \qquad v=r\omega \qquad a_t=r\alpha \qquad a_n=r\omega^2$$

二、质点直线运动与刚体定轴转动的类比关系

描述质点直线运动的物理量和运动规律与描述刚体定轴转动的物理量和运动规律有类比关系，有关的数学方程的形式完全相同，见表 3-2。只要将我们熟悉的质点直线运动的公式中的 x、v、a、m、F 和 p 换成 θ、ω、α、I、M 和 L，就成为刚体定轴转动的公式。

表 3-2

质点直线运动	刚体定轴转动	质点直线运动	刚体定轴转动
位置 x	角位置 θ	牛顿第二定律 $\boldsymbol{F}=m\boldsymbol{a}$	转动定律 $\boldsymbol{M}=I\boldsymbol{\alpha}$
位移 $\Delta x=x_2-x_1$	角位移 $\Delta\theta=\theta_2-\theta_1$	功 $A=\int \boldsymbol{F}\cdot \mathrm{d}\boldsymbol{r}$	力矩的功 $A=\int M\mathrm{d}\theta$
速度 $v=\frac{\mathrm{d}x}{\mathrm{d}t}$	角速度 $\omega=\frac{\mathrm{d}\theta}{\mathrm{d}t}$	动能 $E_k=\frac{1}{2}mv^2$	转动动能 $E_k=\frac{1}{2}I\omega^2$
加速度 $a=\frac{\mathrm{d}v}{\mathrm{d}t}$	角加速度 $\alpha=\frac{\mathrm{d}\omega}{\mathrm{d}t}$	动能定理 $E_k=\frac{1}{2}mv^2-\frac{1}{2}mv_0^2$	转动动能定理 $E_k=\frac{1}{2}I\omega^2-\frac{1}{2}I\omega_0^2$
匀变速直线运动 $v=v_0+at$ $x=v_0t+\frac{1}{2}at^2$ $v^2-v_0^2=2ax$	匀变速转动 $\omega=\omega_0+\alpha t$ $\theta=\omega_0t+\frac{1}{2}\alpha t^2$ $\omega^2-\omega_0^2=2\alpha\theta$	功率 $P=\boldsymbol{F}\cdot\boldsymbol{v}$	力矩的功率 $P=M\omega$
		动量 $\boldsymbol{P}=m\boldsymbol{v}$	角动量 $\boldsymbol{L}=I\boldsymbol{\omega}$
		动量定理 $\int_{t_0}^{t}\boldsymbol{F}\mathrm{d}t=m\boldsymbol{v}-m\boldsymbol{v}_0$	角动量定理 $\int_{t_0}^{t}\boldsymbol{M}\mathrm{d}t=I\boldsymbol{\omega}-I_0\boldsymbol{\omega}_0$
力 $\boldsymbol{F}$	力矩 $\boldsymbol{M}=\boldsymbol{r}\times\boldsymbol{F}$		
质量 m	转动惯量 I	动量守恒定律 $\boldsymbol{P}=$恒量	角动量守恒定律 $\boldsymbol{L}=$恒量

自测题

一、判断题

1. 垂直于转轴的力对转轴的力矩一定不为零。（　）

2. 刚体转动的角速度很大，则作用在它上面的力矩一定很大。 ( )

3. 转动惯量是刚体转动时惯性大小的量度。 ( )

4. 刚体的转动动能的改变与内力矩所做的功无关。 ( )

5. 物体系统角动量守恒的条件是合外力等于零。 ( )

二、选择题

1. 下列说法中，正确的是 ( )

(A) 公式 $v=r\omega$ 中，v 是速率，因为速率只能取正值，所以 ω 也只能取正值；

(B) 法向加速度 a_n 大于零，切向加速度 a_t 也一定大于零；

(C) 对定轴转动刚体而言，刚体上任一点的线速度 v、切向加速度 a_t、法向加速度 a_n 的大小都与该质点距转轴的距离 r 成正比；

(D) 因为 $a_n=\dfrac{v^2}{r}$，所以法向加速度 a_n 与该质点距转轴的距离 r 成反比。

2. 细棒可绕光滑轴转动，该轴垂直地通过棒的一个端点。今使棒从水平位置开始下摆，在棒转到竖直位置的过程中，下述说法正确者是 ( )

(A) 角速度从小到大，角加速度从大到小； (B) 角速度从小到大，角加速度从小到大；

(C) 角速度从大到小，角加速度从小到大； (D) 角速度从大到小，角加速度从大到小。

3. 定轴转动刚体的运动学方程是 $\theta=5+2t^3$，式中，θ 的单位为 rad；t 的单位为 s。当 $t=1.00$s 时，刚体上距转轴 0.10m 的一点的加速度大小是 ( )

(A) $3.6\text{m}\cdot\text{s}^{-2}$； (B) $3.8\text{m}\cdot\text{s}^{-2}$； (C) $1.2\text{m}\cdot\text{s}^{-2}$； (D) $2.4\text{m}\cdot\text{s}^{-2}$。

4. 几个力同时作用于一个具有固定转轴的刚体上。如果这几个力的矢量和为零，则正确答案是 ( )

(A) 刚体必然不会转动； (B) 转速必然不变；

(C) 转速必然会变； (D) 转速可能变，也可能不变。

5. 三个完全相同的转轮绕一公共轴旋转，它们的角速度大小相同，但其中一轮的转动方向与另外两个相反。今沿轴的方向把三者紧靠在一起，它们获得相同的角速度，此时系统的动能与原来三转轮的总功能的比值为 ( )

(A) $\dfrac{1}{3}$； (B) $\dfrac{1}{9}$； (C) 3； (D) 9。

6. 水平刚性轻杆上对称地串着两个质量均为 m 的小球，如图 3-21 所示。当转速达到 ω_0 时，两球开始向杆的两端滑动，此时便撤去外力，任杆自行转动（不考虑转轴和空气的摩擦力）。当两球都滑至杆端时，系统的角速度为 ( )

(A) ω_0； (B) $2\omega_0$； (C) $0.16\omega_0$； (D) $0.5\omega_0$。

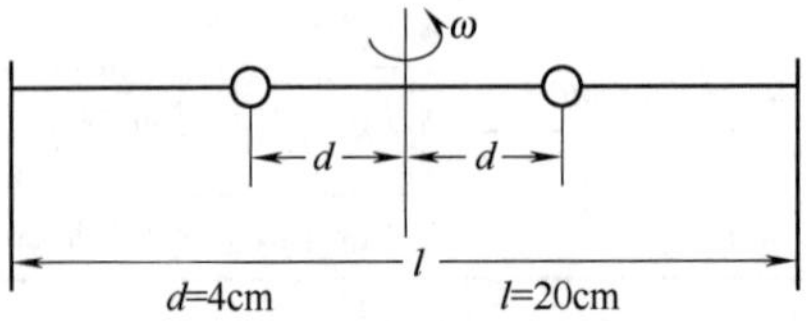

图 3-21

三、填空题

1. 座钟的摆线与竖直方向的夹角 θ 与时间 t 的关系为 $\theta=\theta_0\cos(2\pi\nu t+\varphi)$，式中 θ_0、ν 和 φ 均为常数。该摆的角速度 $\omega=$________________；角加速度 $\alpha=$________________。该摆的最大摆角 $\theta_{max}=$______；最大角速度 $\omega_{max}=$______；最大角加速度 $\alpha_{max}=$______；摆角最大时摆的角速度为______。

2. 可绕水平轴转动的飞轮，直径为 1.0m。一条绳子绕在飞轮的外周边缘，在绳的一端加一不变的拉力作用，如果从静止开始在 4s 内绳被展开 10m，则绳端点的加速度是__________，飞轮的角加速度是________。

3. 质量可忽略的轻杆，长为 l，质量都是 m 的两个质点分别固定于杆的中央和一端。此系统对通过另一端点垂直于杆的轴的转动惯量 $I_1=$______；对通过中央点垂直于杆的轴的转动惯量 $I_2=$______。

4. 原来张开双臂旋转的冰上芭蕾舞演员，在 Δt 时间内，将手背和腿收缩回来，使转动惯量减少到原来的$\frac{1}{3}$，则其转速变为原来的____倍，其动能变为原来的____倍。

5. 有两个大小相同、质量相同的轮子 A 和 B，A 轮子的质量均匀分布，B 轮子的质量主要集中在轮子边缘，两轮都绕通过轮心且垂直于轮面的轴转动。如果它们的角加速度相同，受到的外力矩较大的轮子是________；如果它们的角动量相等，转动的角速度较大的轮子是________。

6. 两质量为 m_1 和 m_2 的质点分别沿半径为 R 和 r 的同心圆周运动，前者以 ω_1 的角速度沿顺时针方向运动，后者以 ω_2 的角速度沿逆时针方向运动。以逆时针方向为转动的正方向，则该质点系的角动量是________________。

四、计算题

1. 一转速为 $1800\text{r}\cdot\text{min}^{-1}$ 的飞轮因受制动而做匀减速转动，经 20s 停下来。求：

① 飞轮的角加速度；

② 从制动开始到停止转动飞轮转过的转数；

③ 制动开始后 10s 时，飞轮的角速度；

④ 设飞轮半径为 0.5m，求 10s 时飞轮边缘上一点的线速度、切向加速度和法向加速度。

2. 如图 3-22 所示，一物体质量为 5kg，从一倾角为 37°的斜面滑下，物体与斜面的摩擦系数为 0.25。一飞轮装在定轴 O 处，绳的一端绕在飞轮上，另一端与物体相连。若飞轮可看成实心圆盘，质量为 20kg，半径为 0.2m，其所受的摩擦阻力矩忽略不计。求：

① 物体沿斜面下滑的加速度；

② 绳中的张力大小。

3. 质量为 $m=3.0\times10^{-2}\text{kg}$，长为 $l=2.0\times10^{-1}\text{m}$ 的均匀细棒，在水平面内绕通过棒中心并与棒垂直的固定轴转动。棒上套有两个可沿棒滑动的小物体，它们的质量都是 $m_1=2.0\times10^{-2}\text{kg}$。开始时，两小物体分别被固定在棒中心的两侧，距棒中心都是 $r=5.0\times10^{-2}\text{m}$，此系统以 15r/min 的转速转动。求当两个小物体到达棒端时系统的角速度。

*4. 如图 3-23 所示，小球与悬垂细棒的下端发生弹性碰撞。小球的质量为 $m_1=1\text{kg}$，碰撞前速度的方向为水平方向，其大小为 $v_0=1\text{m}\cdot\text{s}^{-1}$；细棒质量为 $m_2=3\text{kg}$，长为 1m，可绕上端无摩擦地转动。求细棒因碰撞而获得的角速度和碰撞结束时小球的速度。

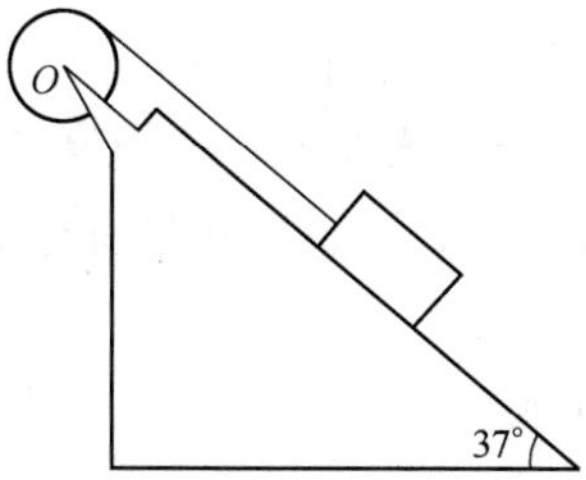

图 3-22

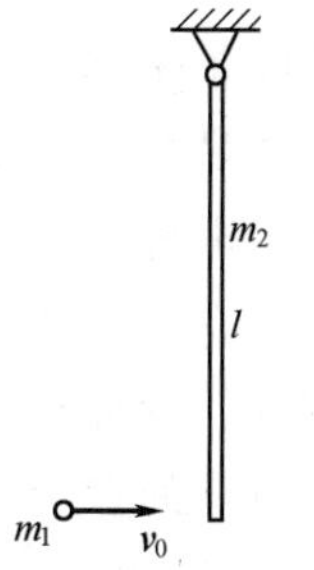

图 3-23

第四章　静　电　场

学习目标

1. 掌握电场强度的概念，掌握点电荷的场强公式和场强叠加原理，能计算简单的电荷线分布问题的场强。

2. 了解静电场的环路定理，掌握电势能和电势的概念，掌握点电荷电势的计算方法和电势叠加原理，能计算简单的电荷线分布问题的电势。

3. 理解电容的概念。

*4. 理解电场能量和电场能量密度的概念。

电磁学是研究电磁运动规律及其应用的一门学科。电磁学从原来互相独立的两门学科（电学、磁学）发展成为物理学中一个完整的分支学科，主要是基于两个重要的实验发现，即电荷的流动产生磁效应，而变化的磁场则产生电效应。这两个实验现象，加上麦克斯韦关于变化电场产生磁场的假设，奠定了电磁学的整个理论体系。电磁学的研究对人类文明史的进程具有划时代的意义，在电磁学研究基础上发展起来的电能的生产利用和电信息的传送接收，导致了一场新的技术革命，使人类进入了电气化时代。20 世纪中叶，在电磁学基础上发展起来的微电子技术和电子计算机，使人类跨入了信息时代。电磁学还是人类深入认识物质世界必不可少的理论基础。从学科体系的外延来看，电磁学无疑是电工学、无线电电子学、遥控和自动控制学、通信工程等学科必须具备的基础理论。

本章研究静电场的基本概念和规律。**相对于观察者静止的电荷在其周围空间所产生的电场称为静电场。**

第一节　库仑定律

一、电荷的量子化

雷电是人类最早观察到的电现象。对电现象的研究，始于摩擦起电。除了用摩擦起电的方式使物体带电外，还可用其他方法，如接触带电、感应带电、电离带电等。实验表明，自然界中只有两种性质不同的电荷：正电荷和负电荷。而且电荷间有相互作用力：**同种电荷相互排斥，异种电荷相互吸引。**

物体所带电荷的多少，称为**电量**，常用符号 Q 或 q 表示。

在 SI 中，电量的单位是库［仑］，符号为 C。

实验证明，电子或质子是自然界中带有最小电荷量的粒子，它们所带的电量为电荷的基本单元，常用 e 表示。1913 年，密立根用油滴实验测出电荷基本单元的量值为

$$e=1.602\times10^{-19}\mathrm{C}$$

任何物体所带电量都是电子或质子电量的整数倍。即物体所带的电量不可能连续地取任意值，而只能取电荷基本单元的整数倍 ne，n 为 1，2，3…电荷的这种**只能取分立的、不连续量值的性质**称为**电荷的量子化**。因为 e 极小，在实验的宏观数值中反映不出电荷的量子性。

二、电荷守恒定律

实验表明，无论用什么方式起电，正、负电荷总是同时出现的，而且这两种电荷的量值一定相等。当两种等量的异号电荷相遇时，它们互相中和，物体就不带电了。由此可见，当一种电荷出现时，必然有相等量值的异号电荷同时出现；一种电荷消失时，也必然有相等量值的异号电荷同时消失。**在一个与外界没有电荷交换的系统内，无论进行怎样的物理过程，系统内正、负电荷的代数和总是保持不变**，这就是**电荷守恒定律**。电荷守恒定律与能量守恒定律、动量守恒定律和角动量守恒定律一样，是自然界的基本守恒定律。无论是在宏观领域里，还是在微观领域中，电荷守恒定律都是成立的。

三、库仑定律

库仑定律是法国科学家库仑在 1785 年通过扭秤实验总结出来的关于点电荷相互作用的定律，它是构成静电学的基础。所谓**点电荷**是一个抽象的模型，当某带电体本身的几何线度比它到其他带电体的距离小很多时，该带电体就可以看作点电荷。若带电体不能作为点电荷处理时，可以把带电体划分为无穷多个可视为点电荷的电荷元来处理。

库仑定律表述如下：**在真空中，两个静止点电荷之间的相互作用力的大小与它们所带电量 q_1 和 q_2 的乘积成正比，与它们之间的距离 r 的二次方成反比，作用力的方向在两个点电荷的连线上，同种电荷相排斥，异种电荷相吸引。**即

$$F=k\frac{q_1q_2}{r^2}$$

式中，k 为比例系数，它的单位和数值取决于各量的单位。在 SI 中，$k=8.98755\times10^9\ \mathrm{N\cdot m^2\cdot C^{-2}}\approx9\times10^9\ \mathrm{N\cdot m^2\cdot C^{-2}}$。也可以用另一常量 ε_0 替换常量 k，令 $k=\frac{1}{4\pi\varepsilon_0}$，则库仑定律的公式可写成

$$F=\frac{1}{4\pi\varepsilon_0}\times\frac{q_1q_2}{r^2} \tag{4-1}$$

式中，ε_0 称为**真空电容率**或**真空介电常数**。其值为

$$\varepsilon_0=\frac{1}{4\pi k}\approx8.85\times10^{-12}\mathrm{C^2\cdot N^{-1}\cdot m^{-2}}$$

库仑定律对两个点电荷之间的相互作用力的大小和方向都作了确切的描述，而式（4-1）只反映了力的大小，未涉及力的方向。要同时反映力的大小和方向，就要将式（4-1）改写为矢量的形式。用 $\boldsymbol{r}$ 表示由 q_1 指向 q_2 的矢径，其大小为 r，方向由 q_1 指向 q_2，用 $\boldsymbol{e}_r$ 表示 $\boldsymbol{r}$ 的单位矢量，则电荷 q_1 作用在电荷 q_2 上的作用力 $\boldsymbol{F}$ 的矢量表示式为

$$\boldsymbol{F}=\frac{1}{4\pi\varepsilon_0}\times\frac{q_1q_2}{r^2}\boldsymbol{e}_r \tag{4-2}$$

如图 4-1 所示，当 q_1 和 q_2 同号时，$\boldsymbol{F}$ 与 $\boldsymbol{e}_r$ 同向，表示 q_2 受 q_1 的排斥力作用；当 q_1 和 q_2 异号时，$\boldsymbol{F}$ 与 $\boldsymbol{e}_r$ 反向，表示 q_2 受 q_1 的吸引力作用。

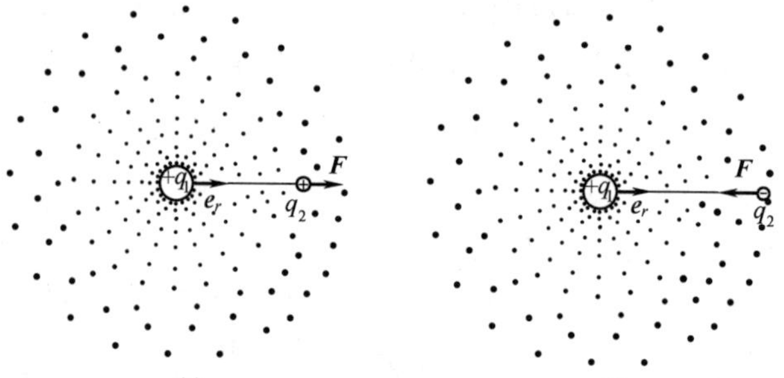

图 4-1 库仑定律

实验证明，当空间存在两个以上的点电荷时，两个点电荷之间的作用力并不因为第三个点电荷的存在而改变。所以**当空间有两个以上的点电荷时，作用于每个点电荷的总静电力等于其他各点电荷单独存在时对该点电荷的静电力的矢量和**，这个结论称为**电场力叠加原理**。

习题 4-1

一、 思考题

1. 什么是点电荷？如果带电体不能看成点电荷，如何求它们之间的相互作用力？

2. 在真空，放在中两个固定位置的点电荷间的相互作用力，是否会因为其他一些电荷被移近而改变？

3. 点电荷间的相互作用力是否遵守牛顿第三定律？

二、计算题

1. 设原子核中的两个质子相距 4.0×10^{-15}m，求这两个质子间的相互作用力。

2. 在真空中，两个等值同号的点电荷相距 0.01m 时的作用力为 10^{-5}N，当它们相距 0.1m 时的作用力多大？两点电荷所带的电量是多少？

第二节 电场强度

一、电场强度

电荷间的相互作用是通过电荷在其周围空间产生的电场来实现的。电场是客观存在的一种特殊形态的物质。除了电荷在其周围空间产生电场外，变化磁场的周围空间也有电场。电场的基本特性是任何电荷置于其中将受到作用力，称此力为**电场力**。

设空间有一个相对于观察者静止的电荷 $+q$，在它周围存在着静电场。用一个电量充分小而不致影响原电场的点电荷 q_0 来测试此电场。通常把这个电荷称为检验电荷。检验电荷可以是正电荷，也可以是负电荷，在下面的讨论中均用正电荷作为检验电荷。

如图 4-2 所示，将检验电荷依次放入静电场的不同位置，q_0 所受电场力 $\boldsymbol{F}$ 依场点位置而变。如果在电场中某确定位置依次放入电量不同的检验电荷，实验表明，虽然各检验电荷所受力 $\boldsymbol{F}$ 不同，但是，$\boldsymbol{F}$ 与 q_0 的比值 $\dfrac{\boldsymbol{F}}{q_0}$ 却是恒定的，即 $\dfrac{\boldsymbol{F}}{q_0}$ 与检验电荷的电量无关，只与电场中的位置有关。由此可见，可以用 $\dfrac{\boldsymbol{F}}{q_0}$ 来描述电场。把比值 $\dfrac{\boldsymbol{F}}{q_0}$ 称为**电场强度**，简称**场强**，用符号 $\boldsymbol{E}$ 表示

$$\boldsymbol{E}=\frac{\boldsymbol{F}}{q_0} \tag{4-3}$$

上式表明，**电场中某点电场强度的大小，等于位于该点的单位检验电荷所受的电场力的大小**。规定**正检验电荷所受的电场力的方向与该点的电场强度的方向一致**。

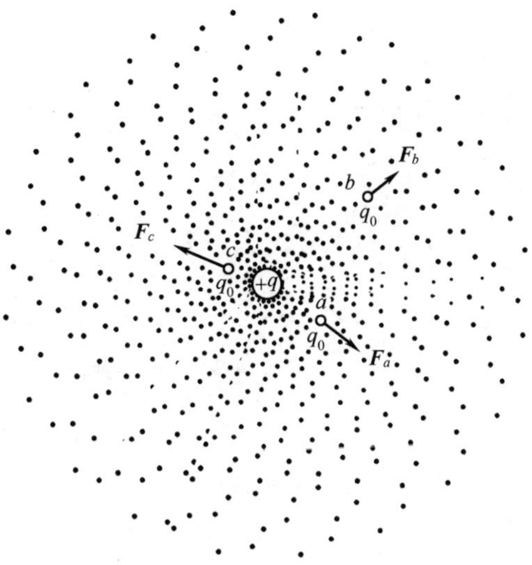

图 4-2　用检验电荷测试静电场

在 SI 中，电场强度的单位是伏［特］每米，符号为 $\mathrm{V \cdot m^{-1}}$，也可用牛［顿］每库［仑］，符号为 $\mathrm{N \cdot C^{-1}}$，而且 $1\mathrm{V \cdot m^{-1}}=1\mathrm{N \cdot C^{-1}}$。

若已知静电场中某点的电场强度 $\boldsymbol{E}$，则可求出置于该点的点电荷 q 所受的电场力 $\boldsymbol{F}$

$$\boldsymbol{F}=q\boldsymbol{E} \tag{4-4}$$

若 $q>0$，则 $\boldsymbol{F}$ 与 $\boldsymbol{E}$ 的方向相同；若 $q<0$，则 $\boldsymbol{F}$ 与 $\boldsymbol{E}$ 方向相反。

二、电场强度的计算

1. 点电荷的场强公式

设真空中有一静止的点电荷 q，P 为空间中的一点，相对 q 的矢径为 $\boldsymbol{r}$。若将检验电荷 q_0 置于 P 点，根据库仑定律式（4-2），检验电荷 q_0 受到的电场力为

$$\boldsymbol{F}=\frac{1}{4\pi\varepsilon_0}\times\frac{qq_0}{r^2}\boldsymbol{e}_r$$

式中，$\boldsymbol{e}_r$ 表示从场源电荷 q 到 P 点的单位矢量。根据场强的定义式（4-3），电荷 q 在 P 点的场强可表示为

$$\boldsymbol{E}=\frac{\boldsymbol{F}}{q_0}=\frac{1}{4\pi\varepsilon_0}\times\frac{q}{r^2}\boldsymbol{e}_r \tag{4-5}$$

上式为**点电荷场强公式**。显然，若 $q>0$，则 $\boldsymbol{E}$ 与 $\boldsymbol{e}_r$ 同向，即在正电荷形成的电场中，每一点的场强的方向均沿该点矢径方向；若 $q<0$，则 $\boldsymbol{E}$ 与 $\boldsymbol{e}_r$ 反向，即在负电荷形成的电场中，各点的场强均沿该点矢径的反方向，如图 4-3 所示。式（4-5）还指出，点电荷的电场分布具有球对称性。

如果电场中各点场强的大小和方向都相同，称这种电场为**匀强电场**。

2. 场强叠加原理

若电场是由点电荷系 q_1，q_2，…，q_n 共同激发的，由电场力叠加原理知，检验电荷 q_0 在场点 P 所受的电场力 $\boldsymbol{F}$ 等于各个场源电荷单独存在时作用于 q_0 的电场力 $\boldsymbol{F}_1$，$\boldsymbol{F}_2$，…，$\boldsymbol{F}_n$ 的矢量和，即

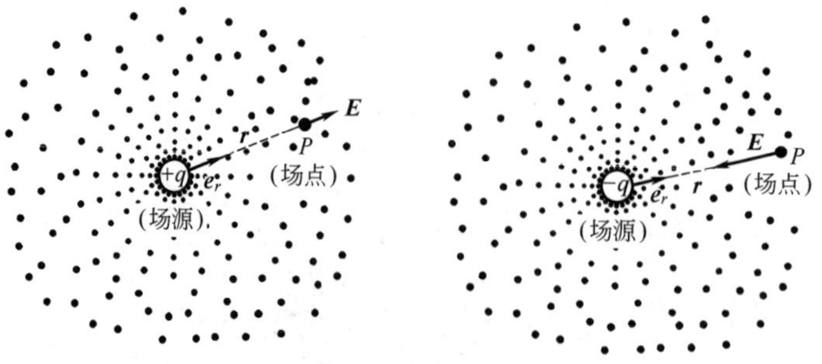

图 4-3 点电荷的场强

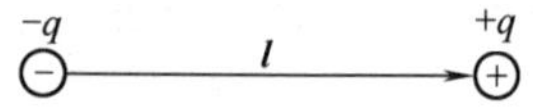

图 4-4 电偶极子

$$\boldsymbol{F}=\boldsymbol{F}_1+\boldsymbol{F}_2+\cdots+\boldsymbol{F}_n$$

由场强定义得该点的场强为

$$\boldsymbol{E}=\frac{\boldsymbol{F}}{q_0}=\frac{\boldsymbol{F}_1}{q_0}+\frac{\boldsymbol{F}_2}{q_0}+\cdots+\frac{\boldsymbol{F}_n}{q_0}=\boldsymbol{E}_1+\boldsymbol{E}_2+\cdots+\boldsymbol{E}_n=\sum_{i=1}^{n}\boldsymbol{E}_i \tag{4-6}$$

可见，**在点电荷系形成的电场中，任意一点的场强等于各个点电荷单独存在时在该点产生的场强的矢量和**，称此为**场强叠加原理**。

利用式（4-5），还可把点电荷系电场中某点的场强表示为

$$\boldsymbol{E}=\frac{1}{4\pi\varepsilon_0}\times\frac{q_1}{r_1^2}\boldsymbol{e}_{r_1}+\frac{1}{4\pi\varepsilon_0}\times\frac{q_2}{r_2^2}\boldsymbol{e}_{r_2}+\cdots+\frac{1}{4\pi\varepsilon_0}\times\frac{q_n}{r_n^2}\boldsymbol{e}_{r_n}=\frac{1}{4\pi\varepsilon_0}\times\sum_{i=1}^{n}\frac{q_i}{r_i^2}\boldsymbol{e}_{r_i} \tag{4-7}$$

式中，r_i 是第 i 个点电荷 q_i 到该场点的距离；$\boldsymbol{e}_{r_i}$ 是由 q_i 指向该点的单位矢量。

两个大小相等的异号点电荷 $+q$ 和 $-q$，相距 l，如图 4-4 所示。当两个电荷之间的距离远比场点到它们的距离小得多时，这样的一对点电荷称为**电偶极子**。从 $-q$ 到 $+q$ 的矢量 $\boldsymbol{l}$ 称为电偶极子的轴，定义

$$\boldsymbol{P}=q\boldsymbol{l}$$

为电偶极子的**电偶极矩**，简称**电矩**。许多宏观带电体可以简化为电偶极子，此外，分子和原子也可以看成电偶极子。电偶极子在理论研究和技术应用中都有重要的作用。

【例题 4-1】 如图 4-5 所示，求电偶极子中垂线上任一点的电场强度。

【解】 设电偶极子中垂线上任一点 P 到电偶极子中心的距离为 r，点电荷 $+q$ 和 $-q$ 到 P 点的距离都是 $\sqrt{r^2+\frac{l^2}{4}}$，它们在 P 点产生的电场强度大小相等，其值为

$$E_+=E_-=\frac{q}{4\pi\varepsilon_0\left(r^2+\frac{l^2}{4}\right)}$$

方向分别沿点电荷 $+q$、$-q$ 到 P 点的连线，如图 4-5 所示。由场强叠加原理得，P 点的总场强为

$$\boldsymbol{E}=\boldsymbol{E}_++\boldsymbol{E}_-=E_x\boldsymbol{i}+E_y\boldsymbol{j}$$

总场强 $\boldsymbol{E}$ 沿 x 轴和 y 轴的分量分别为

$$E_x=E_{+x}+E_{-x}=-2E_+\cos\theta$$

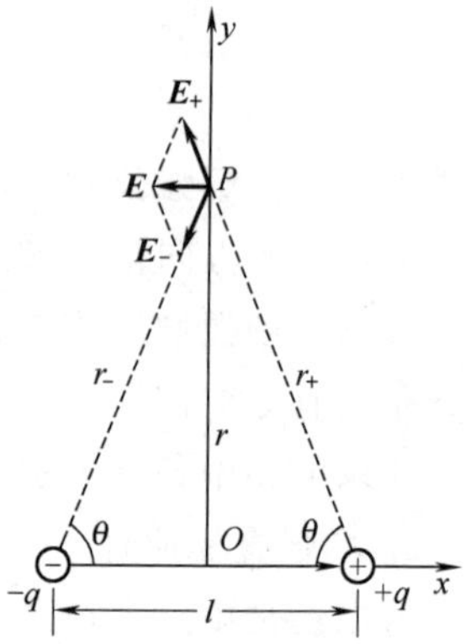

图 4-5 ［例题 4-1］图

$$E_y=E_{+y}+E_{-y}=0$$

由图可知，$\cos\theta=\dfrac{\dfrac{l}{2}}{\sqrt{r^2+\dfrac{l^2}{4}}}$，则 P 点的总场强为

$$\boldsymbol{E}=E_x\boldsymbol{i}=-\frac{ql}{4\pi\varepsilon_0\left(r^2+\dfrac{l^2}{4}\right)^{\frac{3}{2}}}\boldsymbol{i}$$

考虑到电偶极子 $r\gg l$，则有 $\left(r^2+\dfrac{l^2}{4}\right)^{\frac{3}{2}}\approx r^3$，所以

$$\boldsymbol{E}=-\frac{ql}{4\pi\varepsilon_0 r^3}\boldsymbol{i}$$

由于 $\boldsymbol{l}$ 的方向与单位矢量 $\boldsymbol{i}$ 的方向一致，所以 $\boldsymbol{P}=q\boldsymbol{l}=ql\boldsymbol{i}$，上式可表示为

$$\boldsymbol{E}=\frac{-\boldsymbol{P}}{4\pi\varepsilon_0 r^3}$$

可见，电偶极子中垂线上任一点的场强与电偶极子的电矩成正比，与该点到电偶极子中心的距离的三次方成反比，方向与电矩的方向相反。

3. 电荷连续分布的带电体的场强计算

如果带电体的电荷是连续分布的，可认为该带电体的电荷是由许多电荷元组成。每个电荷元都可以视为点电荷。如图 4-6 所示。任意一个电荷元 dq 在电场中 P 点产生的场强为

$$d\boldsymbol{E}=\frac{1}{4\pi\varepsilon_0}\times\frac{dq}{r^2}\boldsymbol{e}_r$$

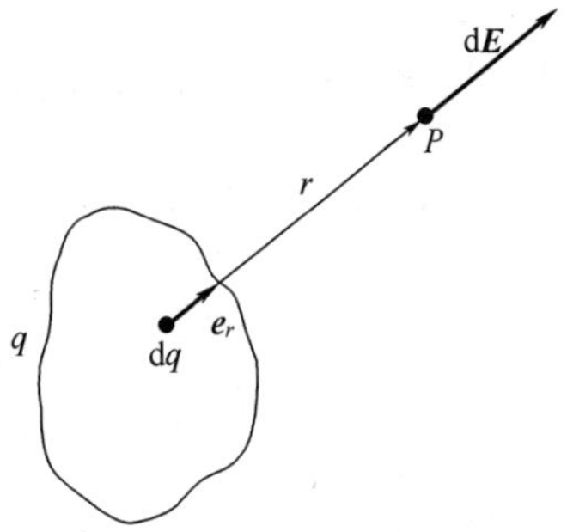

图 4-6　带电体的电场

式中，r 是电荷元 dq 到场点 P 的距离；$\boldsymbol{e}_r$ 是由 dq 指向 P 点的单位矢量。由场强叠加原理即可求出整个带电体在 P 点的场强

$$\boldsymbol{E}=\int_\Omega d\boldsymbol{E}=\int_\Omega\frac{1}{4\pi\varepsilon_0}\times\frac{dq}{r^2}\boldsymbol{e}_r \tag{4-8}$$

式中积分符号下的“Ω”表示此积分遍及整个带电体。式 (4-8) 是矢量积分式，一般应采用分量式，分别求出场强 $\boldsymbol{E}$ 沿坐标轴的分量 E_x 和 E_y，然后再用矢量式表示，即

$$\boldsymbol{E}=E_x\boldsymbol{i}+E_y\boldsymbol{j}$$

式中，E_x 和 E_y 分别为

$$E_x=\int_\Omega dE_x,\quad E_y=\int_\Omega dE_y$$

为描述电荷的分布，引入电荷密度的概念。

若电荷分布于三维带电体上，引入电荷体密度 ρ（单位体积内的电荷量），则

$$dq=\rho dV$$

若电荷分布于二维带电体上，引入电荷面密度 σ（单位面积上的电荷量），则

$$dq=\sigma dS$$

若电荷沿细线呈线分布时，引入电荷线密度 λ（单位长度上的电荷量），则

$$dq=\lambda dl$$

式中，dV、dS 和 dl 分别为体积元、面积元和线元，对应式（4-8）的积分分别为体积分、面积分和线积分，积分符号下的“Ω”分别表示此积分遍及整个带电体 V、带电面 S 和带电线 l。

【例题 4-2】 半径为 R 的均匀带电细圆环，带电量为 q（设 $q>0$），如图 4-7 所示。试计算圆环轴线上任一点 P 的电场强度。

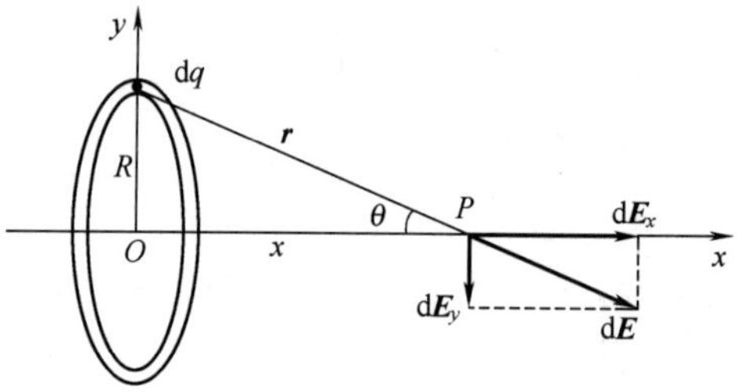

图 4-7 ［例题 4-2］ 图

【解】 建立如图 4-7 所示的坐标系。电荷为线分布，电荷线密度 $\lambda=\frac{q}{2\pi R}$。在圆环上任取一线元 dl，其上所带电量为 $dq=\lambda dl$，它在 P 点产生的电场强度为 $d\boldsymbol{E}$。设 P 点与电荷元的距离为 r，圆环上各电荷元在 P 点的场强方向各不相同，现将 $d\boldsymbol{E}$ 分解为沿 Ox 轴的分量 $d\boldsymbol{E}_x$ 和沿 Oy 轴的分量 $d\boldsymbol{E}_y$。由于圆环电荷相对 Ox 轴对称分布，圆环上所有电荷的 $d\boldsymbol{E}_y$ 分量的矢量和为零，因而 P 点的场强沿 Ox 轴方向，且

$$E=\int_L dE_x=\int_L dE\cos\theta=\int_L \frac{\lambda dl}{4\pi\varepsilon_0 r^2}\cos\theta$$

其中 θ 为 $d\boldsymbol{E}$ 与 Ox 轴正向的夹角。由图 4-7 可知

$$\cos\theta=\frac{x}{r},\quad r^2=x^2+R^2$$

故

$$E=\int_0^{2\pi R}\left[\frac{1}{4\pi\varepsilon_0}\times\frac{\lambda x}{(x^2+R^2)^{3/2}}\right]dl$$
$$=\frac{1}{4\pi\varepsilon_0}\times\frac{\lambda x}{(x^2+R^2)^{3/2}}\int_0^{2\pi R}dl=\frac{1}{4\pi\varepsilon_0}\times\frac{qx}{(x^2+R^2)^{3/2}}$$

$\boldsymbol{E}$ 的方向沿 Ox 轴正方向，可写为矢量形式

$$\boldsymbol{E}=\frac{1}{4\pi\varepsilon_0}\times\frac{qx}{(x^2+R^2)^{3/2}}\boldsymbol{i}$$

下面对上式进行讨论。

① 在环心 O 处，$x=0$，$E=0$，即环心处场强为零。

② 当 $x\gg R$ 时，$(x^2+R^2)^{3/2}\approx x^3$，则 $\boldsymbol{E}$ 的大小为

$$E=\frac{q}{4\pi\varepsilon_0 x^2}$$

此结果表明，远离环心处的电场与环上电荷全部集中于环心处的一个点电荷所激发的电场相同。由此可以想到，不管什么形状的带电体，只要它的线度远小于它到场点的距离，这个带电体就可以看作点电荷。

利用场强叠加原理，还可以求出无限长均匀带电直线和无限大均匀带电平面的电场分布。

如图 4-8 所示，无限长均匀带电直线的电荷线密度为 λ，它附近一点 P 到带电线的距离为 r，则 P 点的场强大小为

$$E=\frac{\lambda}{2\pi\varepsilon_0 r} \tag{4-9}$$

可见，E 与 r 成反比。场强的方向垂直于带电直线而沿径向。在以带电直线为轴的任一同轴圆柱面上，各点的场强大小相等。若 $\lambda>0$，场强的方向沿径向向外；若 $\lambda<0$，场强的方向沿径向向里。

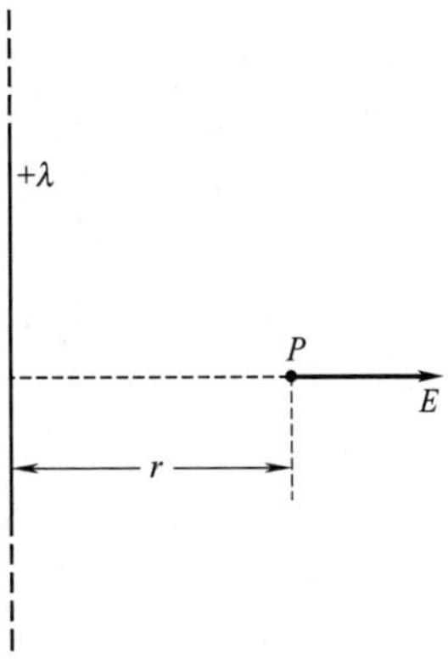

图 4-8 无限长均匀带电直线的场强分布

如图 4-9 所示，无限大均匀带电平面的电荷面密度为 σ，它附近一点 P 的场强大小为

$$E=\frac{\sigma}{2\varepsilon_0} \tag{4-10}$$

可见，周围各点场强大小处处相等。场强的方向垂直于带电平面。若 σ 为正，场强的方向垂直于平面向外；若 σ 为负，场强的方向垂直于平面向里。

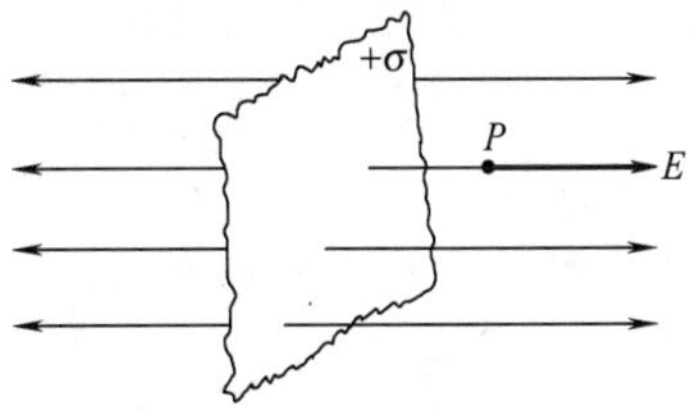

图 4-9 无限大均匀带电平面的场强分布

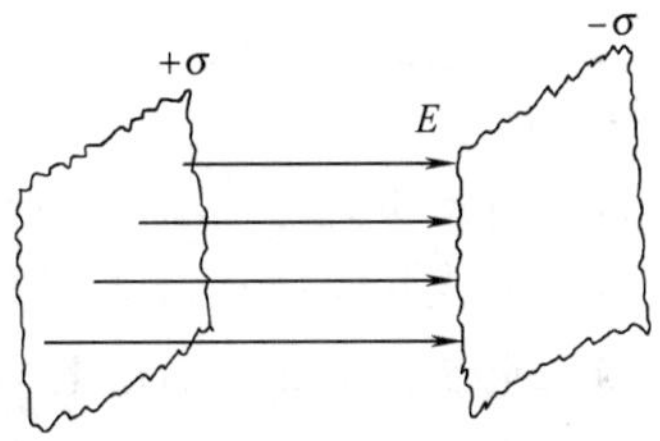

图 4-10 两个无限大均匀带电平面的场强分布

如图 4-10 所示，一对互相平行的无限大均匀带电平面，它们的电荷面密度分别为 $\pm\sigma$，由式（4-10）以及场强的叠加原理可得，两板外侧的场强处处为零，两板之间的场强大小为

$$E=\frac{\sigma}{\varepsilon_0} \tag{4-11}$$

场强方向由带正电的板指向带负电的板。

三、电场线

为了形象地描述电场的分布，需要引入电场线的概念。所谓的电场线就是按照一定的规定在电场中画出的一系列曲线，使曲线上每一点的切线方向跟该点的场强的方向一致，曲线的疏密表示场强的大小，这样画出的曲线称为**电场线**。图 4-11 画出了几种带电体的电场线形状。

静电场的电场线具有如下性质：

① 电场线起始于正电荷（或无穷远处），终止于负电荷（或无穷远处）。在无电荷处，电场线不中断。

② 电场线是不闭合曲线。

③ 任何两条电场线在无电荷处不相交。

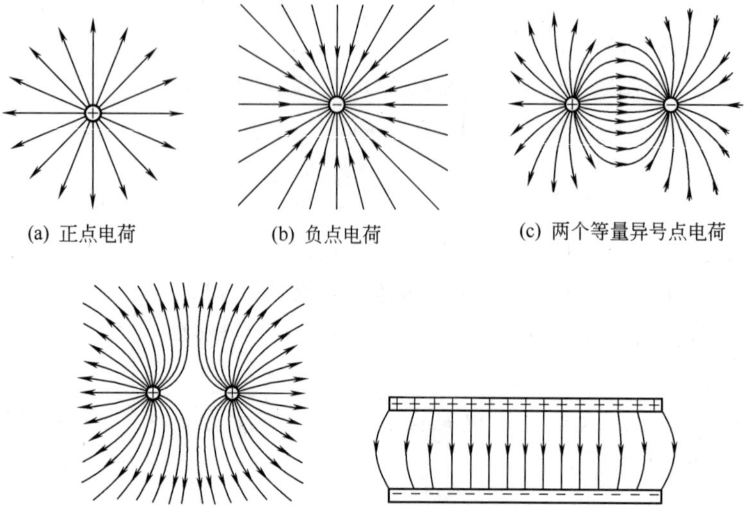

(a) 正点电荷　(b) 负点电荷　(c) 两个等量异号点电荷

(d) 两个等量正点电荷　(e) 均匀带电平行板

图 4-11 电场线

习题 4-2

一、思考题

1. 判断下列说法是否正确，并说明理由。

① 电场中某点场强的方向就是将点电荷放在该点处所受电场力的方向；

② 电荷在电场中某点受到的电场力很大，该点的场强 $\boldsymbol{E}$ 一定很大；

③ 在以点电荷为球心，以 $\boldsymbol{r}$ 为半径的球面上，场强 $\boldsymbol{E}$ 处处相等。

2. 有人说，点电荷在电场中一定是沿电场线运动的，电场线就是电荷的运动轨迹。这种说法对吗？为什么？

3. 在地球表面有一竖直方向的电场，电子在此电场中受到一个向上的力，问电场强度的方向向上还是向下？

二、计算题

1. 相距 0.20m，带电量均为 1.0×10^{-8}C 的两个异号点电荷，在它们连线中点处的场强为多大？一电子放在该点，所受的电场力为多大？

2. 电荷 $q_1=2.0\times10^{-6}$C 与 $q_2=4.0\times10^{-6}$C 相距 10cm，求两电荷连线上电场强度为零的位置。

3. 两块平行的无限大均匀带电平面上的电荷面密度分别为 $+\sigma$ 和 -2σ，如图 4-12 所示。求：

① 图中三个区域的电场强度 $\boldsymbol{E}_1$、$\boldsymbol{E}_2$、$\boldsymbol{E}_3$ 的表达式；

② 若 $\sigma=4.43\times10^{-6}\mathrm{C\cdot m^{-2}}$，则 E_1、E_2、E_3 分别为多大？

4. 如图 4-13 所示，电荷 $+Q$ 均匀分布在长为 L 的细棒 AB 上，求在棒的延长线上，且离棒中心为 r 处的 P 点的电场强度。

5. 一半径为 R 的半圆形细环上均匀分布着电荷 $+Q$，如图 4-14 所示。求环心 O 点的电场强度 $\boldsymbol{E}$。

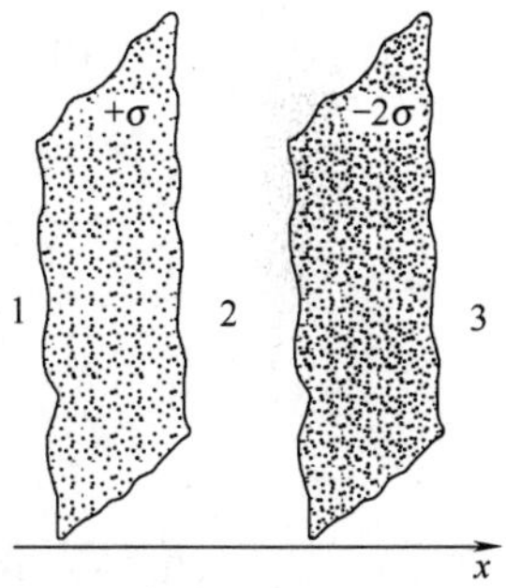

图 4-12

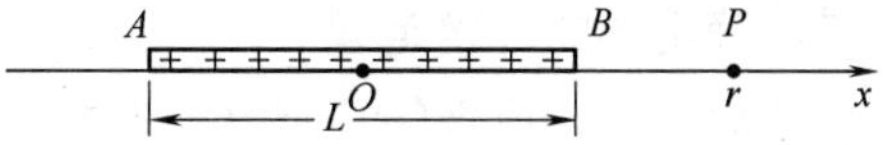

图 4-13

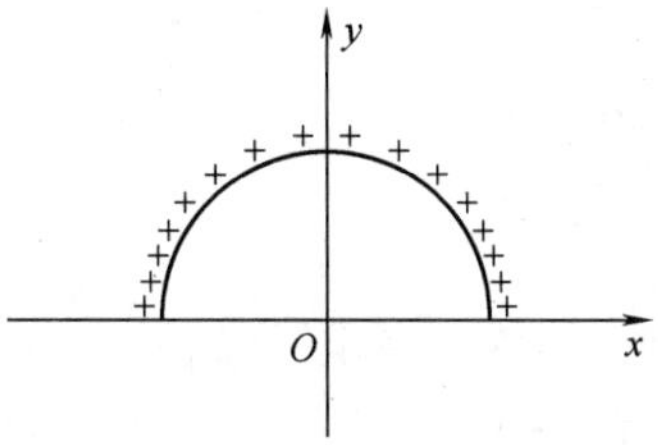

图 4-14

第三节　静电场的环路定理

力学中讲过，物体在重力场中移动时，重力做功与路径无关，重力是保守力，并引入重力势能的概念。那么静电场力的情况怎样呢？是否也具有保守力的特征而可以引入电势能的概念呢？

一、静电场力做功的特点

如图 4-15 所示，在场源电荷 $+q$ 产生的电场中，把检验电荷 q_0 从 a 点沿任意路径 L 移到 b 点，此过程中检验电荷 q_0 受到电场力大小和方向均是变化的。为求电场力做的功，可以把路径分割成无限多个位移元，任取一位移元 $\mathrm{d}\boldsymbol{l}$，电场力对 q_0 所做的元功为

$$\mathrm{d}A=\boldsymbol{F}\cdot\mathrm{d}\boldsymbol{l}=q_0\boldsymbol{E}\cdot\mathrm{d}\boldsymbol{l}=q_0E\,\mathrm{d}l\cos\theta$$

由图 4-15 得

$$\mathrm{d}l\cos\theta=\mathrm{d}r$$

又因为点电荷电场强度 $\boldsymbol{E}$ 的大小为

$$E=\frac{1}{4\pi\varepsilon_0}\times\frac{q}{r^2}$$

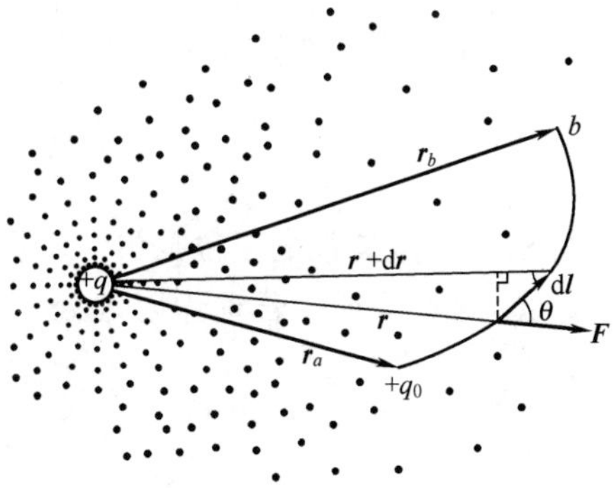

图 4-15　静电场力做功

所以，q_0 从 a 点移到 b 点，电场力做的功为

$$A=\int_a^b\mathrm{d}A=\int_{r_a}^{r_b}\frac{q_0q}{4\pi\varepsilon_0}\times\frac{\mathrm{d}r}{r^2}=\frac{q_0q}{4\pi\varepsilon_0}\left(\frac{1}{r_a}-\frac{1}{r_b}\right)\tag{4-12}$$

式中，r_a 和 r_b 分别表示场源电荷 q 至 a 点和 b 点的距离。上式表明，当检验电荷 q_0 在点电荷产生的电场中移动时，电场力所做的功只与起点和终点的位置有关，而与路径无关。

根据场强叠加原理，上述结论可推广为：**电荷在任意静电场中移动时，电场力所做的功只与该电荷电量及它在电场中的起点和终点的位置有关，而与路径无关。**这是静电场力做功的特点，说明静电场力是保守力。

二、静电场的环路定理

由于静电场力所做的功与路径无关，那么将点电荷 q_0 从电场中某一点出发经任意闭合路径 L 再回到原来位置时，静电场力所做的功等于零，即

$$A=\oint_L q_0 \boldsymbol{E}\cdot \mathrm{d}\boldsymbol{l}=0$$

因为 $q_0\neq 0$，所以

$$\oint_L \boldsymbol{E}\cdot \mathrm{d}\boldsymbol{l}=0 \tag{4-13}$$

上式表明，**在静电场中，场强沿任意闭合路径的线积分等于零**。这一结论称为**静电场的环路定理**。它和“静电场力做功与路径无关”的说法是一致的。

凡是做功与路径无关的力场，称为**保守力场**或**势场**。式（4-13）表示的环路定理指出静电场是保守力场或势场，因此说静电场有势。它是静电场的一个基本性质。

三、电势能

由于静电场是保守力场，所以可引入电势能概念。应注意：利用上式计算电势能时，q_0、q 应带正、负号，而不能取绝对值。符号 W_a 和 W_b 分别表示点电荷 q_0，由位置 a 和 b 决定的电势能，则

$$A_{ab}=\int_a^b q_0 \boldsymbol{E}\cdot \mathrm{d}\boldsymbol{l}=-(W_b-W_a)=W_a-W_b \tag{4-14}$$

电势能也是相对量。只有选定某一参考位置的电势能为零，才能确定 q_0 在其他位置的电势能。如果选 b 为零势能点，即 $W_b=0$，则有

$$W_a=q_0\int_a^{\text{参考点}} \boldsymbol{E}\cdot \mathrm{d}\boldsymbol{l}$$

理论上，常取无限远处的电势能为零，则 q_0 在电场中某一点 P 的电势能为

$$W_P=q_0\int_P^{\infty} \boldsymbol{E}\cdot \mathrm{d}\boldsymbol{l} \tag{4-15}$$

在 SI 中，电势能的单位是焦［耳］，符号为 J。

式（4-12）表明，若选无限远处为电势能零点，则检验电荷 q_0 在 a 点具有的电势能为

$$W_{\mathrm{a}}=\frac{q_0 q}{4\pi\varepsilon_0 r_a} \tag{4-16}$$

习题 4-3

一、思考题

1. 静电场力做功有什么特点？$\oint_L \boldsymbol{E}\cdot \mathrm{d}\boldsymbol{l}=0$ 表明静电场具有怎样的性质？

2. 在点电荷 q 所形成的电场中，有一正点电荷在电场力作用下沿电场线方向运动，其电势能是增加、减少还是不变？

二、计算题

1. 一质子带电量为 e，位于正点电荷 q 所形成的电场中，与 q 相距 r。试计算质子具有的电势能（选无限远处为电势能零点）。

2. 如图 4-16 所示，在点电荷 q 所形成的电场中有 a、b 两点，一负点电荷 q_0 置于 a 点时具有的电势能为多少？将该电荷从 a 点移到 b 点，电场力做了多少功？电势能将增加还是减少？电势能变化了多少（选无限远处为电势能零点）？

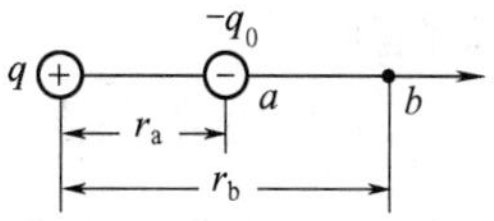

图 4-16

第四节　电　　势

电势能和其他形式的势能一样，是属于系统所有的，是检验电荷和电场的相互作用能，与检验电荷的量值有关，所以它不能用来描述电场本身的性质。

一、电势　电势差

式（4-15）表明，电势能与检验电荷的电量 q_0 成正比，但比值 $\frac{W_P}{q_0}$ 与检验电荷无关，它反映了电场本身在 P 点的性质。因此，把电荷在电场中某点的电势能与它的电量的比值，称为该点的**电势**，用符号 V 表示

$$V_P=\frac{W_P}{q_0}=\int_P^{\text{参考点}}\boldsymbol{E}\cdot \mathrm{d}\boldsymbol{l} \tag{4-17}$$

上式表明，静电场中某点的电势，在数值上等于单位正电荷在该点所具有的电势能，或者说等于把**单位正电荷从该点移到电势能零点电场力所做的功**。电势是从能量的角度来描述电场基本性质的物理量，与检验电荷是否存在无关。

电势是标量。在电场中，沿着电场线的方向前进，电势将逐渐降低；同一电场线上，任意两点的电势不相等。

电势是相对量。因此，必须规定某参考点的电势等于零以后，才可确定其他位置的电势值。在理论上讨论问题时，对有限带电体的电场中的电势，常取无限远处为电势零点，而在实际工程应用中，则常取地球为电势零点。

电场中任意两点 a 和 b 电势的差值称为 a、b 两点的**电势差**，通常也叫**电压**。用符号 U_{ab} 表示，即

$$U_{ab}=V_a-V_b=\frac{W_a-W_b}{q_0}=\frac{A_{ab}}{q_0}=\int_a^b\boldsymbol{E}\cdot \mathrm{d}\boldsymbol{l} \tag{4-18}$$

电势差与电势零点的选取无关。在实际工作中，电势差比电势更有意义。

当电场中的电势分布已知时，利用式（4-17）可方便地计算出点电荷 q_0 在某点 P 的电势能

$$W_P=q_0V_P$$

利用式（4-18）可以求得把点电荷 q_0 从 a 点移到 b 点的过程中电场力做的功

$$A_{ab}=q_0(V_a-V_b)=q_0U_{ab}$$

在 SI 中，电势和电势差的单位都是伏［特］，符号为 V。$1\mathrm{V}=1\mathrm{J}\cdot\mathrm{C}^{-1}$。

二、电势的计算

电势分布的计算是静电场的另一类问题。根据已知条件的不同，电势的计算常用的方

法有两种。

1. 利用电势的定义式计算电势

当场强分布已知时，可以由电势的定义式 $V_P=\int_P^{参考点}\boldsymbol{E}\cdot d\boldsymbol{l}$ 通过积分求电势分布。

【例题 4-3】 求点电荷电场的电势分布。

【解】 点电荷 q 产生的场强为

$$\boldsymbol{E}=\frac{1}{4\pi\varepsilon_0}\times\frac{q}{r^2}\boldsymbol{e}_r$$

若选取无限远处的电势为零，则电场中距点电荷 q 距离为 r 的任意一点 P 的电势为

$$V_P=\int_P^{\infty}\boldsymbol{E}\cdot d\boldsymbol{l}=\int_r^{\infty}\frac{1}{4\pi\varepsilon_0}\times\frac{q}{r^2}\boldsymbol{e}_r\cdot d\boldsymbol{l}$$

因为电场力做功与路径无关，所以在计算时可选取最便于计算的路径。若选沿矢径的直线为积分路径，则

$$V=\int_r^{\infty}\frac{q}{4\pi\varepsilon_0 r^2}dr=\frac{q}{4\pi\varepsilon_0 r} \tag{4-19}$$

从上式可以看出，**点电荷电场中某点的电势与该点到点电荷的距离成反比**。当场源电荷 q 为正时，它的电场中电势处处为正；若 q 为负电荷，则电势处处为负。

2. 利用电势叠加原理计算电势

若场源电荷由 n 个点电荷组成，根据场强叠加原理和电势定义式，可以得到点电荷系电场中任意一点 P 的电势为

$$\begin{aligned}V_P&=\int_P^{\infty}\boldsymbol{E}\cdot d\boldsymbol{l}=\int_P^{\infty}\boldsymbol{E}_1\cdot d\boldsymbol{l}+\int_P^{\infty}\boldsymbol{E}_2\cdot d\boldsymbol{l}+\cdots+\int_P^{\infty}\boldsymbol{E}_n\cdot d\boldsymbol{l}\\&=V_1+V_2+\cdots+V_n=\sum_{i=1}^{n}V_i\end{aligned}$$

上式为**电势叠加原理**，它表示**点电荷系电场中某点的电势等于各个点电荷单独存在时在该点产生的电势的代数和**。由式（4-19）知

$$V_P=\frac{1}{4\pi\varepsilon_0}\times\sum_{i=1}^{n}\frac{q_i}{r_i} \tag{4-20}$$

式中，q_i 是点电荷系中第 i 个电荷的电量；r_i 是第 i 个电荷到 P 点的距离；n 为点电荷的总数。

对于电荷连续分布的带电体，可以把它看成是由无穷多个电荷元 dq 组成。根据电势叠加原理，整个带电体在 P 点产生的电势为

$$V=\int_{\Omega}dV=\int_{\Omega}\frac{1}{4\pi\varepsilon_0}\times\frac{dq}{r} \tag{4-21}$$

式中，r 是电荷元 dq 到场点 P 的距离；积分号下的“Ω”表示对整个带电体求积分。

【例题 4-4】 求均匀带电细圆环轴线上一点 P 的电势。已知圆环半径为 R，带电量为 q（$q>0$）。

【解】 如图 4-17 所示，设 P 点到环心的距离为 x。在圆环上任取线元 dl，其上带电量 $dq=\lambda dl$，$\lambda=\frac{q}{2\pi R}$为圆环带电的线密度。选无限远处为电势零点，dq 在 P 点产生

的电势为

$$dV=\frac{dq}{4\pi\varepsilon_0 r}$$

其中 $r=\sqrt{R^2+x^2}$，每个电荷元到 P 点的距离均为 r，由电势叠加原理知 P 点的电势为

$$V_P=\int_0^q \frac{dq}{4\pi\varepsilon_0 r}=\frac{1}{4\pi\varepsilon_0 r}\int_0^q dq=\frac{q}{4\pi\varepsilon_0\sqrt{R^2+x^2}}$$

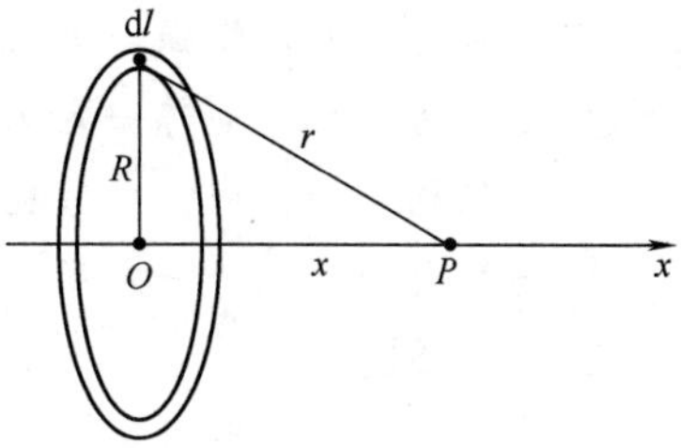

图 4-17　［例题 4-4］图

讨论：① 当 P 点位于环心 O 处时，$x=0$，则 $V=\frac{q}{4\pi\varepsilon_0 R}$；

② 当 $x\gg R$ 时，$\sqrt{R^2+x^2}\approx x$，所以 $V=\frac{q}{4\pi\varepsilon_0 x}$，表示圆环轴线上足够远处的电势相当于电量 q 集中于环心处的点电荷产生的电势。

三、等势面

场强和电势是描述静电场性质的两个基本物理量。场强的分布可以用电场线形象地表示，电势的分布则可以用等势面形象地表示。**在静电场中，由电势相等的点组成的曲面**称为**等势面**。图 4-18 用虚线画出了几种电场的等势面，图中实线表示电场线。

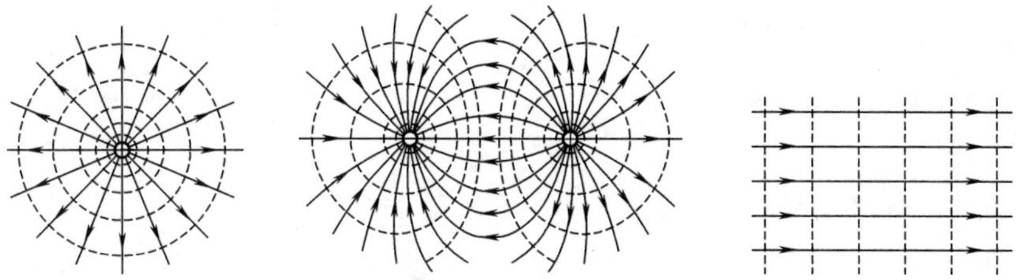

(a) 正点电荷的电场　(b) 两个等量异号点电荷的电场　(c) 匀强电场

图 4-18　电场线和等势面

等势面有如下性质：

① 在等势面上任意两点间移动电荷时，电场力不做功。

② 等势面与电场线处处正交。

③ 电场线总是从电势较高的等势面指向电势较低的等势面。

④ 若规定相邻两等势面的电势差相等，则等势面越密的地方，场强越大。

电势差是标量，容易用实验方法测量场中某点的电势或电势差。所以，常通过实验测出电势或电势差值，绘出等势面，再由它们的正交关系画出电场线，进而分析电场的分布状况。

习题 4-4

一、思考题

1. 电场中，任意一点的电势与检验电荷的正负有没有关系？

2. 比较下列几种情况下 A、B 两点电势的高低：

① 正电荷由 A 点移到 B 点时，外力克服电场力做正功；

② 正电荷由 A 点移到 B 点时，电场力做正功；

③ 负电荷由 A 点移到 B 点时，外力克服电场力做正功；

④ 负电荷由 A 点移到 B 点时，电场力做正功。

3. 下列说法是否正确？

① 电势为零处，场强一定为零；

② 场强为零处，电势一定为零；

③ 场强相等的区域，电势也处处相等；

④ 场强大处，电势一定高。

二、 计算题

1. 一均匀带正电半圆环，半径为 R，电量为 Q，求环心处的电势。

2. 如图 4-19 所示，有一电荷面密度为 $+\sigma$ 的无限大均匀带电平面，若以该平面处为电势零点，求带电平面周围的电势分布。

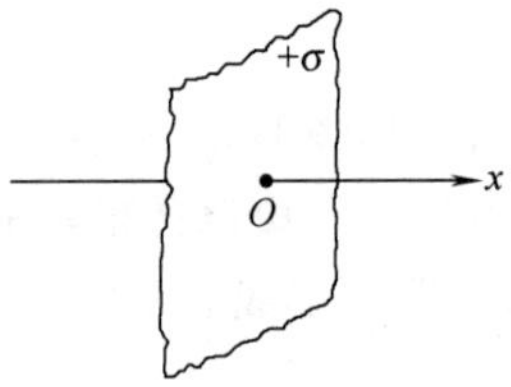

图 4-19

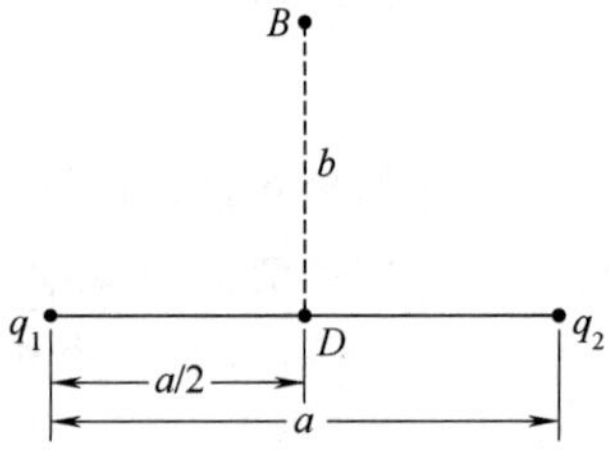

图 4-20

3. 如图 4-20 所示，已知 $a=8\times10^{-2}$m，$b=6\times10^{-2}$m，$q_1=3\times10^{-8}$C，$q_2=-3\times10^{-8}$C。求：

① D 点的电场强度和电势；

② B 点的电势。

③ 将点电荷 $q_0=2\times10^{-9}$C 由 B 点移到 D 点，电场力所做的功。

4. 点电荷 q_1、q_2、q_3、q_4 的电量均为 4×10^{-9}C，放置在一正方形的四个顶点上，各顶点距正方形中心 O 点的距离为 5cm。

① 计算 O 点处的电势；

② 将一检验电荷 $q_0=10^{-9}$C 从无穷远移到 O 点，电场力做的功是多少？

第五节 电 容

一、电容

电容器是一种常用的电工和电子元件，它由两个用电介质（绝缘体）隔开的金属导体组成。图 4-21 中所示为几种常见的电容器。

大多数常用电容器都可看成是由两块彼此靠得很近的平行金属板组成的平行板电容器。两金属板称为电容器的两个极板。因为极板面积的尺度比极板间的距离大很多，可以把极板视为无穷大平面。两极板均匀带等量异号电荷 $\pm q$ 时，极板间的电场是匀强电场。

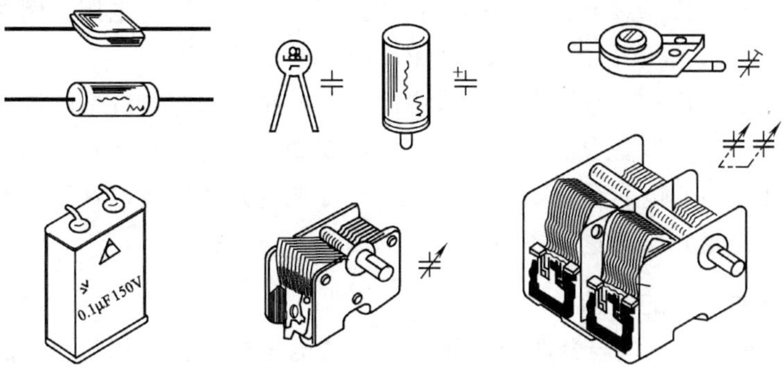

图 4-21 几种常见的电容器

一个极板所带电量的绝对值 q 与两极板间的电势差 U 的比值是一个确定的常量，称这个常量为电容器的**电容**，用符号 C 表示

$$C=\frac{q}{U} \tag{4-22}$$

电容是反映电容器本身性质的物理量，它决定于电容器本身的结构，与电容器两极板的形状、大小、极板间距离及极板间的电介质有关，与极板是否带有电荷无关。电容是描述电容器容纳电荷或储存电能的能力的物理量。

在 SI 中，电容的单位是法［拉］，符号为 F。实际上，1F 是相当大的电容量。常用的单位是微法［拉］和皮法［拉］，其符号分别为 μF 和 pF。$1\text{F}=10^6\mu\text{F}=10^{12}\text{pF}$。

【例题 4-5】 求平行板电容器的电容。已知两极板相对的面积为 S，极板间的距离为 d。

【解】 由于平行板电容器极板间的距离 d 比极板面积 S 的线度小很多，所以两极板可以看成是两个互相平行的无限大均匀带电平面。由式（4-11）知，两极板间为匀强电场，场强方向由带正电的平面指向带负电的平面，场强大小为

$$E=\frac{\sigma}{\varepsilon_0}$$

设两极板带电量分别为 $\pm q$，电荷面密度分别为 $\pm\sigma$，则 $\sigma=\frac{q}{S}$，所以

$$E=\frac{q}{\varepsilon_0 S}$$

因为匀强电场的场强与相距为 d 的两点间的电势差 U 的关系为

$$U=\int_d \boldsymbol{E}\cdot \mathrm{d}\boldsymbol{l}=Ed \tag{4-23}$$

所以

$$U=\frac{qd}{\varepsilon_0 S}$$

根据电容的定义式，可得平行板电容器的电容为

$$C=\frac{q}{U}=\frac{\varepsilon_0 S}{d} \tag{4-24}$$

可见，S 越大，d 越小，则电容 C 越大。

使用电容器时，应注意电容器的两个主要指标：电容和额定电压。例如，某电容器上标有“10μF，20V”，表示它的电容是10μF，额定电压是20V。

电容器的用途很广。如电台发射设备中的振荡电路，接收装置中的调谐电路，稳压电源中的滤波电路，控制设备中的延时电路等，都要用到电容器。此外，还可利用电容器本身结构的某些变化引起电容量改变的特性，设计成电容式传感器。这种传感器可将某些非电学量（简称非电量）的测量转换为电学量的测量。

二、电介质对电容的影响

式（4-24）只适用于电容器两极板间为真空的电容的计算，用符号 C_0 表示这种情况下的电容。当两极板间充满某种均匀电介质（绝缘介质）时，电容量将增大。用符号 C 表示有电介质时的电容。实验表明

$$\frac{C}{C_0}=\varepsilon_r$$

$$C=\varepsilon_r C_0 \tag{4-25}$$

即电容器两板间充满电介质时的电容等于真空时电容的 ε_r 倍。ε_r 与电介质有关，称为电介质的**相对电容率**或**相对介电常数**。规定真空中的 $\varepsilon_r=1$，实验表明，对于一切电介质，$\varepsilon_r>1$。表4-1给出了几种常见电介质的 ε_r 值。

表4-1 常见电介质的相对电容率

电介质	真空	空气(标准状态下)	云母	陶瓷	电容器纸	聚苯乙烯
相对电容率	1	1.000590	3.7～7.5	5.7～6.8	3～5	2.6

将式（4-24）代入式（4-25），得平行板电容器两板间充满某种均匀电介质时的电容公式

$$C=\frac{\varepsilon_0\varepsilon_r S}{d}=\frac{\varepsilon S}{d} \tag{4-26}$$

式中，$\varepsilon=\varepsilon_0\varepsilon_r$ 称为**电介质的电容率**或**电介质的介电常数**。ε 的单位与 ε_0 的单位相同。

三、电介质的极化

电容器两极板间充有电介质后，电容器的电容增大。如何解释这一现象？

电介质中每个分子都是由许多带正、负电荷的粒子组成，这些正负电荷彼此束缚较紧密。在没有外电场作用时，由于热运动，正负电荷的分布杂乱无章，电介质整体呈中性。在有外电场作用时，分子中的正负电荷将作比较有序的排列，从宏观看，沿外电场方向的电介质的两个端面将分别出现正、负电荷，这种现象称为**电介质的极化**。如图4-22所示。电介质表面出现的电荷称为**束缚电荷**或**极化电荷**。此时，在电介质中除了外电场 $\boldsymbol{E}_0$ 外，束缚电荷也在电介质中产生附加电场 $\boldsymbol{E}'$。电介质中的电场 $\boldsymbol{E}$ 是外电场 $\boldsymbol{E}_0$ 和束缚电荷产生的附加电场 $\boldsymbol{E}'$ 叠加的结果，即

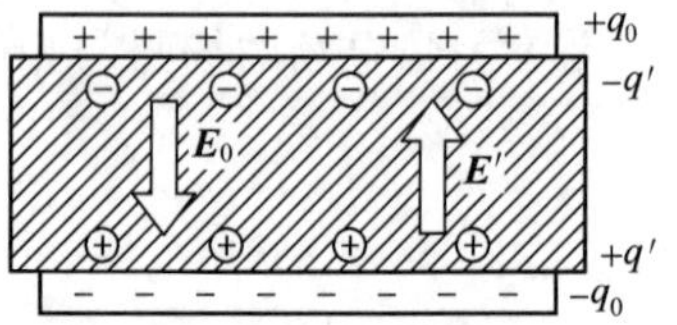

图4-22 电介质的极化

$$\boldsymbol{E}=\boldsymbol{E}_0+\boldsymbol{E}'$$

实验发现，电介质中的场强 $\boldsymbol{E}$ 的大小比外电场 $\boldsymbol{E}_0$ 小，它们之间有如下关系

$$\frac{E_0}{E}=\varepsilon_r \tag{4-27}$$

式中，ε_r 为电介质的相对电容率。

束缚电荷的出现，减弱了电介质中的电场，因此电容器的电容才得以增大。

电介质在通常情况下是不导电的。但是，当介质内的场强超过某一极限值时，其绝缘性就被破坏，称之为**电介质的击穿**。这个场强极限值称为电介质的击穿场强。例如，空气的击穿场强为 $3kV \cdot mm^{-1}$，云母的击穿场强为 $80 \sim 200kV \cdot mm^{-1}$。在电容器中充入电介质，一方面能使电容增大，另一方面能提高电容器的耐压能力。

习题 4-5

一、思考题

1. 电容器不带电时，其电容为零。这种说法对不对？为什么？

2. 平行板电容器保持极板上电量不变（例如充电后，切断电源）。现在用绝缘手柄将两极板间距拉大，试问：两极板间的电势差有何变化？两极板间的电场强度有何变化？电容是增大还是减少？

二、计算题

1. 电容为 300pF 的平行板电容器，放在空气中，两板相距 1.0cm，使它带有 6.0×10^{-7}C 电量时，求：

① 两极板间的电势差；

② 两极板间的电场强度。

2. 面积都为 $2.0m^2$ 的两平行导体板，放在空气中，相距 5.0mm，两板电势差为 1.0×10^3V，略去边缘效应。求：

① 电容；

② 各板上的电量；

③ 板间的电场强度。

*第六节　静电场的能量

一、带电电容器的能量

把一个已充电的电容器两极板用导线短路，可以看到放电的火花。这一事实说明，充电后的电容器中具有能量。“电容焊”就是利用这种放电火花的热能熔焊金属的。

电容器的充电过程实际上是不断地把正电荷由带负电荷的极板移送到带正电的极板的过程。在此过程中，电源必须做功，电源克服静电力做的功就以电势能的形式储存在电容器中。

如果对一个电容为 C 的平行板电容器充电，使其极板的带电量由零增加到 Q，则在这个过程中电源需要移动电荷做功。当电容器两极板间的电势差为 U，极板带电量为 q 时，有

$$U=\frac{q}{C}$$

这时，如果继续把电荷元 dq 从负极板向正极板移送，外力（由电源提供）需克服静电力做的元功为

$$dA=Udq=\frac{q}{C}dq$$

在极板带电量由零增加到 Q 的过程中，外力所做的总功

$$A=\int dA=\int_0^Q \frac{q}{C}dq=\frac{Q^2}{2C}$$

根据能量守恒定律，功 A 等于电容器所储存的电能 W_e

$$W_e=\frac{Q^2}{2C}=\frac{1}{2}CU^2=\frac{1}{2}QU \tag{4-28}$$

虽然上式是以平行板电容器为例得到的，但可以证明它适用于各种形状的电容器。

【例题 4-6】 某电容器标有"10μF，450V"字样。当充电到 200V 时，它所储存的电能为多少？

【解】 由 $W_e=\frac{1}{2}CU^2$ 得

$$W_e=\frac{1}{2}\times10\times10^{-6}\times200^2=0.2\ (\text{J})$$

一般的电容器虽然储能不多，但是如果使电容器的能量在极短时间内释放出来，却可得到较大的功率。在照相机的闪光灯发光，在激光的产生，甚至在受控热核反应的实验中，都是利用电容器快速放电而得到瞬间的大功率的。

二、静电场的能量

电容器带电后，它的两极板之间存在着电场。电容器的充电过程就是在两极板间建立电场的过程。以平行板电容器为例，由式（4-26）和式（4-23）可得出平行板电容器带电后的能量为

$$W_e=\frac{1}{2}CU^2=\frac{1}{2}\times\frac{\varepsilon S}{d}(Ed)^2=\frac{1}{2}\varepsilon E^2Sd=\frac{1}{2}\varepsilon E^2V$$

式中 $V=Sd$ 为两极板间的容积，即平行板电容器中电场占据的空间。由此可得电场单位体积中所具有的能量，称为**电场的能量密度**，用符号 w_e 表示

$$w_e=\frac{W_e}{V}=\frac{1}{2}\varepsilon E^2 \tag{4-29}$$

上式虽然是从平行板电容器这一特例导出，但是，它对任何电场都正确。在非匀强电场中，各点场强 $\boldsymbol{E}$ 的大小不同，因而，能量密度是逐点变化的。如果知道了电场的分布状况，就可按下式求得全部电场的能量

$$W_e=\int_V w_e dV=\int_V \frac{1}{2}\varepsilon E^2 dV \tag{4-30}$$

综上所述，带电电容器的能量有两种表示式。式（4-28）表明，能量是和电荷相联系的，能量应属于电荷；而式（4-29）和式（4-30）表明，能量是和电场相联系的，能量应

属于电场。能量究竟属于何者，对静电场而言，无法判断。因为静电场和电荷是不可分割地联系在一起的。有静电场必有电荷，有电荷必有静电场。然而，对随时间变化的电场而言，情况就不同了。电视台发射的电磁波，一旦发射，就独立地向外传播。电磁波是携带能量传播的。这样，才使千家万户得以收到电视台的节目。由此可见，能量属于电场的观点是符合实际情况的。能量是物质的固有属性之一，电场具有能量是电场物质性的一种表现。

* 习题 4-6

1. 平行板电容器充电后断开电源，再将两极板移近。在此过程中，电容器储存的电能是增加还是减少？

2. 一平行板电容器的电容为 C，把它接到电动势为 ε 的电源上，问充电结束后，电容器储存的电能是多少？如果电容器充电后仍然与电源连接，只将两极板的距离拉开一倍，电容器储存的电能又变为多少？

本章小结

本章的重点是电场强度与电势的计算；难点是对场强叠加原理和电势叠加原理的理解，尤其电场强度是矢量，用叠加原理求电场强度时，常常要投影到坐标轴上积分。

一、真空中的电场强度

1. 库仑定律 $\boldsymbol{F}=\dfrac{1}{4\pi\varepsilon_0}\dfrac{q_1q_2}{r^2}\boldsymbol{e}_r$

2. 点电荷的电场强度 $\boldsymbol{E}=\dfrac{\boldsymbol{F}}{q_0}=\dfrac{1}{4\pi\varepsilon_0}\dfrac{q}{r^2}\boldsymbol{e}_r$

点电荷 q 在外场中的受力 $\boldsymbol{F}=q\boldsymbol{E}$

3. 场强叠加原理 $\boldsymbol{E}=\sum\limits_{i=1}^{n}\boldsymbol{E}_i$

点电荷系电场中某点的电场强度 $\boldsymbol{E}=\sum\limits_{i=1}^{n}\dfrac{1}{4\pi\varepsilon_0}\dfrac{q_i}{r_i^2}\boldsymbol{e}_{r_i}$

连续带电体电场中某点的电场强度 $\boldsymbol{E}=\int_\Omega \mathrm{d}\boldsymbol{E}=\int_\Omega\dfrac{1}{4\pi\varepsilon_0}\dfrac{\mathrm{d}q}{r^2}\boldsymbol{e}_r$

二、电势

1. 电势能

静电力做功等于电势能的减少，即

$$A_{ab}=\int_a^b q_0\boldsymbol{E}\cdot\mathrm{d}\boldsymbol{l}=-(W_b-W_a)=W_a-W_b$$

电势能是相对量。若选定点 b 的电势能为零，则

$$W_a=q_0\int_a^{\text{参考点}}\boldsymbol{E}\cdot\mathrm{d}\boldsymbol{l}$$

2. 电势与电势差

电势是标量，电势只具有相对的意义，若以某点 b 的电势为电势零点，则 a 点电势（b 为电势零点）

$$V_a=\frac{W_a}{q_0}=\int_a^{\text{参考点}}\boldsymbol{E}\cdot \mathrm{d}\boldsymbol{l}$$

以无限远处为电势零点时，点电荷的电势为 $V=\frac{q}{4\pi\varepsilon_0 r}$

点电荷 q_0 在某点具有的电势能为 $W=q_0V=\frac{q_0q}{4\pi\varepsilon_0 r}$

电势差 $U_{ab}=V_a-V_b=\int_a^b\boldsymbol{E}\cdot \mathrm{d}\boldsymbol{l}$

3. 电势叠加原理 $V=\sum_{i=1}^{n}V_i$

以无限远处为电势零点时，点电荷系电场中某点的电势

$$V=\sum_{i=1}^{n}\frac{1}{4\pi\varepsilon_0}\frac{q_i}{r_i}$$

以无限远处为电势零点时，连续带电体的电势

$$V=\int_\Omega \mathrm{d}V=\int_\Omega\frac{1}{4\pi\varepsilon_0}\frac{\mathrm{d}q}{r}$$

三、电容器的电容

电容的定义式

$$C=\frac{q}{U}$$

平板电容器的电容 $C=\frac{\varepsilon_0\varepsilon_r S}{d}$

***四、电场的能量**

电场的能量密度 $w_e=\frac{1}{2}\varepsilon_0\varepsilon_r E^2$

区域 V 内电场的能量 $W_e=\int_V w_e\,\mathrm{d}V=\int_V\frac{1}{2}\varepsilon E^2\,\mathrm{d}V$

电容器储存的电场能 $W_e=\frac{q^2}{2C}=\frac{1}{2}CU^2=\frac{1}{2}qU$

自测题

一、判断题

1. 电场强度与检验电荷无关，而与场点的位置有关。 ( )
2. 负电荷沿着电场线方向移动，它的电势能增加。 ( )
3. 电势高的地方，电场强度一定大。 ( )
4. 沿着电场线方向，电势是降低的。 ( )
5. 等势面上各点电场强度的大小一定相等。 ( )

二、选择题

1. 关于电场强度定义式 $\boldsymbol{E}=\frac{\boldsymbol{F}}{q_0}$，指出下列说法中正确的是 ( )

(A) 电场强度 $\boldsymbol{E}$ 的大小与检验电荷 q_0 的电荷量成反比；

(B) 对电场中某点，检验电荷受力 $\boldsymbol{F}$ 与 q_0 的比值不因 q_0 而变化；

（C）检验电荷受力 $\boldsymbol{F}$ 的方向就是电场强度 $\boldsymbol{E}$ 的方向；

（D）若电场中某点不放检验电荷 q_0，则 $\boldsymbol{F}=0$，从而 $\boldsymbol{E}=0$。

2. 下列说法中正确的是　（　　）

（A）静电力与检验电荷有关，也与场点的位置有关；

（B）一定要用正电荷才能确定电场强度的方向；

（C）电场强度的方向就是电荷在该点受电场力的方向；

（D）在 $\boldsymbol{E}=\frac{\boldsymbol{F}}{q}$ 和 $\boldsymbol{E}=\frac{1}{4\pi\varepsilon_0}\times\frac{q}{r^2}\boldsymbol{e}_r$ 两式中，q 的含义相同。

3. 静电场的环路定理 $\oint_L \boldsymbol{E}\cdot \mathrm{d}\boldsymbol{l}=0$ 说明静电场的性质是　（　　）

（A）电场线是闭合曲线；　（B）静电场力做功与运动路径有关；

（C）静电场是保守力场；　（D）以上说法都正确。

4. 关于电势叙述，下列说法中正确的是　（　　）

（A）电势的正负决定于检验电荷的正负；

（B）带正电物体周围的电势一定是正，带负电物体周围的电势一定是负；

（C）电势的正负决定于外力对检验电荷做功的正负；

（D）空间某点的电势是不确定的，可正可负，决定于电势零点的选取。

5. 平行板电容器充电后仍与电源连接。若用绝缘手柄将两极板间距拉大，则极板上电量 q、电场强度大小 E 将发生变化，正确的是　（　　）

（A）q 增大，E 增大；　（B）q 减小，E 减小；

（C）q 增大，E 减小；　（D）q 减小，E 增大。

*6. 极板面积为 S、间距为 d 的平行板电容器，接入电源保持电压 U 恒定。此时，若把间距拉开为 $2d$，则电容器中的静电能将改变为　（　　）

（A）$\frac{\varepsilon_0 S}{2d}U^2$；　（B）$\frac{\varepsilon_0 S}{4d}U^2$；　（C）$-\frac{\varepsilon_0 S}{4d}U^2$；　（D）$-\frac{\varepsilon_0 S}{2d}U^2$。

三、填空题

1. 两个点电荷带电为 $2q$ 和 q，相距为 l，两电荷连线上电场强度为零的位置为________________。

2. 距离带电线密度为 λ 的无限长直线为 r 的地方，电场强度的大小为________。

3. 真空中两块互相平行的无限大均匀带电平板，其中一块的电荷面密度为 $+\sigma$，另一块的电荷面密度为 $+2\sigma$，两极板间的电场强度大小为________。

4. 如图 4-23 所示，负点电荷 Q 的电场中有 a、b 两点，则____点电场强度较大，____点的电势较高。选无限远处为电势能零点，一正点电荷 q 置于 b 点的电势能 $W_e=$________，将此点电荷从 b 点移到 a 点，电势能将________（填减小、增大或不变）。

5. 如图 4-24 所示，A 点有一点电荷 $+q$，$AB=2R$，OCD 是以 B 为圆心，以 R 为半径的半圆，取无限远处为电势零点。若将单位正电荷由 O 点沿 OCD 弧移到 D 点，电场力做功为________。

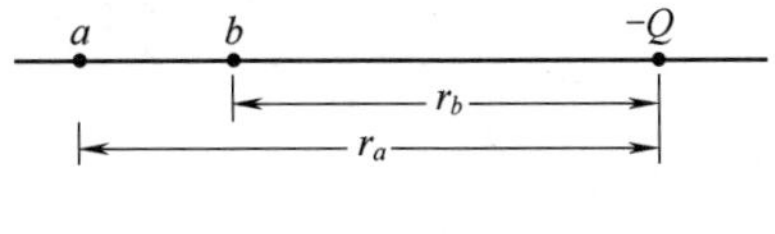

图 4-23

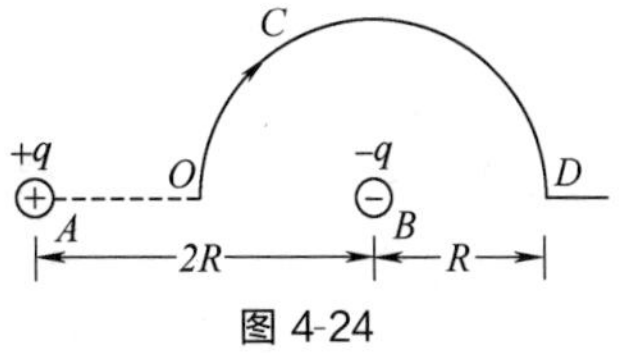

图 4-24

6. 平行板电容器充电后与电源断开，然后充满相对电容率为 ε_r 的各向均匀电介质，其电容 C 将________，两极板间的电势差将________（填减小、增大或不变）。

四、计算题

1. 如图 4-25 所示，在直角三角形 ABC 的 A 点上有电荷 $q_1=1.8\times10^{-9}$C，B 点上有电荷 $q_2=-4.8\times10^{-9}$C。已知 $BC=0.04$m，$AC=0.03$m，求两直角交点 C 点的场强。

2. 有一无限长的均匀带正电的细棒 L，电荷线密度为 λ，在它旁边放一均匀带正电的同平面的细棒 AB，长为 l，线电荷密度也为 λ，且 AB 与 L 垂直，A 端距离 L 为 a，如图 4-26 所示。求 AB 所受的电场力。

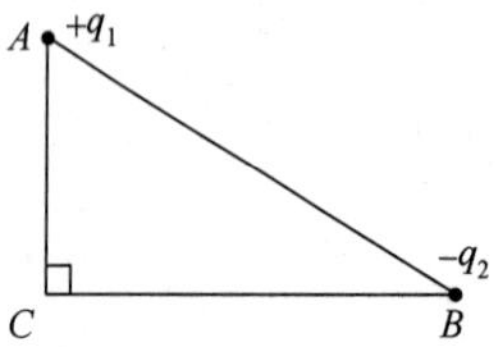

图 4-25

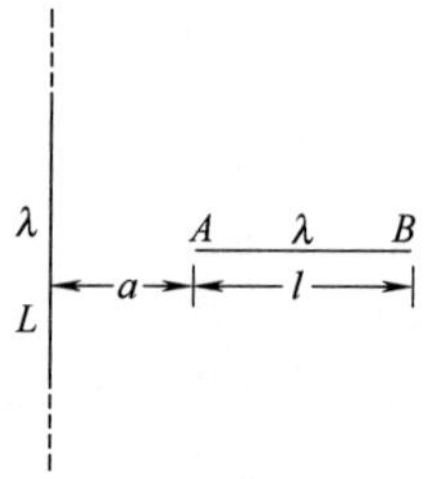

图 4-26

3. 电量 q 均匀分布在长为 $2l$ 的细杆上，求在杆外延长线上与杆的近端相距为 a 的 P 点电势（设无限远处电势为零）。

第五章　稳恒磁场

学习目标

1. 掌握磁感应强度的概念。理解毕奥-萨伐尔定律。能运用常用的几个典型载流导线磁场分布和磁场叠加原理，计算简单问题的磁感应强度。

2. 理解磁场的高斯定理，掌握磁通量概念。

3. 理解洛伦兹力公式，能分析电荷在匀强磁场中的受力和运动情况。理解霍尔效应和安培定律。

4. 了解磁介质磁化现象，了解铁磁质的特点及应用。

静止的电荷周围存在着静电场，运动电荷周围不仅有电场存在，而且还有磁场存在。磁性是运动电荷的一种属性，它起源于运动电荷。稳恒磁场是指不随时间变化的磁场，稳恒电流激发的磁场就是一种稳恒磁场，又称静磁场。

第一节　磁场　磁感应强度

一、基本磁现象

人类对磁现象的认识始于天然磁石。中国是最早发现并应用磁现象的国家之一，早在公元前数百年，古籍中就有磁石吸引磁铁的记载，到 11 世纪，我国已经制造了航海用的指南针，并且发现了地磁偏角。磁体具有磁性，即吸引铁、钴、镍等物质的性质。磁铁两端磁性最强的区域称为磁极，磁极有自动指向南北方向的性质，其中指北的一端称为北极（N 极），指南的一端称为南极（S 极）。磁极之间存在着相互作用力，称为磁力，同名磁极相互排斥，异名磁极相互吸引，而且磁极不能单独存在。

磁现象和电现象虽然早已被发现，但在很长一段时间内，它们各自独立发展互不相关。1820 年，丹麦物理学家奥斯特发现放在载流导线周围的小磁针受到作用力而发生偏转，安培发现放在磁铁附近的载流导线也会受到作用力而发生运动，这才使人们逐渐认识到电现象与磁现象的内在联系。

1822 年，安培提出了分子电流的假说。他认为一切磁现象起源于电流，磁性物质的分子中，存在环形电流，称为分子电流。每个分子电流都相当于一个基元磁铁，当分子电流在一定程度上规则排列时，物质便显示出磁性。在安培所处的时代，人们还不了解原子、分子的结构，因此还不能解释物质内部分子环流是如何形成的，现在知道，原子是由带正电的原子核与带负电的电子组成的，电子不仅绕核旋转，还有自旋，原子、分子内电子的这些运动形成了“分子电流”，这便解释了磁性的起源。

实验和理论都已证实，一切磁现象都起源于电荷的运动，而磁力则是运动电荷之间相互作用的结果。

二、磁场和磁感应强度

静止电荷之间的相互作用是通过电场来传递的。运动电荷之间、磁铁或电流之间的相互作用也是通过场来传递的，这种场称为**磁场**。

磁场是存在于运动电荷（或电流）周围空间的一种特殊形态的物质。磁场对位于其中的运动电荷有力的作用，这种作用力称为**磁力**，也称为**磁场力**。运动电荷与运动电荷之间、电流与电流之间、电流或运动电荷与磁铁之间的相互作用，都可看成是它们中任意一个所激发的磁场对另一个施加作用力的结果。

为定量描述磁场的分布，采用与研究静电场类似的方法。在静电场中，曾根据检验电荷在电场中受力的性质，引入了描述电场性质的物理量——电场强度。与此相似，用运动电荷在磁场中受力来定义磁感应强度 $\boldsymbol{B}$。作为检验用的运动电荷，其本身的磁场应足够弱，不至于影响被检验的磁场的分布。

将一速度为 $\boldsymbol{v}$，电量为 q 的运动电荷引入磁场，实验发现磁场对运动电荷的作用力具有如下规律。

① 运动电荷所受磁力 $\boldsymbol{F}$ 的方向总与该电荷的运动方向垂直，即 $\boldsymbol{F}\perp\boldsymbol{v}$。

② 运动电荷所受磁力 $\boldsymbol{F}$ 的大小与该电荷的电量 q 和速率 v 的乘积成正比，同时还与电荷在磁场中的运动方向有关。

③ 在磁场中存在一个特定的方向，当运动电荷 q 的运动方向与该方向相同或相反时，它所受到的磁力为零，即 $F=0$。当运动电荷 q 的运动方向与该方向垂直时，它所受的磁力最大，即 $F=F_{\max}$，如图 5-1 所示。

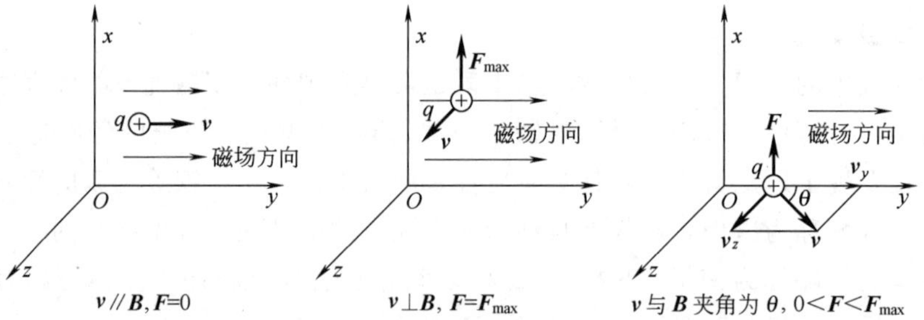

图 5-1 运动电荷在磁场中的受力

根据运动电荷在磁场中受磁力的特征，对磁感应强度 $\boldsymbol{B}$ 定义如下。

磁场中某点处运动正电荷不受磁力作用时，且其运动方向与该点小磁针 N 极指向相同，规定这个方向为该点的磁感应强度 $\boldsymbol{B}$ 的方向。

运动正电荷在磁场中某点所受最大磁力为 $F_{\max}$，而 $F_{\max}$ 与电量 q 和速率 v 的乘积的比值是一个仅与场点位置有关，而与运动电荷无关的物理量。所以定义**运动正电荷在磁场中某点所受的最大磁力 $\boldsymbol{F}_{\max}$ 与 $q\boldsymbol{v}$ 的比值为该点磁感应强度 $\boldsymbol{B}$ 的大小**，即

$$B=\frac{F_{\max}}{qv} \tag{5-1}$$

在 SI 中，磁感应强度的单位是特［斯拉］，符号为 T，它是以美籍南斯拉夫发明家特

斯拉的名字命名的，以纪念他在交流电系统中做出的开创性工作。由式（5-1）知

$$1T=1N \cdot C^{-1} \cdot m^{-1} \cdot s=1N \cdot A^{-1} \cdot m^{-1}$$

如果磁场中各点的磁感应强度 $\boldsymbol{B}$ 的大小和方向都相同，把这种磁场称为**匀强磁场**，否则为非匀强磁场。

地球表面的磁感应强度值约在 0.3×10^{-4}（赤道）～0.6×10^{-4}（两极）T 之间；一般仪表中的永久磁铁的磁感应强度值约为 10^{-2}T；大型的电磁铁能产生 2T 的磁场；用超导材料制成的磁体可产生 10^2T 的磁场；在微观领域中已发现某些原子核附近的磁场可达 10^4T。

习题 5-1

一、 思考题

1. 磁铁产生的磁场与电流产生的磁场本质上是否相同？

2. 为什么不把作用于运动电荷的磁力的方向定义为磁感强度的方向？

3. 如果一个电子通过空间某一区域时，没有受到磁力的作用，我们能否说这一区域没有磁场？

二、计算题

1. 一个电子以速率 $v=3.0\times10^6$m/s，垂直射入一个 $B=0.30$T 的匀强磁场中，求电子受的磁场力大小。

2. 一个带电正粒子以速率 v，垂直射到匀强磁场 B 中，它受到的最大磁场力为 $F=3.2\times10^{-13}$N。已知 $v=2.0\times10^6$m/s，$B=1.0$T，求粒子所带的电量。

第二节 毕奥-萨伐尔定律

磁场由电流激发，电流或运动电荷是磁场的源。本节介绍电流激发磁场的规律。

一、毕奥-萨伐尔定律

在计算静电场的场强时，采取的办法是，先确立点电荷的场强公式，然后把任意带电体分成许多电荷元 dq，每个电荷元 dq 在某点产生的电场强度 $d\boldsymbol{E}$ 由点电荷的场强公式求得，再利用场强叠加原理求和就可以得到带电体在该点的电场强度 $\boldsymbol{E}$。同样，一个任意形状的载流导线，也可以分成许多长度为 dl 的电流元，电流元为矢量，大小为 Idl，方向沿导线上长度元 dl 的方向，就是电流元处的电流方向，用矢量 $Id\boldsymbol{l}$ 表示。这样，求出每个电流元 $Id\boldsymbol{l}$ 在空间某点产生的磁感应强度 $d\boldsymbol{B}$，再利用叠加原理（和电场一样，叠加性也是磁场的基本属性），就可得到载流导线在该点产生的磁感应强度 $\boldsymbol{B}$。

1820 年，法国物理学家毕奥和萨伐尔对不同形状的载流导线所激发的磁场做了大量的实验研究，根据实验结果分析得出了电流元产生磁场的规律。数学家拉普拉斯将毕奥和萨伐尔得出的结果归纳为数学公式，总结出电流元产生磁场的规律——**毕奥-萨伐尔定律**，其地位与点电荷的场强公式是相当的。

毕奥-萨伐尔定律指出：**载流导线上的电流元 $Id\boldsymbol{l}$ 在真空中某点 P 的磁感应强度 $d\boldsymbol{B}$ 的**

大小与电流元 Idl 的大小成正比，与电流元 Idl 和从电流元到 P 点的位矢 r 之间的夹角 θ 的正弦成正比，而与位矢 r 的大小的二次方成反比，即

$$dB=\frac{\mu_0}{4\pi}\times\frac{Idl\sin\theta}{r^2} \tag{5-2a}$$

式中，$\frac{\mu_0}{4\pi}$为比例系数，μ_0 称为真空磁导率，其值为

$$\mu_0=4\pi\times10^{-7}\,\mathrm{N\cdot A^{-2}}$$

$d\boldsymbol{B}$ 的方向垂直于 $Id\boldsymbol{l}$ 和 $\boldsymbol{r}$ 所确定的平面，并沿矢积 $Id\boldsymbol{l}\times\boldsymbol{r}$ 的方向，即当右手弯曲，四指从 $Id\boldsymbol{l}$ 方向沿小于 π 角转向 $\boldsymbol{r}$ 时，伸直的大拇指所指的方向为 $d\boldsymbol{B}$ 的方向。如图 5-2 所示。

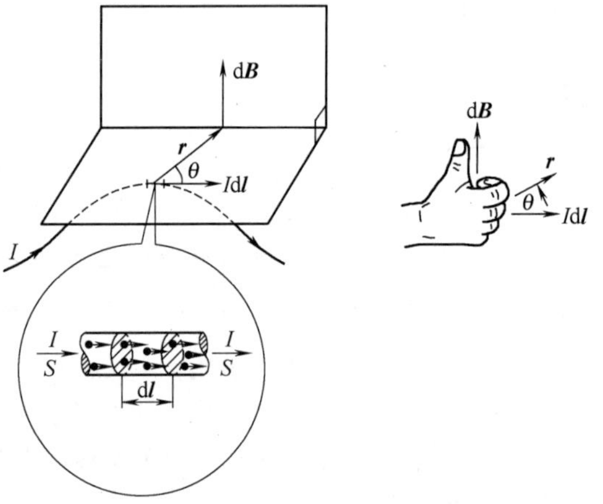

图 5-2 电流元所产生的磁感应强度

若将 $d\boldsymbol{B}$ 的大小和方向合并考虑，可将式（5-2a）写成矢量形式

$$d\boldsymbol{B}=\frac{\mu_0}{4\pi}\times\frac{Id\boldsymbol{l}\times\boldsymbol{e}_r}{r^2} \tag{5-2b}$$

式中，$\boldsymbol{e}_r$ 为位矢 $\boldsymbol{r}$ 的单位矢量。式（5-2b）是计算电流磁场的基本公式。

由叠加原理知，任意形状的载流导线在空间某一点 P 的磁感应强度 $\boldsymbol{B}$，等于各电流元在该点所产生的磁感应强度 $d\boldsymbol{B}$ 的矢量和，即

$$\boldsymbol{B}=\int d\boldsymbol{B}=\int_L\frac{\mu_0}{4\pi}\times\frac{Id\boldsymbol{l}\times\boldsymbol{e}_r}{r^2} \tag{5-2c}$$

式中积分是对整个载流导线积分。

应当指出，毕奥-萨伐尔定律是在实验的基础上经过科学抽象提出来的，它无法用实验直接加以验证，但由这个定律出发得出的一些结果都很好地和实验相符合，这间接地证明了该定律的正确性。

二、毕奥-萨伐尔定律的应用

下面应用毕奥-萨伐尔定律来计算几个重要的例子。从计算中可以看到，载流导线在给定点所产生的磁感应强度 $\boldsymbol{B}$ 与导线中的电流强度、导线形状以及给定点相对于导线的位置有关。

1. 载流长直导线的磁场

图 5-3 所示的是一根长为 L 的载流直导线，其上通有电流 I，直导线附近一点 P 与直导线的距离为 a，求 P 点的磁感应强度。

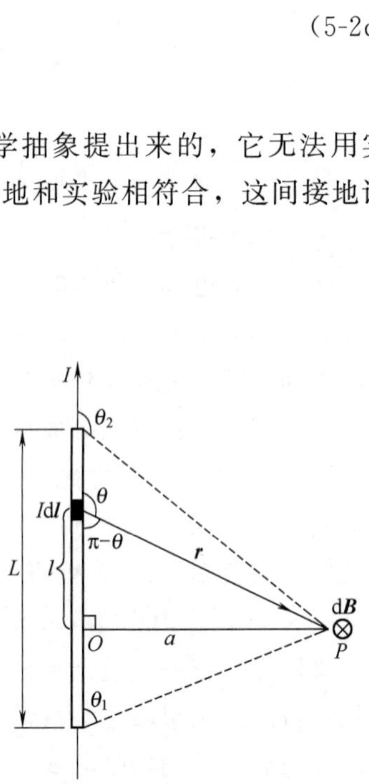

图 5-3 载流直导线的磁场

在直导线上任取一电流元 $Id\boldsymbol{l}$，它到 P 点的位矢为 $\boldsymbol{r}$，P 点到直线的垂足为 O，电流元到 O 的距离为 l，$Id\boldsymbol{l}$ 与 $\boldsymbol{r}$ 的夹角为 θ。根据毕奥-萨伐尔定律可得，该电流元在 P

点的磁感应强度 d$\boldsymbol{B}$ 的大小为

$$dB=\frac{\mu_0}{4\pi}\times\frac{I\,dl\sin\theta}{r^2}$$

d$\boldsymbol{B}$ 的方向垂直于纸面向里，图中用⊗表示。由于直导线上所有电流元在 P 点的磁感应强度 d$\boldsymbol{B}$ 的方向都相同，所以 P 点的磁感应强度 $\boldsymbol{B}$ 的大小等于各电流元在 P 点 d$\boldsymbol{B}$ 的大小之和，即

$$B=\int_L\frac{\mu_0}{4\pi}\times\frac{I\,dl\sin\theta}{r^2}$$

式中，l、r、θ 均为变量。为了便于计算，将积分变量换成 θ。由图 5-3 可以看出

$$l=a\cot(\pi-\theta)=-a\cot\theta$$

所以

$$dl=\frac{a}{\sin^2\theta}d\theta$$

因为

$$r=\frac{a}{\sin(\pi-\theta)}=\frac{a}{\sin\theta}$$

于是

$$B=\int_{\theta_1}^{\theta_2}\frac{\mu_0 I}{4\pi a}\sin\theta d\theta=\frac{\mu_0 I}{4\pi a}(\cos\theta_1-\cos\theta_2) \tag{5-3}$$

式中，θ_1 和 θ_2 分别是直导线两端的电流元与它们到 P 点的位矢之间的夹角。

若此直线为无限长，即 $L\to\infty$，则有 $\theta_1\to 0$，$\theta_2\to\pi$，式（5-3）变为

$$B=\frac{\mu_0 I}{2\pi a} \tag{5-4}$$

上式就是“无限长”载流直导线的磁感应强度公式。实际上不存在无限长直导线的，然而在闭合回路中，对于长为 L 的一段直导线，只要 $L\gg a$，式（5-4）就能相当好地近似成立。

2. 载流圆线圈的磁场

在半径为 R 的圆形线圈上通有电流 I，如图 5-4 所示，求圆心 O 处的磁感应强度。

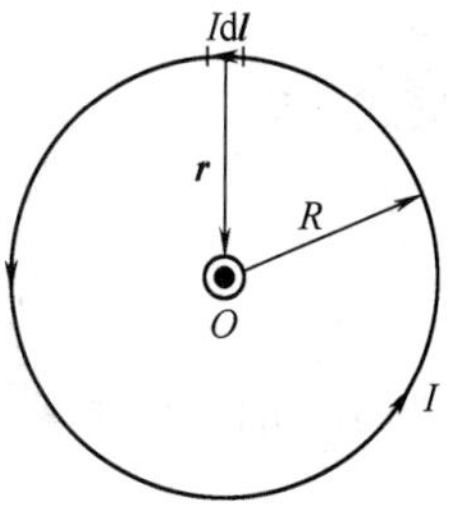

图 5-4 载流圆线圈圆心处的磁场

在圆线圈上任取一电流元 $I\mathrm{d}\boldsymbol{l}$，它到圆心 O 的位矢为 $\boldsymbol{r}$，因 $I\mathrm{d}\boldsymbol{l}$ 与 $\boldsymbol{r}$ 之间夹角为 $\frac{\pi}{2}$，所以该电流元在圆心 O 的磁感强度 d$\boldsymbol{B}$ 的大小为

$$dB=\frac{\mu_0}{4\pi}\times\frac{I\,dl\sin\frac{\pi}{2}}{r^2}=\frac{\mu_0 I\,dl}{4\pi r^2}=\frac{\mu_0 I\,dl}{4\pi R^2}$$

d$\boldsymbol{B}$ 的方向垂直于纸面向外。由于所有电流元在 O 点的磁感应强度 d$\boldsymbol{B}$ 的方向都相同，所以，O 点的磁感强度 $\boldsymbol{B}$ 的大小等于各电流元在 O 点的 d$\boldsymbol{B}$ 的大小之和，即

$$B=\int_L\frac{\mu_0 I}{4\pi R^2}dl=\frac{\mu_0 I}{2R} \tag{5-5}$$

若为一段平面载流圆弧导线，在圆心 O 处激发的磁感强度 $\boldsymbol{B}$ 的大小为

$$B=\frac{\mu_0}{4\pi}\times\frac{I\theta}{R} \tag{5-6}$$

$\boldsymbol{B}$ 的方向由右手螺旋定则判断。式（5-6）中的 θ 是圆弧对圆心所张的圆心角，如图 5-5 所示。这里虽然没有对称性，但由于每一个电流元产生的 $\mathrm{d}\boldsymbol{B}$ 的方向都相同，所以只需进行简单的积分即可求出式（5-6）。

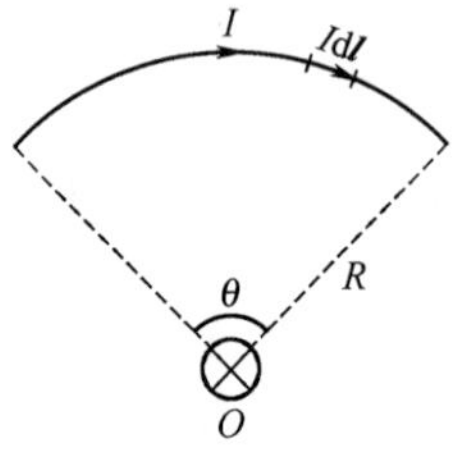

图 5-5 载流圆弧在圆心处的磁场

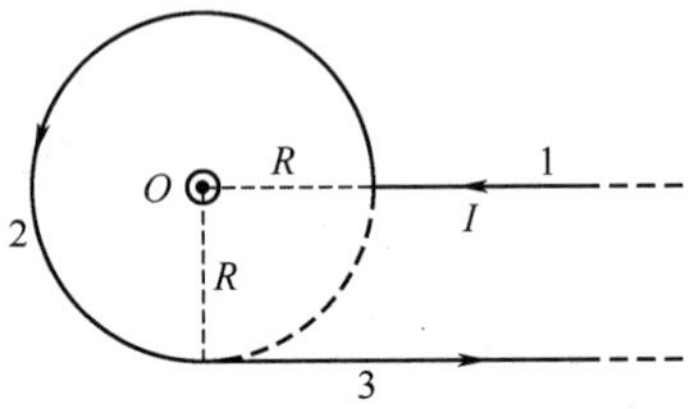

图 5-6 ［例题 5-1］图

【例题 5-1】 一无限长载流导线弯成如图 5-6 所示的形状，电流强度为 I，3/4 圆弧的半径为 R，圆心为 O 点。求 O 点的磁感应强度 $\boldsymbol{B}$。

【解】 如图 5-6 所示，将导线分为成“1”、“2”、“3”三段，“1”和“3”段为半无限长载流直导线，“2”段为半径为 R 的 3/4 圆弧。设各段在 O 点激发的磁感应强度分别为 $\boldsymbol{B}_1$、$\boldsymbol{B}_2$、$\boldsymbol{B}_3$，则根据磁场叠加原理，O 点的磁感应强度 $\boldsymbol{B}$ 为

$$\boldsymbol{B}=\boldsymbol{B}_1+\boldsymbol{B}_2+\boldsymbol{B}_3$$

根据式（5-3），对“1”段，$\theta_1=0$，$\theta_2=0$，所以

$$B_1=0$$

对“3”段，$\theta_1=\frac{\pi}{2}$，$\theta_2=\pi$，所以

$$B_3=\frac{\mu_0}{4\pi}\times\frac{I}{R}$$

根据式（5-6）有

$$B_2=\frac{\mu_0}{4\pi}\times\frac{I\,\frac{3}{2}\pi}{R}$$

$\boldsymbol{B}_2$ 与 $\boldsymbol{B}_3$ 的方向都垂直纸面向外，所以

$$B=B_2+B_3=\frac{\mu_0}{4\pi}\times\frac{I}{R}\left(\frac{3}{2}\pi+1\right)$$

$\boldsymbol{B}$ 的方向垂直纸面向外。

习题 5-2

一、思考题

1. 电流元能否在它周围空间的任意一点都产生磁感应强度？为什么？

2. 在载有电流 I 的圆形回路中，回路平面内各点的磁感应强度的方向是否相同？回路内各点 $\boldsymbol{B}$ 是否均匀？

二、计算题

1. 边长为 a 的正方形线圈载有电流 I，如图 5-7 所示。已知 $a=0.1\text{m}$，$I=10\text{A}$，求正方形中心 O 点的磁感应强度的大小和方向。

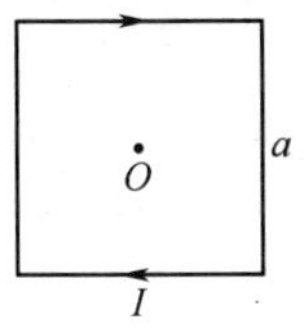

图 5-7

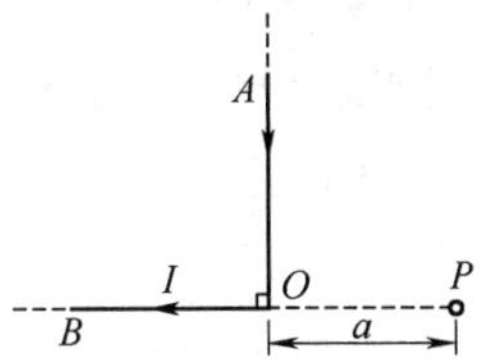

图 5-8

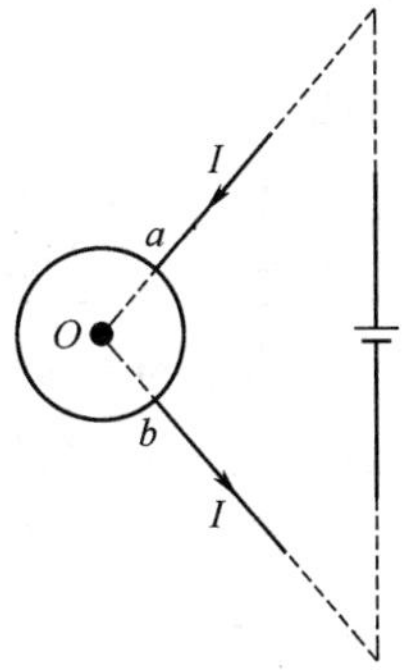

图 5-9

2. 如图 5-8 所示，有一被折成直角的长直导线，载有电流 20A。已知 $a=0.02\text{m}$，求 P 点的磁感应强度的大小和方向。

*3. 如图 5-9 所示，两导线沿半径方向分别接入粗细和密度都是均匀的导线环上的 a、b 两点，并与很远处的电源相接。求环心处的磁感应强度。

第三节　磁场的高斯定理

一、磁感应线

为了形象地描述磁场分布，可以仿照电场中引入电场线的方法，在磁场中引入磁感应线的概念。**磁感应线**是人为地画出的有方向的曲线，**其上任一点的切线方向与该点的磁场方向（即磁感应强度 $\boldsymbol{B}$ 的方向）一致**。为了使磁感应线能够定量地描述磁场，规定**在磁场中某点处，垂直于该点的单位面积上的磁感应线的条数在数值上等于该点处磁感应强度 $\boldsymbol{B}$ 的大小**。因此，磁场较强处，磁感应线较密；磁场较弱处，磁感应线较疏。在匀强磁场中，磁感应线是一组疏密均匀的同方向的平行线。

图 5-10 画出了几种不同形状的电流所产生磁场的磁感应线，这些磁感应线可借助于磁针或铁屑显现出来。

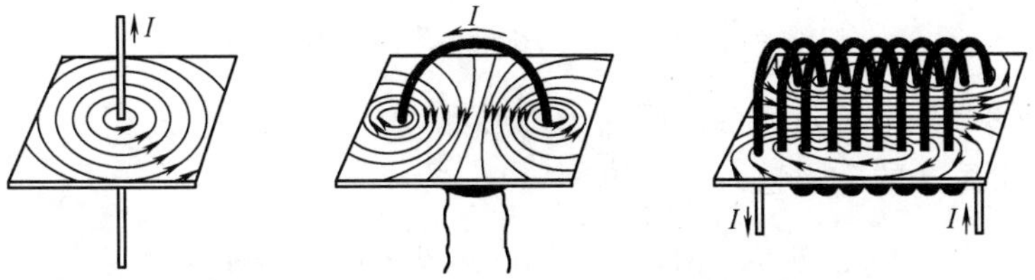

(a) 直线电流　(b) 圆形电流　(c) 螺线管电流

图 5-10　几种形状的电流所产生磁场的磁感应线

由以上几种典型的载流导线的磁感应线可以看出，磁感应线具有如下性质：

① **磁感应线都是环绕电流的闭合曲线，无头无尾**。这个性质与静电场中的电场线不同，静电场的电场线是不闭合的曲线，有头有尾，起始于正电荷，终止于负电荷。

② **磁感应线互不相交**。因为磁场中任一点的磁场方向是唯一的。

③ **磁感应线的方向与电流方向**密切相关，**遵从右手螺旋定则**。

二、磁通量

由磁感应线的规定可知，如果知道了通过磁场中某一面元的磁感应线条数，也就等于知道了该处的磁感应强度的大小。**通过磁场中任一曲面的磁感应线的条数**，称为**通过该曲面的磁通量**。通常用符号 Φ 表示。分几种情况说明计算磁通量的方法。

1. 在匀强磁场中，通过平面 $\boldsymbol{S}$ 的磁通量

① 平面 $\boldsymbol{S}$ 与磁感应强度 $\boldsymbol{B}$ 垂直时，如图 5-11（a）所示，该平面法线方向的单位矢量 $\boldsymbol{e}_n$ 与磁感应强度 $\boldsymbol{B}$ 方向一致，则通过平面 $\boldsymbol{S}$ 的磁通量为

$$\Phi = BS = \boldsymbol{B}\cdot\boldsymbol{S} \tag{5-7}$$

② 平面 $\boldsymbol{S}$ 与磁感应强度 $\boldsymbol{B}$ 不垂直时，如图 5-11（b）所示，该平面法线方向的单位矢量 $\boldsymbol{e}_n$ 与磁感应强度 $\boldsymbol{B}$ 方向的夹角为 θ，考虑 $\boldsymbol{S}$ 在垂直于 $\boldsymbol{B}$ 方向上的投影为 $S_\perp = S\cos\theta$，通过平面 $\boldsymbol{S}_\perp$ 的磁通量就等于通过平面 $\boldsymbol{S}$ 的磁通量，所以

$$\Phi = BS_\perp = BS\cos\theta = \boldsymbol{B}\cdot\boldsymbol{S} \tag{5-8}$$

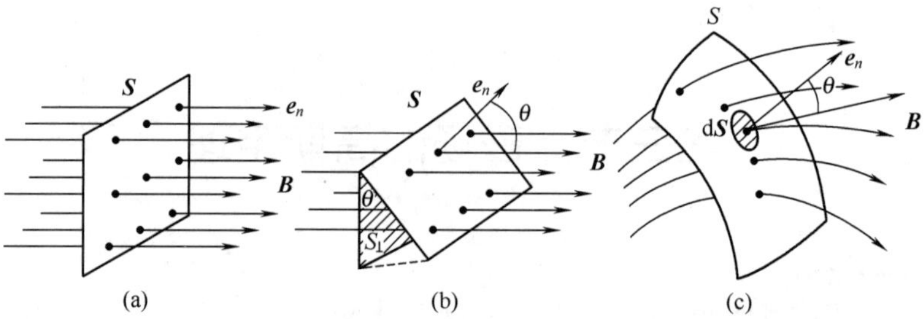

图 5-11　磁通量的计算

2. 在任意磁场中，通过曲面 $\boldsymbol{S}$ 的磁通量

如图 5-11（c）所示，把曲面 $\boldsymbol{S}$ 分成无限多个面积元 d$\boldsymbol{S}$，每个面积元 d$\boldsymbol{S}$ 都可视为一个小平面，其上各点的磁感应强度 $\boldsymbol{B}$ 也可以看成处处相等。设面积元的法线方向的单位矢量 $\boldsymbol{e}_n$ 与该处的磁感应强度 $\boldsymbol{B}$ 成夹角 θ，则通过面积元 d$\boldsymbol{S}$ 的磁通量为

$$\mathrm{d}\Phi = B\,\mathrm{d}S\cos\theta = \boldsymbol{B}\cdot\mathrm{d}\boldsymbol{S}$$

通过曲面 $\boldsymbol{S}$ 的磁通量等于曲面上所有面积元 d$\boldsymbol{S}$ 的磁通量的和，即

$$\Phi = \int_S \mathrm{d}\Phi = \int_S B\,\mathrm{d}S\cos\theta = \int_S \boldsymbol{B}\cdot\mathrm{d}\boldsymbol{S} \tag{5-9}$$

3. 在任意磁场中，通过闭合曲面 $\boldsymbol{S}$ 的磁通量

通过闭合曲面 $\boldsymbol{S}$ 的磁通量为

$$\Phi = \oint_S \mathrm{d}\Phi = \oint_S B\,\mathrm{d}S\cos\theta = \oint_S \boldsymbol{B}\cdot\mathrm{d}\boldsymbol{S} \tag{5-10}$$

磁通量是标量，但有正负。讨论闭合曲面时，通常规定自内向外的方向为各面元法线的正方向，这样，在磁感应线穿出曲面处，如图 5-12 中的面元 dS_1 处，$\theta_1 < \dfrac{\pi}{2}$，$\cos\theta_1 >$

0，$d\Phi$ 为正；在磁感应线穿入曲面处，如图 5-12 中的面元 dS_2 处，$\theta_2>\frac{\pi}{2}$，$\cos\theta_2<0$，$d\Phi$ 为负。

在 SI 中，磁通量的单位为韦伯，符号为 Wb。$1Wb=1T\cdot m^2$。

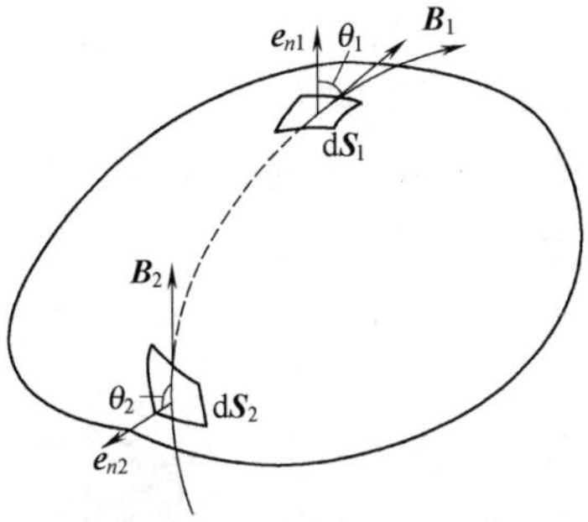

图 5-12　闭合曲面的磁通量

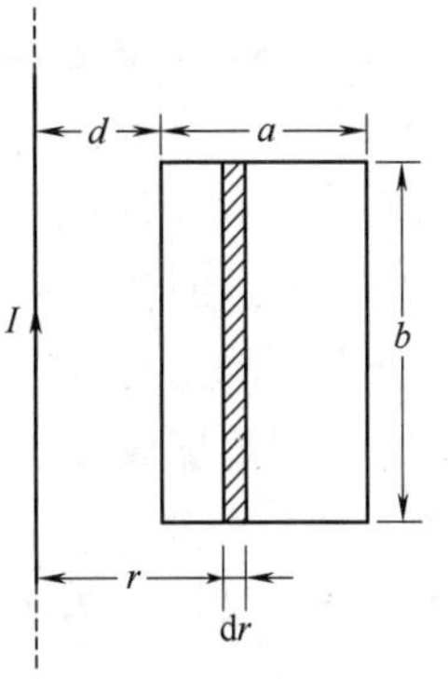

图 5-13　［例题 5-2］图

【例题 5-2】 一无限长载流直导线通有电流 I，其旁有一矩形回路与直导线共面，如图 5-13 所示，求通过该回路所围面积的磁通量。

【解】 如图 5-13 所示，长直导线周围的磁场为非匀强磁场，距导线 r 处的磁感应强度的大小为

$$B=\frac{\mu_0 I}{2\pi r}$$

磁感应强度的方向垂直于纸面向里。

对于非匀强磁场来说，求磁通量需采用积分法。在矩形回路所围面积上取一长为 b、宽为 dr 的狭条作为面元，穿过此面元的磁通量为

$$d\Phi=\boldsymbol{B}\cdot d\boldsymbol{S}=B\,dS=\frac{\mu_0 Ib}{2\pi r}dr$$

故通过矩形回路所围面积的磁通量为

$$\Phi=\int_d^{d+a}\frac{\mu_0 Ib}{2\pi}\times\frac{dr}{r}=\frac{\mu_0 Ib}{2\pi}\ln\frac{d+a}{d}$$

三、磁场的高斯定理

由于磁感应线是无头无尾的闭合曲线，所以对任意一个闭合曲面来说，有多少条磁感应线穿进闭合曲面，就一定有多少条磁感应线穿出闭合曲面。因此，**通过磁场中任意一个闭合曲面的磁通量等于零**，即

$$\oint_S \boldsymbol{B}\cdot d\boldsymbol{S}=0 \tag{5-11}$$

这就是**磁场中的高斯定理**。它不仅对稳恒磁场适用，而且对非稳恒磁场也适用。

磁场的高斯定理表明磁场是无源场，磁感应线没有始点和终点。迄今为止，自然界中还没有发现与电荷相对应的“磁荷”（单独存在的磁极或称磁单极子）。近代关于基本粒子的理论研究曾预言有磁单极子的存在，但至今未得到实验证实。

四、螺线管 螺绕环

用一根长直导线绕成密集的螺旋线圈，其直径远小于管的长度，这样的螺旋线圈称为无限长螺线管，如图 5-14 所示。设单位长度上有 n 匝线圈，导线中通有电流 I，应用毕奥-萨伐尔定律，经过计算可以得出：管外的磁感应强度为零；管内为匀强磁场，其磁感应强度的大小为

$$B=\mu_0 nI \tag{5-12}$$

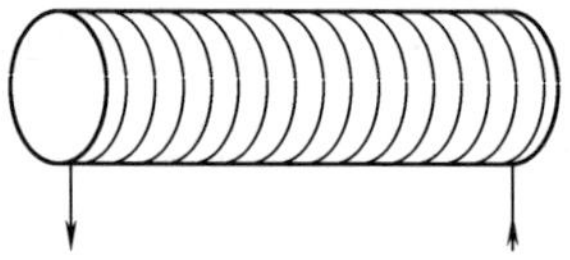

图 5-14 螺线管

上式表明，无限长直载流螺线管内部任一点磁感应强度的大小，与螺线管中所通过的电流强度成正比，与螺线管单位长度的线圈匝数成正比。磁感应强度的方向根据电流的流向由右手螺旋定则确定。

由于无限长直载流螺线管能获得匀强磁场，所以在实验中，用螺线管获得匀强磁场是常用的方法之一。

密绕的环形螺线管，称为螺绕环，如图 5-15 所示。当螺绕环很细，其中心线的直径比线圈的直径大得多时，可以认为环外的磁感应强度为零，环内各点的磁感应强度的大小相等，即磁场是均匀的。在科学和技术中，螺绕环得到应用，例如在热核聚变反应的实验中使用了螺绕环。该螺绕环内充满高温等离子体，这些等离子体被磁场束缚在螺绕环内进行热核反应以释放能量。在电影、电视、广播、计算机、航测、空间技术、医学等各个领域中，磁记录设备日益广泛使用，而环形磁头在这些设备中有重要作用。这些都是人们对螺绕环产生兴趣的原因。

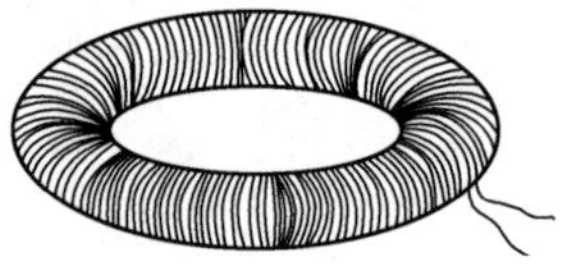

图 5-15 螺绕环

习题 5-3

一、 思考题

1. 磁感应线和电场线在表征场的性质方面有哪些相似之处？匀强磁场与非匀强磁场的磁感应线分布有何不同？试举例说明怎样的电流能产生匀强磁场？

2. 在同一条磁感应线上的各点，$\boldsymbol{B}$ 的大小是否处处相等？

二、计算题

有一长直螺线管，其截面积为 15cm^2，在 1cm 长度内绕有线圈 20 匝，当线圈内通有电流 $I=0.5\text{A}$ 时，求：

① 螺线管中部的磁感应强度的大小；

② 通过螺线管截面的磁通量。

第四节 磁场对运动电荷的作用

一、洛伦兹力

在定义磁感应强度 $\boldsymbol{B}$ 时，已经知道运动电荷在磁场中要受到磁场力 $\boldsymbol{F}$ 的作用，且当电荷的运动方向与磁场平行时，所受磁场力最小，$F=0$；当电荷的运动方向与磁场垂直时，所受磁场力最大，大小为 $F=qvB$。把**磁场对运动电荷的作用力**称为**洛伦兹力**。

当电荷的运动方向与磁场方向的夹角为 θ 时，可将速度 $\boldsymbol{v}$ 分解为平行于磁感应强度 $\boldsymbol{B}$ 的分量 $\boldsymbol{v}_{//}$ 和垂直于磁感应强度 $\boldsymbol{B}$ 的分量 $\boldsymbol{v}_{\perp}$，即

$$v_{//}=v\cos\theta,\ v_{\perp}=v\sin\theta$$

如图 5-16 所示。因为运动电荷平行于磁场方向运动时不受洛伦兹力作用，所以，只需考虑垂直于磁感应强度 $\boldsymbol{B}$ 的速度分量 $\boldsymbol{v}_{\perp}$，即运动电荷所受洛伦兹力的大小为

$$F=qv_{\perp}B=qvB\sin\theta$$

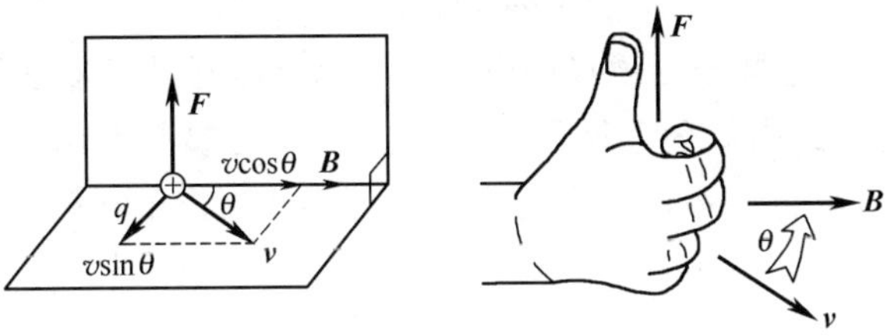

图 5-16　洛伦兹力

实验证明，洛伦兹力 $\boldsymbol{F}$ 的方向垂直于 $\boldsymbol{v}$ 和 $\boldsymbol{B}$ 组成的平面，指向由右手螺旋定则决定。用矢量式表示为

$$\boldsymbol{F}=q\boldsymbol{v}\times\boldsymbol{B} \tag{5-13}$$

洛伦兹力的方向与 q 的正负有关。当 $q>0$ 时，$\boldsymbol{F}$ 的方向与 $\boldsymbol{v}\times\boldsymbol{B}$ 方向相同；当 $q<0$ 时，$\boldsymbol{F}$ 的方向与 $\boldsymbol{v}\times\boldsymbol{B}$ 方向相反。因为洛伦兹力总是与电荷的运动方向垂直，所以洛伦兹力不做功，它只改变运动电荷速度的方向，不改变运动电荷速度的大小。

在电场、磁场共存的空间中，设某点 P 的电场强度为 $\boldsymbol{E}$，磁感应强度为 $\boldsymbol{B}$，则运动电荷 q 以速度 $\boldsymbol{v}$ 通过 P 点时所受的合力

$$\boldsymbol{F}=q(\boldsymbol{E}+\boldsymbol{v}\times\boldsymbol{B}) \tag{5-14}$$

上式称为**洛伦兹关系式**。由此可以看出，设法改变电场和磁场的分布可以实现对带电粒子运动的控制。

二、带电粒子在匀强磁场中的运动

设有一质量为 m、带电量为 $+q$ 的带电粒子以初速度 $\boldsymbol{v}$ 进入一磁感应强度为 $\boldsymbol{B}$ 匀强磁场中，分三种情况来讨论带电粒子在磁场中的运动。

1. $\boldsymbol{v}$ 与 $\boldsymbol{B}$ 方向平行

由式（5-12）知，当 $\boldsymbol{v}/\!/\boldsymbol{B}$ 时，带电粒子所受到的洛伦兹力 $\boldsymbol{F}=0$，所以带电粒子将以原来的速度做匀速直线运动。

2. $\boldsymbol{v}$ 与 $\boldsymbol{B}$ 方向垂直

如图 5-17 所示，当 $\boldsymbol{v}\perp\boldsymbol{B}$ 时，带电粒子所受到的洛伦兹力大小 $F=qvB=$恒量，方向与运动方向垂直，洛伦兹力起着向心力的作用，故带电粒子在垂直于 $\boldsymbol{B}$ 的平面内做匀速圆周运动。由牛顿运动定律可得

$$qvB=m\frac{v^2}{R}$$

所以，带电粒子作圆周运动的回旋半径为

$$R=\frac{mv}{qB} \tag{5-15}$$

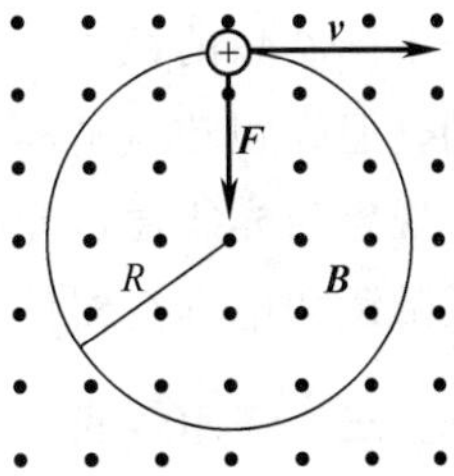

图 5-17　带电粒子在匀强磁场中的圆周运动

粒子绕圆形轨道运动一周所需的时间即回旋周期为

$$T=\frac{2\pi R}{v}=\frac{2\pi m}{qB} \tag{5-16}$$

上述结果表明，带电粒子在匀强磁场中的回旋周期与粒子的运动速率及回旋半径无关。

3. $\boldsymbol{v}$ 与 $\boldsymbol{B}$ 方向成任意角 θ

如图 5-18（a）所示，可将 $\boldsymbol{v}$ 分解为平行于 $\boldsymbol{B}$ 的分量 $\boldsymbol{v}_{//}$ 和垂直于 $\boldsymbol{B}$ 的分量 $\boldsymbol{v}_{\perp}$。

$$v_{//}=v\cos\theta，\ v_{\perp}=v\sin\theta$$

速度的平行分量 $\boldsymbol{v}_{//}$ 使带电粒子沿磁场的方向做匀速直线运动，速度的垂直分量 $\boldsymbol{v}_{\perp}$ 使带电粒子在垂直于磁场的平面内做匀速圆周运动，粒子同时参与这两个运动，它将做螺旋运动，如图 5-18（b）所示。显然，螺旋线的半径（即带电粒子在磁场中作圆周运动的回旋半径）为

$$R=\frac{mv_{\perp}}{qB}=\frac{mv\sin\theta}{qB} \tag{5-17}$$

回旋周期为

$$T=\frac{2\pi R}{v_{\perp}}=\frac{2\pi m}{qB}$$

粒子每转一周前进的距离称为螺距，用符号 h 表示，则

$$h=v_{//}T=\frac{2\pi m v_{//}}{qB}=\frac{2\pi m v\cos\theta}{qB} \tag{5-18}$$

上式表明，螺距 h 只与速度的平行分量 $v_{//}$ 有关，而与速度的垂直分量 $v_{\perp}$ 无关。

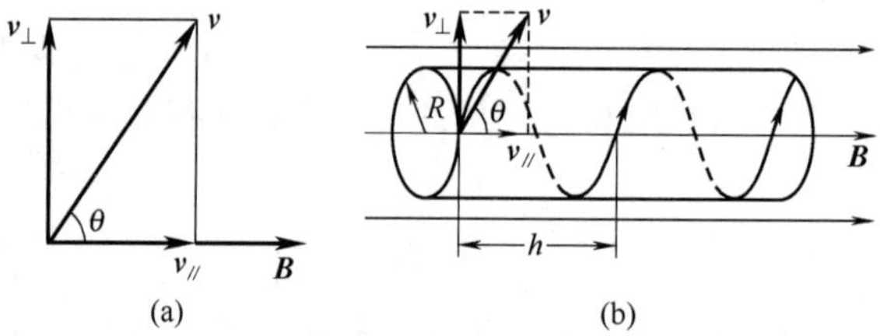

图 5-18 带电粒子在匀强磁场中的螺旋运动

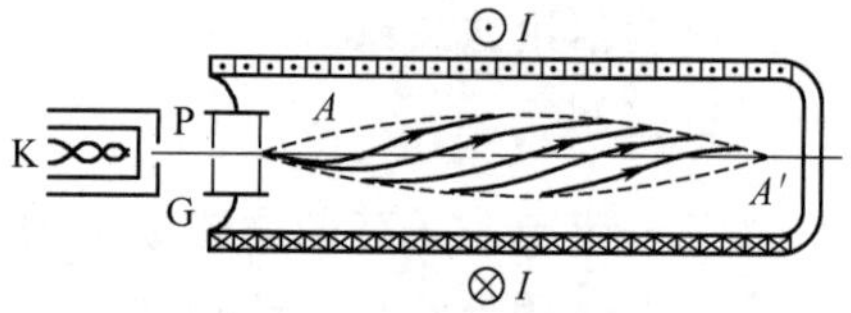

图 5-19 匀强磁场的磁聚焦

利用上述结果可以实现**磁聚焦**。如图 5-19 所示，在匀强磁场中的某点 A 发射出一束很窄的带电粒子流，这些粒子的运动速率 v 大致相同，由于各个粒子的速度 $\boldsymbol{v}$ 与 $\boldsymbol{B}$ 的夹角 θ 都很小，所以 $\boldsymbol{v}$ 的两个分量可分别表示为

$$v_{//}=v\cos\theta\approx v，\qquad v_{\perp}=v\sin\theta\approx v\theta$$

即不同 θ 角的粒子，其 $v_{//}$ 几乎相等，而 $v_{\perp}$ 却不同，即这些粒子沿不同半径的螺旋线运动，但螺距却是基本相同的，这些粒子经过一个螺距的距离后又会重新会聚到 A' 点。这个现象与光线通过光学透镜聚焦的现象十分相似，故称为**磁聚焦**。磁聚焦广泛应用于电子显微镜和电真空器件中。

三、霍尔效应

1879 年美国物理学家霍尔发现，在通有电流 I 的金属板上加一匀强磁场 $\boldsymbol{B}$，当电流的方向与磁场方向垂直时，则在垂直于电流和磁场的方向上就会形成电荷积累，出现电势

差，如图 5-20（a）所示。这个现象称为**霍尔效应**，这个电势差称为霍尔电势差。

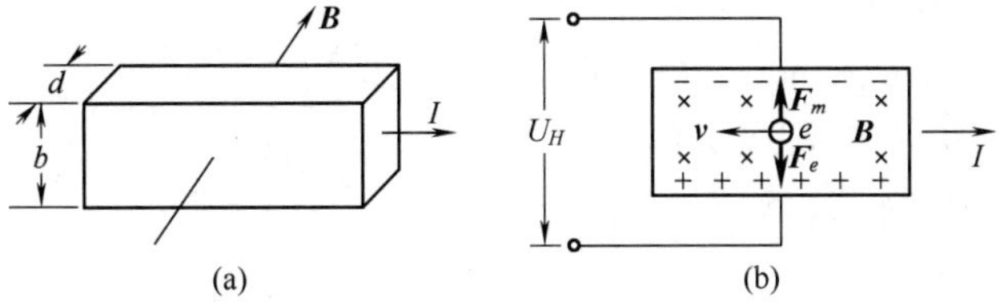

图 5-20　霍尔效应

霍尔电势差的成因可用带电粒子在磁场中运动所受到的洛伦兹力来解释。金属导体中参与导电的粒子（称为载流子）是自由电子，如图 5-20（b）所示。当电流 I 流过金属时，其中的电子沿着与电流相反的方向运动。设电子的平均运动速率为 v（称漂移速度），则它在磁场中所受洛伦兹力的大小为 $F_m=evB$，方向向上。因此，电子聚集在上表面，同时在下表面出现过剩的正电荷，在金属内部上、下表面之间形成电场。此电场随电荷的积累而增强。当电子所受电场力 $\boldsymbol{F}_e$ 与洛伦兹力 $\boldsymbol{F}_m$ 达到平衡时，电荷的积累达到稳定状态，此时的电势差即为霍尔电势差。实验表明，在磁场不太强时，霍尔电势差 U_H 与电流强度 I 及磁感应强度 B 成正比，与板的厚度 d 成反比

$$U_H=k\frac{IB}{d} \tag{5-19}$$

式中，k 称为霍尔系数。它与载流子的浓度有关。U_H 的正负与载流子带正电还是负电有关。

除金属导体外，半导体也能产生霍尔效应。半导体分 N 型半导体和 P 型半导体。前者的载流子主要是电子，后者的载流子主要是空穴。一个空穴相当于一个带有正电荷 e 的粒子。

霍尔效应在生产和科研应用较为广泛，利用霍尔效应可以判定材料中载流子的种类，从而判定半导体是 N 型半导体还是 P 型半导体。利用霍尔效应还可以测定载流子的浓度、磁感应强度等。

1980 年，在研究半导体在极低温度下和强磁场中的霍尔效应时，德国物理学家克里青发现了量子霍尔效应，随后美国物理学家崔琦等又发现了分数量子霍尔效应，他们分别获得了 1985 年和 1998 年的诺贝尔物理学奖。

四、安培力

电流能产生磁场，磁场反过来也能对电流产生作用力。把**载流导线在磁场中受的力**称为**安培力**。产生安培力的本质可用洛伦兹力来解释，即导线中的电流是由大量电子定向移动形成的，在磁场中，这些运动的电子会受到洛伦兹力的作用，其结果在宏观上就表现为载流导线受到了磁场力的作用。

磁场对不同形状的载流导线的作用是不相同的，然而无论什么形状的载流导线都可以看成是由无数多个电流元组成的，作为反映磁场对载流导线的作用的基本规律，是磁场对电流元的作用规律。

有关安培力的规律是由法国物理学家安培根据实验总结出来的，称为**安培定律**，其表述如下：**位于磁场中某点的电流元 $Id\boldsymbol{l}$ 所受到的磁场力 $d\boldsymbol{F}$ 的大小等于电流元的大小 Idl**、

电流元所在处的磁感应强度的大小 B 以及电流元 $I\mathrm{d}\boldsymbol{l}$ 和磁感应强度 $\boldsymbol{B}$ 之间夹角 θ 的正弦的乘积。其数学表达式为

$$\mathrm{d}F = I\mathrm{d}lB\sin\theta \qquad (5\text{-}20a)$$

$\mathrm{d}\boldsymbol{F}$ 的方向垂直于 $I\mathrm{d}\boldsymbol{l}$ 与 $\boldsymbol{B}$ 所决定的平面，指向由右手螺旋定则来判断，如图 5-21 所示。用矢量式表示安培定律为

$$\mathrm{d}\boldsymbol{F} = I\mathrm{d}\boldsymbol{l}\times\boldsymbol{B} \qquad (5\text{-}20b)$$

有限长载流导线受的安培力，等于各电流元所受的安培力的矢量和，即

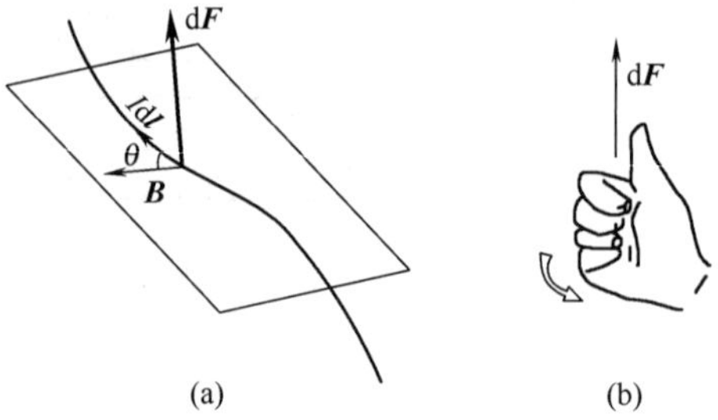

图 5-21 电流元所受的安培力

$$\boldsymbol{F} = \int_L \mathrm{d}\boldsymbol{F} = \int_L I\mathrm{d}\boldsymbol{l}\times\boldsymbol{B} \qquad (5\text{-}21)$$

【例题 5-3】 如图 5-22 所示，求长为 L、电流强度为 I 的载流直导线在匀强磁场 $\boldsymbol{B}$ 中所受的安培力 $\boldsymbol{F}$。

【解】 如图 5-22 所示，在直线电流上任取一电流元 $I\mathrm{d}\boldsymbol{l}$，由安培定律得 $\mathrm{d}\boldsymbol{F}$ 的大小为

$$\mathrm{d}F = I\mathrm{d}lB\sin\theta$$

$\mathrm{d}\boldsymbol{F}$ 的方向垂直纸面向里。

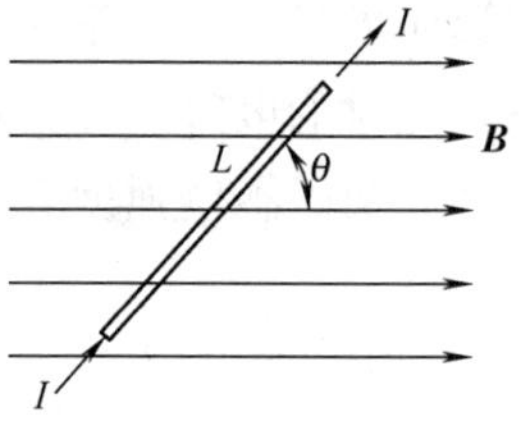

图 5-22 ［例题 5-3］ 图

因为 $I\mathrm{d}\boldsymbol{l}$ 和 $\boldsymbol{B}$ 之间的夹角 θ 为一个常量，所以直线电流上任一个电流元所受的力方向都相同，因而整个直线电流受的力为

$$F = \int_L \mathrm{d}F = \int_L I\mathrm{d}lB\sin\theta = IB\sin\theta\int_L \mathrm{d}l = IBL\sin\theta \qquad (5\text{-}22)$$

由此可见，当直线电流与磁场方向平行时，$\sin\theta = 0$，此时 $F = 0$，它不受安培力作用；当直线电流与磁场方向垂直时，$\sin\theta = 1$，它受的安培力最大，即

$$F_{\max} = IBL$$

【例题 5-4】 如图 5-23 所示半径为 R 的半圆形载流导线，电流强度为 I，放在磁感应强度为 $\boldsymbol{B}$ 的匀强磁场中，$\boldsymbol{B}$ 垂直于导线所在的平面。求它所受的安培力。**【解】** 如图 5-23 所示，以圆心 O 为原点，建立坐标系 Oxy。在半圆导线上任取一电流元 $I\mathrm{d}\boldsymbol{l}$，其位置可由电流元所在处的半径与 Ox 轴的夹角 θ 表示，据式 (5-20a)，

电流 $I\mathrm{d}\boldsymbol{l}$ 在磁场中所受力的大小为

$$\mathrm{d}F = I\mathrm{d}lB\sin\alpha$$

式中，α 是 $I\mathrm{d}\boldsymbol{l}$ 与 $\boldsymbol{B}$ 之间的夹角，这里 $\alpha = \dfrac{\pi}{2}$，所以

$$\mathrm{d}F = I\mathrm{d}lB$$

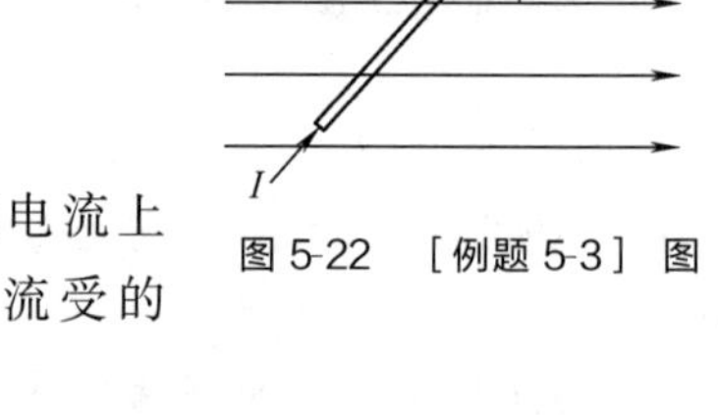

图 5-23 ［例题 5-4］ 图

$\mathrm{d}\boldsymbol{F}$ 的方向沿径向向外，由于导线上各电流元所受磁力的方向均沿各自的径向向外，因此将 $\mathrm{d}\boldsymbol{F}$ 分解为沿 Ox 轴方向和沿 Oy 轴方向的两个分量 $\mathrm{d}F_x = \mathrm{d}F\cos\theta$ 和 $\mathrm{d}F_y = \mathrm{d}F\sin\theta$。

从对称性上可知，半圆形导线上所有线元沿 Ox 轴方向的受力总和为零，即

$$F_x=\int_L \mathrm{d}F_x=0$$

因此，整个半圆形导线所受的合力就等于沿 Oy 轴方向各力的代数和，即

$$F_y=\int_L \mathrm{d}F_y=\int_L I\mathrm{d}lB\sin\theta=\int_0^{\pi} IRB\sin\theta\mathrm{d}\theta=2IRB$$

上式表明，半圆形载流导线所受的安培力的方向沿 Oy 轴正方向，大小为 $2IRB$。这说明整个弯曲导线所受的安培力等于从起点到终点连成的直导线通过相同的电流时所受的安培力。此结果虽然是从半圆形载流导线得出的，但对任意形状的载流导线在匀强磁场中所受的安培力都适用。

若将平面载流线圈放在磁场中，它将受到磁力矩的作用而发生偏转。磁场对载流线圈的磁力矩，是各种电动机、磁电式仪表的基本工作原理。

习题 5-4

一、思考题

1. 电荷在磁场中运动时，磁场力是否对它做功？为什么？

2. 一束质子发生了侧向偏转，造成这种偏转的原因可否是

① 电场？

② 磁场？

③ 如果可以是电场或磁场在起作用，如何判断是哪一种场存在？

3. 在一固定的金属板中通有电流，并使其处在一匀强磁场中，磁感应强度的方向与板面垂直，如图 5-24 所示。在这种情况下，金属板的上下两侧出现电势差。如何解释这种现象？

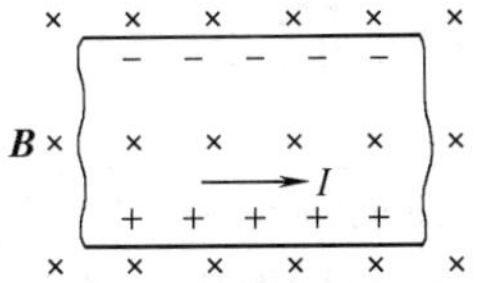

图 5-24

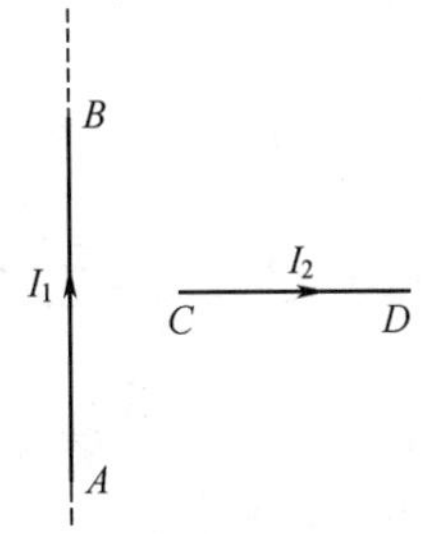

图 5-25

4. 如图 5-25 所示，在无限长的载流直导线 AB 的一侧，放着一条有限长度的、可以自由移动的均匀载流直导线 CD，CD 的方向和 AB 互相垂直，问导线 CD 将怎样运动？

5. 在匀强磁场中，怎样放置一个通电的正方形线圈，才能使其各边所受到的磁力大小相等？

二、计算题

1. 已知地面上空某处地磁场的磁感应强度大小为 $B=4\times10^{-5}\,\mathrm{T}$，方向向北。若宇宙射线中有一速率为 $v=5\times10^{7}\,\mathrm{m\cdot s^{-1}}$ 的质子垂直地通过该处，求该质子受到的洛伦兹力的大小。

2. 一质子以速率 $v=1.0\times10^{7}\mathrm{m\cdot s^{-1}}$ 射入磁感应强度 $B=1.5\mathrm{T}$ 的匀强磁场中，其速度方向与磁场方向成 30°角。已知质子的质量为 $1.67\times10^{-27}\mathrm{kg}$，求：

① 质子作螺旋线运动的半径；

② 螺距；

③ 旋转频率。

3. 一质谱仪的构造原理如图 5-26 所示，可用它测定离子质量。离子源 S 产生质量 m、电荷 q 的正离子，离子的初速度很小，可视为静止的。离子产生出来后经电势差 U 加速进入磁感应强度为度为 $\boldsymbol{B}$ 的匀强磁场中。在磁场中，离子沿一半圆周运动后射到距入口缝隙 x 处的照相底片上，并由它记录下来。若根据实验测定可得到 B、q、U、x，求离子的质量 m。

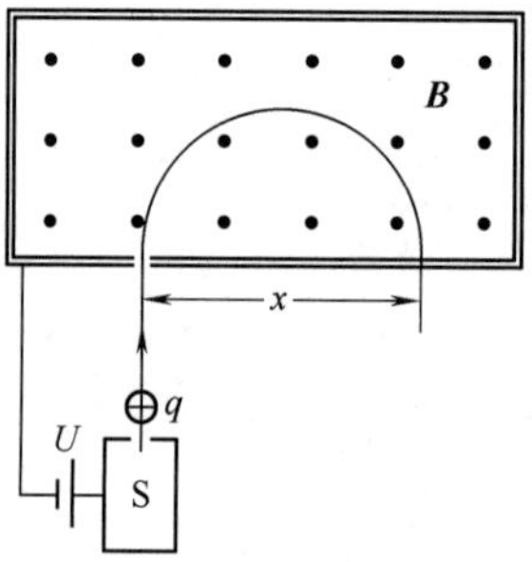

图 5-26

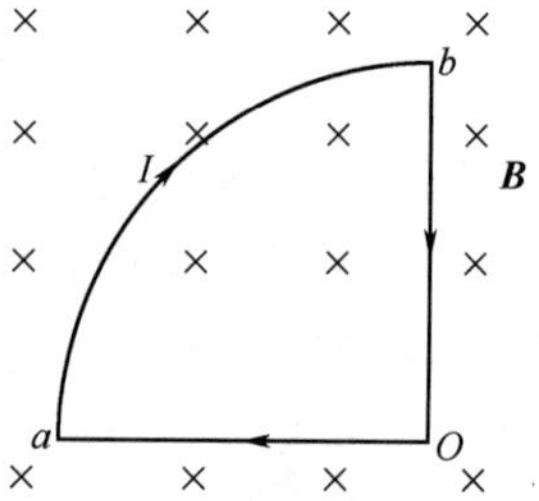

图 5-27

4. 一线圈由半径为 0.3m 的四分之一圆弧 $OabO$ 组成，如图 5-27 所示，通过的电流为 4.0A，把它放在磁感应强度为 0.8T 的匀强磁场中，$\boldsymbol{B}$ 的方向垂直纸面向里，求：

① $\overline{Oa}$、$\overline{bO}$、ab 弧分别受安培力的大小和方向；

② 整个线圈受的合力。

第五节 磁 介 质

前面研究了电流在真空中的磁场，但是实际上电流周围总是有物质存在的，这些物质以不同方式、不同程度影响着磁场。这些能够影响磁场的物质称为**磁介质**。

一、顺磁质和抗磁质

前面曾讲过，处于静电场中的电介质要被电场极化，使介质中出现极化电荷，电介质中的电场 $\boldsymbol{E}$ 是外电场 $\boldsymbol{E}_0$ 和极化电荷所激发的附加电场 $\boldsymbol{E}'$ 的叠加，即 $\boldsymbol{E}=\boldsymbol{E}_0+\boldsymbol{E}'$。与此类似，磁介质放入外磁场中要被磁化，磁化的磁介质会激发一个附加磁场，从而使磁介质中的磁场不同于真空中的磁场。

设在真空时，磁场中某点的磁感应强度为 $\boldsymbol{B}_0$，放入某种各向同性的磁介质后，因磁介质磁化而产生附加磁场 $\boldsymbol{B}'$，这时磁场中该点的磁感应强度 $\boldsymbol{B}$ 应为 $\boldsymbol{B}_0$ 和 $\boldsymbol{B}'$ 的矢量和，即

$$\boldsymbol{B}=\boldsymbol{B}_0+\boldsymbol{B}'$$

实验发现，磁介质中的磁感应强度是真空中磁感应强度的 μ_r 倍，即

$$\mu_r=\frac{B}{B_0} \tag{5-23}$$

式中，μ_r 称为磁介质的**相对磁导率**。μ_r 是表征物质磁性的物理量。

铝、锰、氧等物质，它们磁化后，内部磁感应强度 $\boldsymbol{B}$ 略强于原磁场的磁感应强度 $\boldsymbol{B}_0$，$B>B_0$，即附加磁场 $\boldsymbol{B}'$ 的方向与外磁场 $\boldsymbol{B}_0$ 的方向相同，$\mu_r>1$。把 $\mu_r>1$ 的磁介质称为**顺磁质**。

金、银、铜、汞、氢等物质，它们磁化后，内部磁感强度 $\boldsymbol{B}$ 略弱于原磁场的磁感强度 $\boldsymbol{B}_0$，$B<B_0$，即附加磁场 $\boldsymbol{B}'$ 的方向与外磁场 $\boldsymbol{B}_0$ 的方向相反，$\mu_r<1$。把 $\mu_r<1$ 的磁介质称为**抗磁质**。

顺磁质和抗磁质的 μ_r 都很接近于 1，它们磁化后所产生的附加磁场较弱，对原磁场的影响很小，即 $B'\ll B_0$，所以顺磁质和抗磁质统称为**弱磁性物质**。

前面讲过，在长直密绕螺线管内部的磁感强度 $\boldsymbol{B}_0$ 的大小为

$$B_0=\mu_0 nI$$

若在螺线管内部充满某种各向同性均匀磁介质，磁介质的相对磁导率为 μ_r，则螺线管内磁感应强度 $\boldsymbol{B}$ 的大小为

$$B=\mu_r B_0=\mu_r\mu_0 nI$$

令

$$\mu=\mu_r\mu_0 \tag{5-24}$$

则

$$B=\mu nI \tag{5-25}$$

式中，μ 称为磁介质的**磁导率**。μ 的单位与真空的磁导率 μ_0 单位一致。

二、铁磁质

还有一类磁介质，例如铁、钴、镍等，磁化后在介质内部产生很强的附加磁场 $\boldsymbol{B}'$，并且 $\boldsymbol{B}'$ 与原磁场 $\boldsymbol{B}_0$ 同方向，使介质磁化后的磁场显著增强。这类磁介质称为**铁磁质**或**强磁性物质**。

铁磁质的磁性来源比较复杂。在铁磁质内，原子间的相互作用是非常强烈的。由于这种作用，使铁磁质内部形成一些微小的区域，叫做**磁畴**。由于其中各原子的磁矩排列很整齐，每个磁畴具有很强的磁性。这种磁性是自发磁化产生的。铁磁物质未磁化时，各个磁畴排列的方向是无规则的，整体上不显磁性。当加上外磁场后，各个磁畴在外磁场的作用下趋向于沿外磁场方向作有规则的排列。所以，在不太强的外磁场作用下，铁磁质能表现出很强的磁性。

铁磁质的宏观性质如下：

① 它能产生很强的附加磁场。在铁磁质内部，附加磁场 $\boldsymbol{B}'$ 的方向与外磁场 $\boldsymbol{B}_0$ 的方向相同，且 $B'\gg B_0$。铁磁质的 $\mu_r\gg1$，并且不是常数，甚至是非单值。

② 存在磁滞现象。即它的磁化过程落后于外加磁场的变化。当外加磁场停止作用后，铁磁质仍保留部分磁性，称为剩磁现象。

③ 任何铁磁质都有一个临界温度。超过此温度，铁磁质转化为顺磁质。把这种临界

温度称为铁磁质的**居里点**。例如，铁的居里点为 1043K。

利用铁磁质 $\mu_r \gg 1$ 的特性，可用较小的电流获得较强的磁场。各种电机、变压器、电磁铁等设备中的铁芯都是铁磁质。

利用铁磁质的非线性特性，可制成各种非线性磁性元件和设备。例如铁磁稳压器、铁磁功率放大器、无触点继电器等。

根据铁磁质磁滞特性的差异，在工程中把它们分为**软磁材料**（软铁）和**硬磁材料**（硬铁）。软磁材料适宜制作变压器、电机铁芯。硬磁材料适宜制作永久磁铁。还有一种非金属磁性材料铁氧体，又称磁性瓷（其制造工艺类似陶瓷），不仅具有高磁导率、高电阻率，并且其磁滞特性特别显著。利用这一特性，铁氧体还可制成计算机中的记忆元件。

三、磁致伸缩

一些铁磁材料受外力作用时，可以引起磁导率的变化。这一现象称为压磁效应。坡莫合金、硅钢片等具有较强的**压磁效应**，称这类材料为压磁材料。一些压磁材料受压力产生形变时，沿作用力方向的磁导率 μ 降低，而与作用力垂直方向的磁导率略有提高；反之，压磁材料受拉力作用时，其效果相反。利用这种特性可以制作压磁传感器，将非电量转换为电学量。

与压磁效应相反，某些铁磁材料在磁化过程中能够发生机械形变。铁磁材料的这种特性称为**磁致伸缩**。产生这种效应的原因是，在铁磁质中，磁化方向的改变导致磁畴重新排列而形成晶体间距的变化，从而使铁磁体的长短或体积发生变化。磁致伸缩主要发生在沿磁场的方向上。

工程上，在把电磁振荡转化为机械振动的转换器中，在用于探测海底深度和鱼群情况的电声换能器中，都利用了磁致伸缩的特性。

四、磁记录

磁记录是利用铁磁材料的特性与电磁感应的规律来记录信息（如声音、图像或数字等）的。通常，把铁磁材料制成粉末状，用黏结剂涂敷在特制的带或圆盘表面，称为**磁带**或**磁盘**，用它们记录音像信号或数字信号。

录音（或录像）时，需要一个录音（像）磁头。它是一个具有微小气隙的电磁铁，如图 5-28 所示，工作时，使磁带靠近磁头的气隙走过，磁头的线圈内通入由声音或图像转成的电信号，即强弱和频率都随时间变化的电流。这个电流使铁芯的磁化状态与气隙中的磁场同步变化。这个变化着的磁场将使磁带上磁粉的磁化状态发生相应变化。当磁带离开磁头后，磁粉剩磁的强弱分布对应输入磁头的电流信号，于是，把信号记录到磁带上。放音（像）时，让已录有信号的磁带在放音磁头的气隙下面通过。磁带上磁粉剩磁的强弱将引起磁头中线圈铁芯内磁通量的变化。这个变化的磁通量在线圈内产生同步变化的感应电流，将此电流放大再经过电声（或电像）转换，就可获得原来记录的声音或图像。

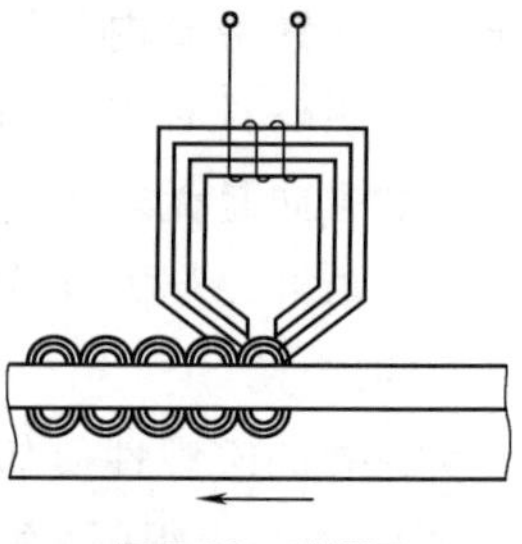

图 5-28 磁记录

要想把已记录的声音或图像抹去，只要在磁带通过时，在磁头的线圈内通入等幅变化的电流即可。

习题 5-5

1. 顺磁质和抗磁质被磁化后，在性质上有什么不同？

2. 两种不同的磁介质放在磁铁的两个不同名磁极之间，磁化后也成为磁体，但两极的位置不同，如图 5-29（a）、图 5-29（b）所示。试指出哪一种是顺磁质？哪一种是抗磁质？

3. 铁磁质在宏观上有哪些性质？

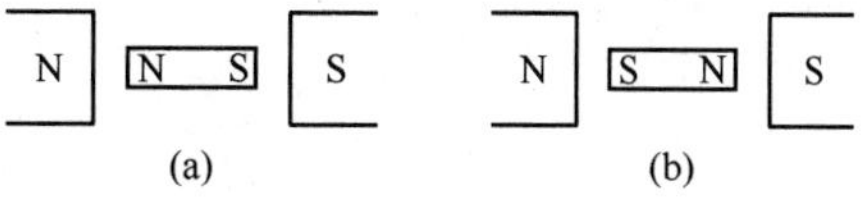

图 5-29

本章小结

本章的重点是利用毕奥-萨伐尔定律求磁感应强度，难点是对磁感应强度和稳恒磁场的基本规律的理解以及对矢量矢积方向的理解问题。

一、真空中的磁感应强度

1. 定义

运动电荷在磁场中某点所受的最大磁力 F_{max} 与 qv 的比值为该点磁感应强度 $\boldsymbol{B}$ 的大小，即 $B=\frac{F_{max}}{qv}$；其方向与该点处小磁针 N 极的指向相同。

2. 电流元产生的磁感应强度

毕奥-萨伐尔定律 $$\mathrm{d}\boldsymbol{B}=\frac{\mu_0}{4\pi}\frac{I\mathrm{d}\boldsymbol{l}\times\boldsymbol{e}_r}{r^2}$$

3. 磁场叠加原理

任意形状的载流导线在空间某一点产生的磁感应强度 $\boldsymbol{B}$，等于各电流元在该点所产生的磁感应强度 $\mathrm{d}\boldsymbol{B}$ 的矢量和，即

$$\boldsymbol{B}=\int\mathrm{d}\boldsymbol{B}=\int_L\frac{\mu_0}{4\pi}\frac{I\mathrm{d}\boldsymbol{l}\times\boldsymbol{e}_r}{r^2}$$

无限长载流直导线产生的磁感应强度　$B=\frac{\mu_0 I}{2\pi a}$

圆形载流导线在圆心处产生的磁感应强度　$B=\frac{\mu_0 I}{2R}$

二、磁通量

$$\Phi=\int_S\mathrm{d}\Phi=\int_S\boldsymbol{B}\cdot\mathrm{d}\boldsymbol{S}=\int_S B\mathrm{d}S\cos\theta$$

$\mathrm{d}\boldsymbol{S}$ 的方向为面元的法线方向。θ 为 $\mathrm{d}\boldsymbol{S}$ 的方向与该处的磁感应强度 $\boldsymbol{B}$ 的方向的夹角。

磁场中的高斯定理 $$\oint_S\boldsymbol{B}\cdot\mathrm{d}\boldsymbol{S}=0$$

三、磁场力

洛伦兹力 $$\boldsymbol{F}=q\boldsymbol{v}\times\boldsymbol{B}$$

安培力 $$\boldsymbol{F}=\int_L\mathrm{d}\boldsymbol{F}=\int_L I\,\mathrm{d}\boldsymbol{l}\times\boldsymbol{B}$$

四、磁介质

相对磁导率 $\mu_r=\dfrac{B}{B_0}$

顺磁质：μ_r 略大于 1；抗磁质：μ_r 略小于 1；铁磁质：$\mu_r \gg 1$，且不是常数，甚至是非单值。

在长直密绕螺线管内部 $B=\mu_r B_0=\mu_r \mu_0 nI$

自测题

一、判断题

1. 一电子在某区域内运动方向不改变，那么该区域一定无磁场。 （ ）
2. 空间某点磁感应强度的方向与电荷在该点的受力方向一致。 （ ）
3. 电流元能在周围空间任意点产生磁场。 （ ）
4. 电流元在磁场中所受的安培力的方向与该处的磁感应强度的方向垂直。 （ ）
5. 通电螺线管内充入磁介质后，其内部的磁感应强度不一定大于真空时的值。 （ ）

二、选择题

1. 两个载有相等电流 I 的圆线圈半径都为 R，一个处于水平位置，一个处于竖直位置，如图 5-30 所示。在圆心 O 处的磁感应强度的大小为 （ ）

（A）0； （B）$\dfrac{\mu_0 I}{2R}$； （C）$\dfrac{\sqrt{2}\mu_0 I}{2R}$； （D）$\dfrac{\mu_0 I}{R}$。

2. 无限长载流直导线在 P 处弯成以 O 为圆心，R 为半径的圆，如图 5-31 所示。若所通电流为 I，缝 P 极窄，O 处的磁感应强度 $\boldsymbol{B}$ 的大小为 （ ）

（A）$\dfrac{\mu_0 I}{2\pi R}$； （B）$\dfrac{\mu_0 I}{2R}$； （C）$\left(1-\dfrac{1}{\pi}\right)\dfrac{\mu_0 I}{2R}$； （D）$\left(1+\dfrac{1}{\pi}\right)\dfrac{\mu_0 I}{2R}$。

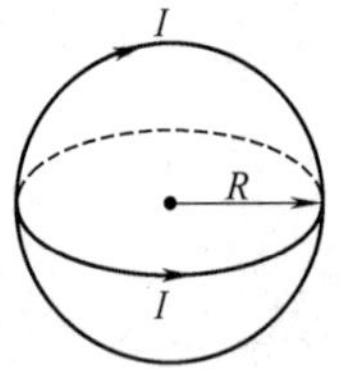

图 5-30

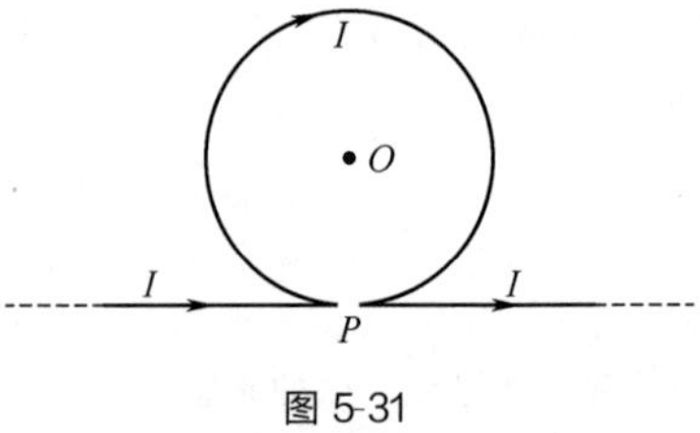

图 5-31

3. 如图 5-32 所示，载流导线在圆心 O 处的磁感应强度的大小为 （ ）

（A）$\dfrac{\mu_0 I}{4R_1}$； （B）$\dfrac{\mu_0 I}{4R_2}$； （C）$\dfrac{\mu_0 I}{4}\left(\dfrac{1}{R_1}+\dfrac{1}{R_2}\right)$； （D）$\dfrac{\mu_0 I}{4}\left(\dfrac{1}{R_1}-\dfrac{1}{R_2}\right)$。

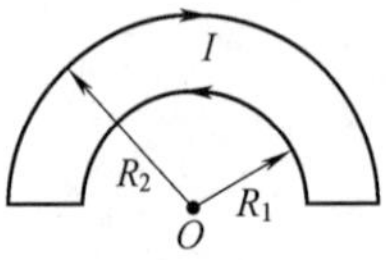

图 5-32

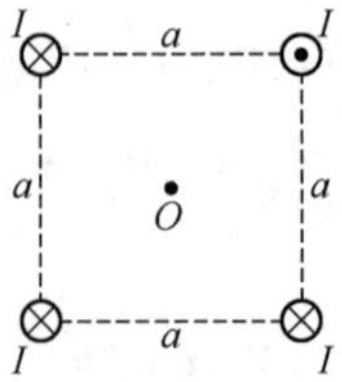

图 5-33

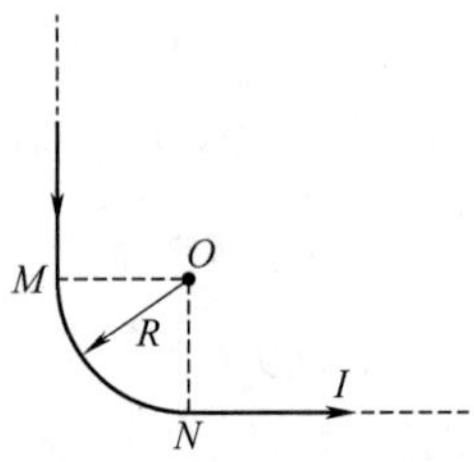

图 5-34

4. 四条互相平行的载流长直导线中的电流均为 I，如图 5-33 所示放置。正方形的边长为 a，正方形中心 O 处的磁感应强度的大小为　　（　　）

（A）$\dfrac{2\sqrt{2}\mu_0 I}{\pi a}$；　　（B）$\dfrac{\sqrt{2}\mu_0 I}{\pi a}$；　　（C）$\dfrac{\sqrt{2}\mu_0 I}{2\pi a}$；　　（D）0。

5. 如图 5-34 所示，一无限长载流导线中部弯成 1/4 圆周 MN，圆心为 O，半径为 R。若导线中的电流强度为 I，则 O 处磁感应强度的大小为　　（　　）

（A）$\dfrac{\mu_0 I}{2\pi R}$；　　（B）$\dfrac{\mu_0 I}{2\pi R}\left(1+\dfrac{\pi}{4}\right)$；　　（C）$\dfrac{\mu_0 I}{8\pi R}$；　　（D）$\dfrac{\mu_0 I}{8R}$。

三、填空题

1. 将电流元 $Id\boldsymbol{l}$ 放在半径为 R 的圆心 O 处，如图 5-35 所示，$\theta=45°$。$Id\boldsymbol{l}$ 在图中 1、2、3 处的磁感应强度的大小分别为________，________，________；右半圆各点磁场的方向为________；左半圆各点磁场的方向为________。

2. 某点的地磁场的磁感应强度为 7.0×10^{-5}T，这一地磁场被半径为 5.0cm 的圆形电流线圈中心的磁场抵消，则线圈中通入了______ A 的电流。

3. 将导线弯成两个半径分别为 R_1 和 R_2 且共面的两个半圆，圆心为 O，通过的电流为 I，如图 5-36 所示。则圆心 O 点的磁感应强度的大小为________，方向为________。

4. 空间某一区域同时存在着匀强电场和匀强磁场 $\boldsymbol{E}$ 垂直于纸面向里，磁感应强度 $\boldsymbol{B}$ 水平向左。若有一带电量为 q 的负电荷以速度 $\boldsymbol{v}$（与水平成 θ 角）进入该区域，如图 5-37 所示，则电荷受的电场力的大小为________，方向________；磁场力的大小为________，方向________；电荷做匀速直线运动的条件为____________。

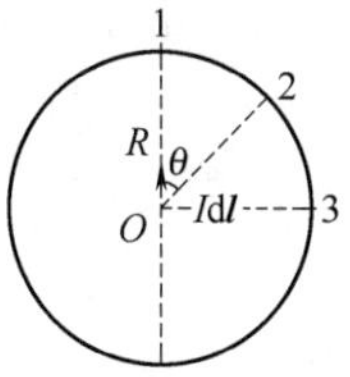

图 5-35

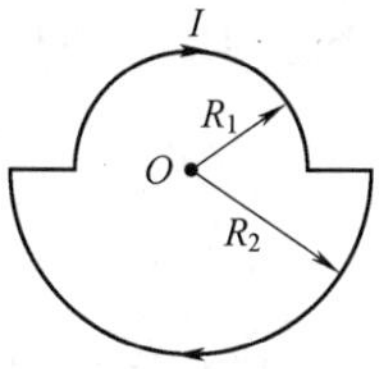

图 5-36

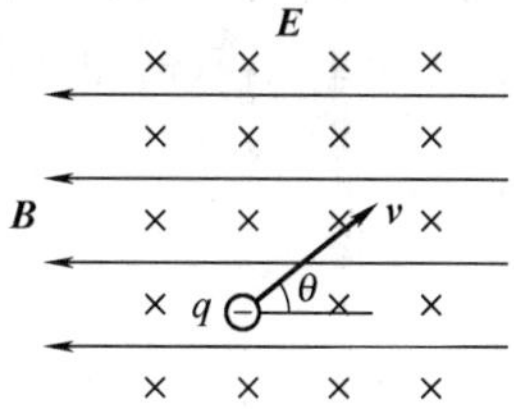

图 5-37

四、计算题

1. 如图 5-38 所示，有两根平行的长直导线，相距 20cm，分别载有同方向的电流 5A 和 8A。求：

① P 点处磁感应强度的大小和方向；

② 磁感应强度为零的位置。

2. 匀强电场 $E=3.0\times10^4\text{V}\cdot\text{m}^{-1}$ 和匀强磁场 $B=1.0\times10^{-2}$T，两者的方向互相垂直，如图 5-39 所示。问垂直于电场方向和磁场方向的电子，要具有多大的速率才能使其轨迹为一直线？

3. 如图 5-40 所示，一根长直导线通有电流 $I_1=30$A，矩形回路载有电流 $I_2=20$A。已知 $a=0.01$m，$b=0.08$m，$l=0.12$m，求作用在矩形回路上的合力。

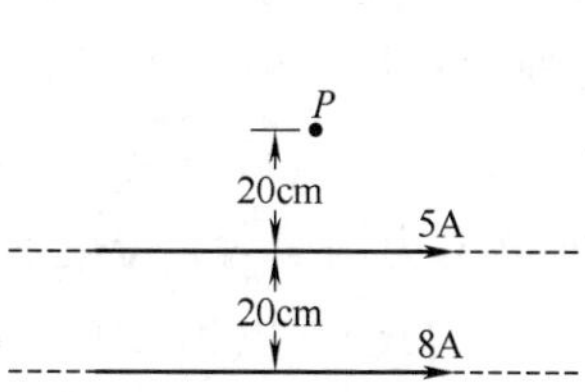

图 5-38

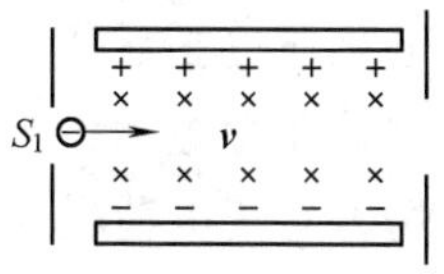

图 5-39

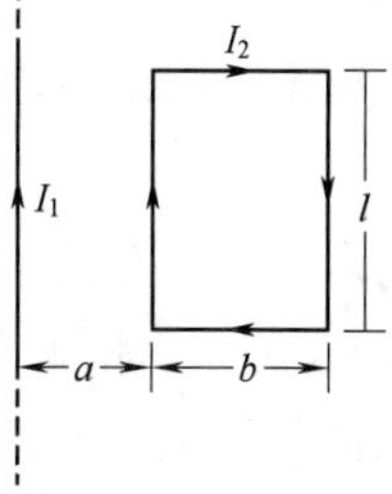

图 5-40

第六章　电 磁 感 应

学习目标

1. 掌握法拉第电磁感应定律和楞次定律，能计算简单问题的感应电动势。
2. 理解动生电动势和感生电动势。了解感生电场。能计算简单的动生电动势和感生电动势问题。
3. 理解自感现象和互感现象。

* 4. 了解磁场能量和磁场能量密度的概念。

5. 理解电磁波的形成过程以及电磁波的性质，了解各种无线电波的性质和用途。

1820 年奥斯特发现了电流的磁效应之后，许多科学家从事了它的逆现象的研究，即如何利用磁场产生电流，尤其是英国物理学家法拉第经过多年坚持不懈的努力，终于在 1831 年发现了电磁感应现象及其基本规律。

电磁感应现象的发现是电磁学最重大的发现之一，它不仅揭示了电与磁之间的内在联系，促进了电磁学理论的发展，而且找到了把机械能直接转换为电能的方法。电磁感应现象的发现标志着新技术革命和工业革命的到来，使现代电力工业、电工和电子技术得以建立和发展。

第一节　电源的电动势

一、电源

为了在导体内部形成恒定电流，必须在其中建立一个恒定电场。如图 6-1 所示，用一根导线将充电后的电容器的正负极板连接起来，导线中有静电场存在，正电荷在静电场力的作用下从电势高处 A 经外电路流向电势低处 B，并与负电荷中和。于是，两极板的电荷减少，两极板间的电势差降低。当两极板上的电荷中和完毕后，导线中的电流就消失了。所以单靠静电场不能在导线中产生恒定电流。

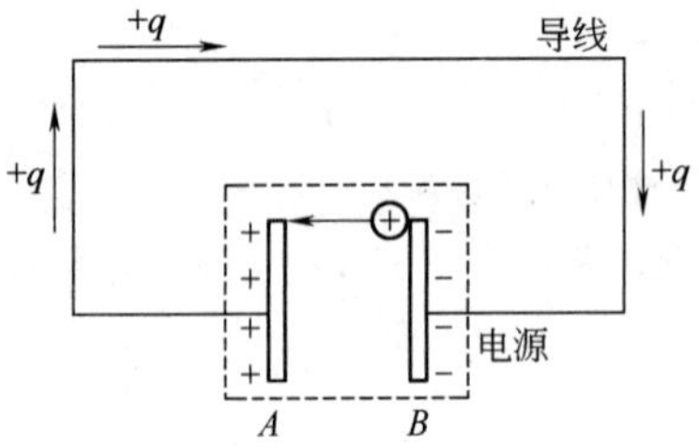

图 6-1　电容器放电形成电流

如果设法使流到负极板上的正电荷重新回到正极板，使两极板上的正负电荷保持不变，两极板间就有恒定的电势差，导线中就会有恒定的电流通过。显然，依靠静电场力使正电荷从负极板回到正极板是不可能的，只有靠其他类型的非静电力。能够提供非静电力的装置就是**电源**。在电源内部，依靠非静电力克服静电场力对正电荷做功，才能使正电荷逆着电场方向运动回到正极板，所以电源中非静电力做功的过程，就是把其他形式的能量转换为电能的过程，电源实际上是将其他形式的能量转换为电能的装置。

电流经电源内部从负极流向正极的电路叫做**内电路**。电流经电源外部从正极流向负极的电路叫做**外电路**。

电源的种类很多。常见的有干电池、蓄电池、光电池、发电机等。不同种类的电源，其非静电力的性质不同。例如，化学电池中，非静电力是化学力；发电机中，非静电力是电磁作用力。

二、电源的电动势

在不同的电源内，把一定量的正电荷从负极移到正极，非静电力所做的功是不同的。为了定量地描述电源转化能量本领的大小，引入电动势的概念。**电源把单位正电荷从负极经内电路移到正极的过程中，非静电力所做的功**叫做**电源的电动势**。若用 A 表示电源内部的非静电力将正电荷 q 由负极移到正极所做的功，用 ε 表示电源的电动势，则有

$$\varepsilon=\frac{A}{q} \tag{6-1}$$

在国际单位制中，电动势的单位也是伏特，符号为 V。电动势是标量，但为了标明电源在电路中供电的方向，习惯上常规定**电动势的方向从负极经电源内部指向正极**，与内电路电流的方向一致。

要注意，虽然电动势和电势差的单位相同，但两者是完全不同的物理量。电动势是描述电源内非静电力做功本领的物理量，其大小仅取决于电源本身的性质，而与外电路无关。

借用场的概念，可以把非静电力看作是非静电场对电荷的作用。如图 6-2 所示，用 $\boldsymbol{E}_K$ 表示非静电场的场强，则它对电荷 q 的非静电力 $\boldsymbol{F}_K=q\boldsymbol{E}_K$。在电源内，非静电力将正电荷 q 由负极移到正极所做的功为

$$A=\int_{-}^{+}\boldsymbol{F}_K\cdot \mathrm{d}\boldsymbol{l}=\int_{-}^{+}q\boldsymbol{E}_K\cdot \mathrm{d}\boldsymbol{l}$$

将上式代入式（6-1），得

$$\varepsilon=\int_{-}^{+}\boldsymbol{E}_K\cdot \mathrm{d}\boldsymbol{l} \tag{6-2}$$

上式是用场的观点表示的电动势。当非静电力存在于整个回路时，整个回路中的总电动势为

$$\varepsilon=\oint\boldsymbol{E}_K\cdot \mathrm{d}\boldsymbol{l} \tag{6-3}$$

式中的线积分遍及整个回路，它是用非静电场定义电动势的公式。

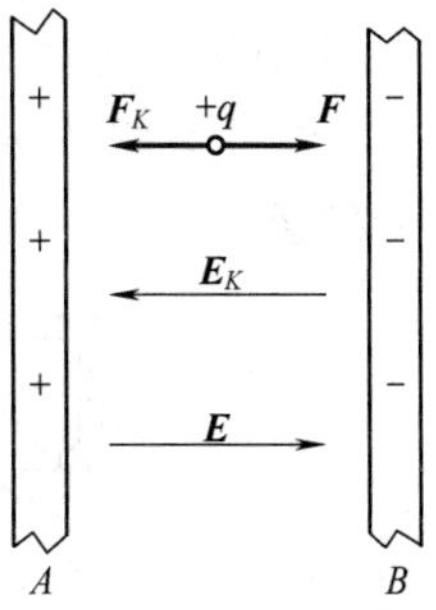

图 6-2　电源内部的场

习题 6-1

1. 什么是电动势？电动势和端电压有什么区别？两者在什么情况下相等？
2. 电动势的方向是怎样规定的？它与内电路中电流的方向相同吗？

第二节 电磁感应定律

一、电磁感应现象

通过几个实验来说明电磁感应现象及其产生的条件。

在图 6-3 所示的实验中，当使导线 AB 向左、右运动时，灵敏电流计的指针就会发生偏转，这说明在闭合回路中产生了电流。导线 AB 静止或作上下运动时，电流计的指针不偏转，这说明电路中没有电流。可以借助磁感应线的概念来说明上述现象。导线 AB 向左或向右运动时要切割磁感应线，使闭合回路中的磁通量发生变化；导线 AB 静止或上下运动不切割磁感应线时，闭合回路中的磁通量不发生变化。可见，闭合回路中磁通量发生变化时，电路中就有电流产生。

在图 6-4 所示的实验中，把磁铁插入线圈，或把磁铁从线圈中抽出时，电流表指针发生偏转，这说明闭合回路中产生了电流。如果磁铁插入线圈后静止不动，或磁铁与线圈以同一速度运动，电流表指针不发生偏转，这说明闭合回路中没有电流。这一现象也可以用磁通量的概念来说明。当磁铁插入线圈或从线圈中抽出时，由于线圈内磁感应线条数的增加或减少，线圈内的磁通量发生变化。可见，当闭合回路内的磁通量发生变化时，电路中就产生电流。当磁铁和线圈没有相对运动，即穿过电路的磁通量不变化时，电路中没有电流。

在图 6-5 所示的实验中，线圈 A 和 B 彼此独立，把线圈 A 跟蓄电池连接起来，把线圈 B 跟电流表连接起来，当合上或打开电键时，电流计指针将左右偏转，这说明在线圈 B 的闭合回路中产生了电流。如果把电键换成变电阻，当调节电阻的阻值时，通过螺线管 A 中的电流发生变化，也可以观察到电流计指针的偏转。如果 A 中的电流变化越快，线圈 B 中的电流就越大。当螺线管 A 中的电流不变时，螺线管中就没有电流。在这个实验中，当使线圈 A 通电、断电或改变 A 中的电流时，它产生的磁场都在变化，穿过线圈 B 的磁通量也相应变化，就产生了电流。

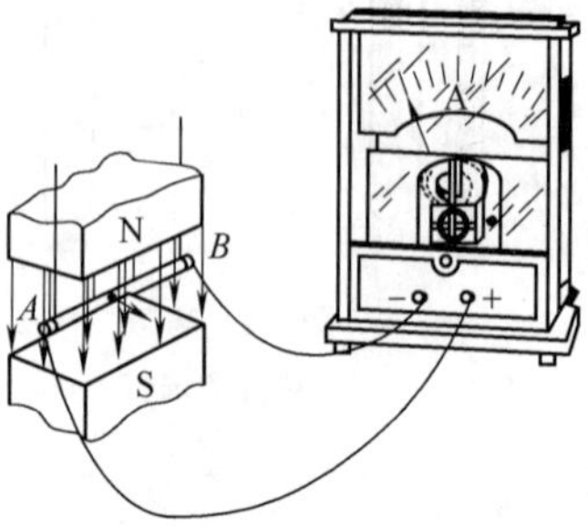

图 6-3 导线运动电流表指针发生偏转

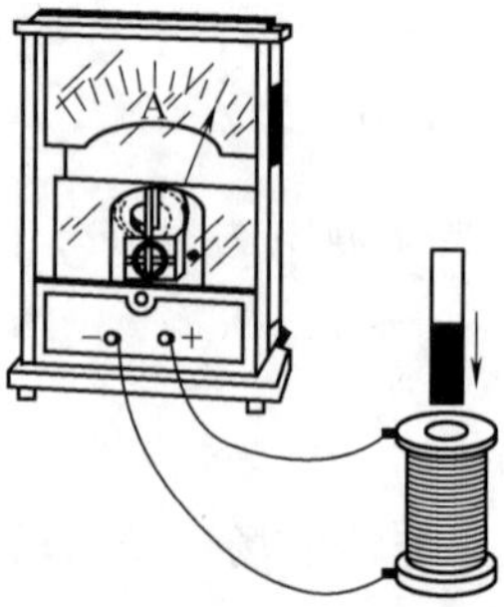

图 6-4 磁铁运动电流表指针发生偏转

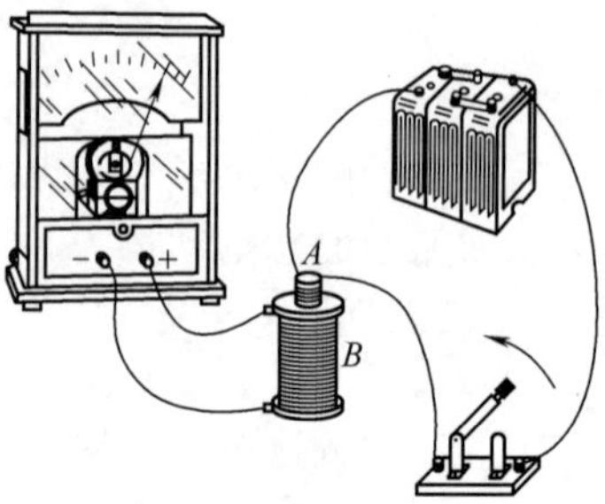

图 6-5 电键运动电流表指针发生偏转

对上述三个实验进行分析，可以发现它们的共同点是：当产生电流时，所有闭合回路的磁通量都发生了改变。由此可得出如下结论：**当穿过闭合回路所围面积的磁通量发生变化（不论这种变化是什么原因引起的）时，闭合回路中就有电流产生**。这种现象称为**电磁

感应现象，所产生的电流称为**感应电流**。感应电流的出现，表明回路中有电动势存在。由于磁通量变化而产生的电动势称为**感应电动势**。

二、法拉第电磁感应定律

法拉第对电磁感应现象做了详细的分析，总结出感应电动势与磁通量变化率之间的关系，这就是法拉第电磁感应定律。它的内容是：**当穿过回路所围面积的磁通量发生变化时，回路中就有感应电动势产生。感应电动势正比于磁通量对时间变化率的负值**。即

$$\varepsilon_i = -k\frac{\mathrm{d}\Phi}{\mathrm{d}t}$$

式中，k 为比例系数，它的值取决于上式中各量的单位。在 SI 中，ε_i 的单位是 V，Φ 的单位为 Wb，t 的单位为 s，此时的 k 数值为 1，则

$$\varepsilon_i = -\frac{\mathrm{d}\Phi}{\mathrm{d}t} \tag{6-4}$$

其中负号用于描述感应电动势的方向，将在楞次定律中加以讨论。

若闭合导体回路的电阻为 R，由闭合电路欧姆定律可得回路中的感应电流为

$$I_i = \frac{\varepsilon_i}{R} = -\frac{1}{R}\times\frac{\mathrm{d}\Phi}{\mathrm{d}t} \tag{6-5}$$

应当指出，式（6-4）和式（6-5）中的 Φ 是穿过回路所围面积的磁通量。如果回路由 N 匝密绕线圈组成（各匝线圈面积均相同），穿过每匝线圈的磁通量为 Φ，那么通过 N 匝线圈的总磁通量为 $\Psi = N\Phi$，Ψ 称为**磁通链数**，简称**磁链**。这时，整个线圈的感应电动势为

$$\varepsilon_i = -N\frac{\mathrm{d}\Phi}{\mathrm{d}t} = -\frac{\mathrm{d}(N\Phi)}{\mathrm{d}t} = -\frac{\mathrm{d}\Psi}{\mathrm{d}t} \tag{6-6}$$

上式相当于 N 个相同电源串联的情况，总电动势为 N 个小电源电动势之和。

三、楞次定律

1934 年，楞次在大量实验事实的基础上总结出一个判定感应电流方向的法则，称为**楞次定律**。它的内容是：**闭合回路中感应电流的方向，总是使它的磁场阻碍引起感应电流的磁通量的变化**。即当磁通量增加时，感应电流的磁场方向与原来的磁场方向相反，阻碍磁通量的增加；当磁通量减少时，感应电流的磁场方向与原来的磁场方向相同，阻碍磁通量的减少。例如，在图 6-6（a）中，当磁铁的 N 极接近线圈时，穿过线圈的磁通量增加，由楞次定律可知，感应电流所激发的磁场方向（图中用虚线表示）与磁铁的原磁场方向（图中用实线表示）相反，去反抗线圈中磁通量的增加。据右手螺旋定则，可判定感应电流方向如图 6-6（a）所示。在图 6-6（b）中当磁铁的 N 极离开线圈时，穿过线圈的磁通

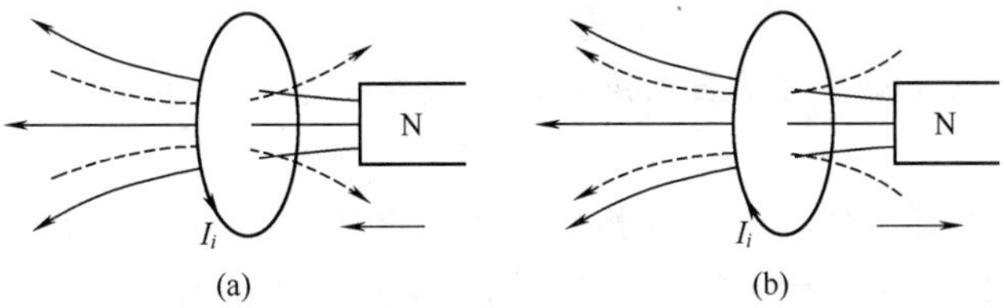

图 6-6　用楞次定律确定感应电流方向

量减少，由楞次定律可知，感应电流所激发的磁场方向（图中用虚线表示）与磁铁的原磁场方向（图中用实线表示）相同，去补充线圈中磁通量的减少，由此可判定感应电流方向如图 6-6（b）所示。

应当注意：

① 楞次定律是通过判定感应电流方向来判定感应电动势方向的，由式（6-5）可知，感应电流的方向与感应电动势的方向一致；

②用楞次定律判定的是感应电流的方向，也就是说，它适用于闭合回路，如果是开路，通常可以把它设想为闭合回路，考虑这时会产生什么方向的感应电流，并以此来确定感应电动势方向。

【例题 6-1】 如图 6-7 所示，通电长直导线与矩形线圈共面，且线圈的一边与长直导线平行。已知线圈长为 l，宽为 b，线圈靠近导线的一边距导线的距离为 a。当长直导线中通有电流 $I=I_0\sin\omega t$ 时，求线圈回路中的感应电动势。

【解】 长直导线中的电流随时间周期性变化，它在周围产生的磁场也随时间变化，因而穿过矩形线圈的磁通量是变化的，线圈中会产生感应电动势。

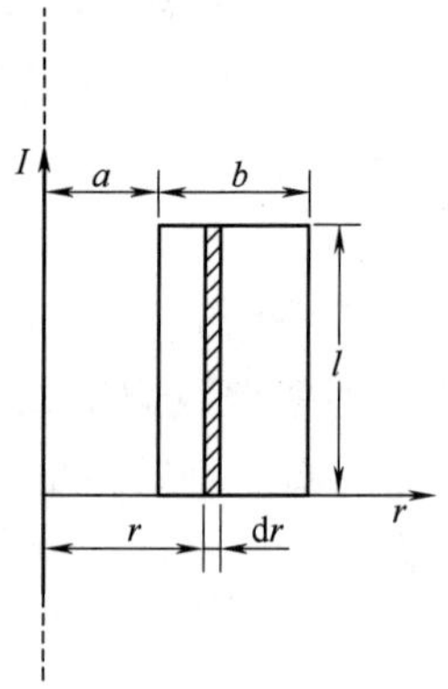

图 6-7 ［例题 6-1］图

为求出感应电动势，先计算穿过线圈的磁通量。如图 6-7 所示，在距直导线 r 处取一面元 d$\boldsymbol{S}$，其大小 $\mathrm{d}S=l\,\mathrm{d}r$，该处磁感应强度的大小为 $B=\dfrac{\mu_0 I}{2\pi r}$，磁感应强度的方向垂直纸面向里，且与面元 d$\boldsymbol{S}$ 垂直，所以通过面元 d$\boldsymbol{S}$ 的磁通量为

$$\mathrm{d}\Phi=\boldsymbol{B}\cdot\mathrm{d}\boldsymbol{S}=\frac{\mu_0 Il}{2\pi r}\mathrm{d}r$$

通过整个线圈的磁通量 Φ 为

$$\Phi=\int_s \mathrm{d}\Phi=\int_a^{a+b}\frac{\mu_0 Il}{2\pi r}\mathrm{d}r=\frac{\mu_0 Il}{2\pi}\ln\frac{a+b}{a}=\frac{\mu_0 I_0 l}{2\pi}\ln\frac{a+b}{a}\sin\omega t$$

由法拉第电磁感应定律得，线圈中的感应电动势为

$$\varepsilon_i=-\frac{\mathrm{d}\Phi}{\mathrm{d}t}=-\frac{\mu_0 I_0 l\omega}{2\pi}\ln\frac{a+b}{a}\cos\omega t$$

此题求得的电动势随时间周期性变化，周期为 $\dfrac{2\pi}{\omega}$。在两个相邻的半周期内，电动势的方向相反，这种电动势称为交变电动势。

习题 6-2

一、思考题

1. 为什么说感应电动势比感应电流更能反映电磁感应的本质？如何确定感应电动势的方向？

2. 把一条形永久性磁铁从闭合的长直螺线管中的左端插入，由右端抽出，试用图表示在插入和抽出的过程中，螺线管中所产生的感应电流的方向。

3. 如图 6-8 所示，一长直载流导线附近放置一导线框，采用哪些方法，可在导线框中产生感应电流?

4. 如图 6-9 所示，把一铜环放在匀强磁场中，并使环的平面与磁场方向垂直，如果使环沿着磁场的方向移动［图 6-9(a)］，在铜环中是否产生感应电流，为什么？如果磁场是变化的［图 6-9(b)］，是否产生感应电流，为什么?

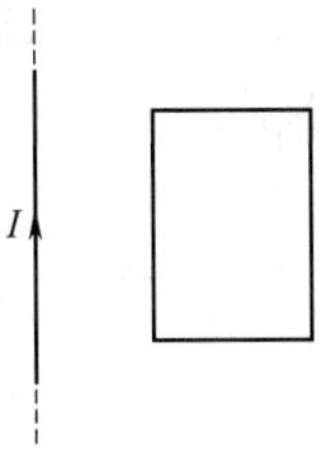

图 6-8

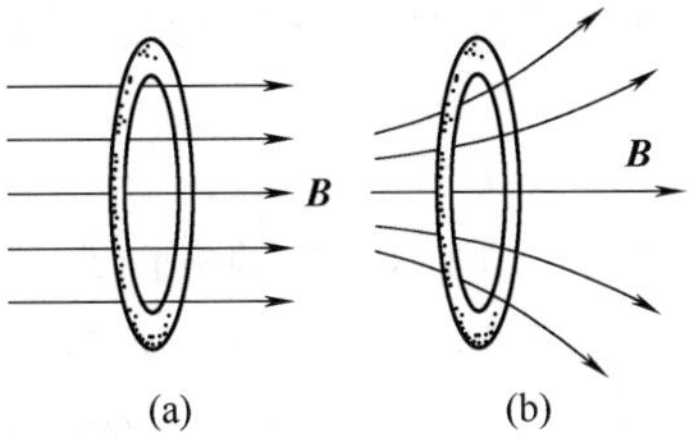

图 6-9

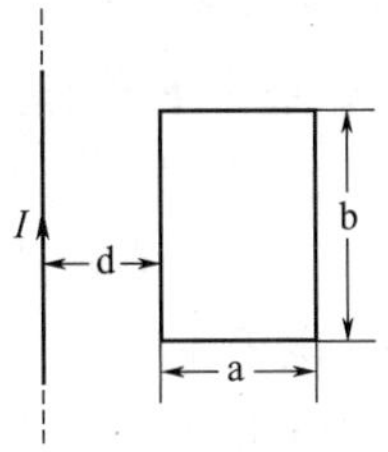

图 6-10

二、计算题

1. 一匝数 $N=100$ 的线圈，通过每匝线圈的磁通量

$$\Phi=5\times10^{-4}\sin10\pi t$$

式中，Φ 以为 Wb 单位，t 以 s 为单位。求：

① 任意时刻线圈中的感应电动势；

② 在 $t=10$s 时，线圈内的感应电动势。

2. 真空中有一长直载流导线，载有电流 $I=I_0\cos\omega t$，其旁放有一静止的导线框。此导线框与载流长直导线处于同一平面中，两者的相互位置如图 6-10 所示。求导线框中的感应电动势。

第三节　动生电动势

按照磁通量变化方式的不同，感应电动势通常可以分为两类：一类是磁场分布保持不变（稳恒磁场），导体（一段导体、闭合导体回路的整体或局部）在磁场中运动而引起的感应电动势，称为**动生电动势**；另一类是导体回路不动，磁场随时间变化而引起的感应电动势，称为**感生电动势**。本节讨论第一类情况。

一、动生电动势

如图 6-11 所示，导体回路 $abcda$ 置于匀强磁场中，磁感应强度 $\boldsymbol{B}$ 垂直于回路平面。回路的 ab 部分可以自由滑动。当 ab 边以速度 $\boldsymbol{v}$ 向右作匀速直线运动时，回路所包围的面积不断扩大，通过回路面积的磁通量也将不断增加，回路中将产生感应电动势，且为动生电动势。设在 $\mathrm{d}t$ 时间内导线 ab 向右移动的距离为 $\mathrm{d}x$，则回路所围面积增加的磁通量为 $\mathrm{d}\Phi=\boldsymbol{B}\cdot\mathrm{d}\boldsymbol{S}=Bl\,\mathrm{d}x$，故电动势的大小为

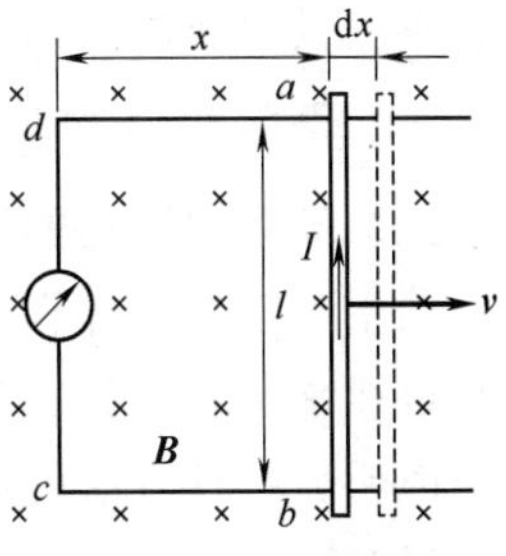

图 6-11　动生电动势

$$\varepsilon_i=\frac{\mathrm{d}\Phi}{\mathrm{d}t}=Bl\,\frac{\mathrm{d}x}{\mathrm{d}t}=Blv \tag{6-7}$$

由楞次定律可以判定，导线 ab 上电动势 ε_i 的方向是从 b 指向 a，a 端电势高于 b 端。由此可见，在磁场中运动的导线 ab 就是一个最简单的电源。a 端是电源的正极，b 端是电源的负极。导线 ab 的电阻就是电源的内阻。

动生电动势的形成可以用洛伦兹力来说明。如图 6-12 所示，当导线 ab 在磁场中以速度 $\boldsymbol{v}$ 匀速运动时，导线内每个自由电子都受到洛伦兹力 $\boldsymbol{F}$ 的作用

$$\boldsymbol{F}=-e\boldsymbol{v}\times\boldsymbol{B}$$

式中，$-e$ 为电子电量，由右手螺旋定则知，$\boldsymbol{F}$ 的方向沿导线由 a 指向 b。电子在洛伦兹力的作用下，沿导线由 a 向 b 运动，在导体回路中形成电流。显然，洛伦兹力就是形成动生电动势的非静电力。

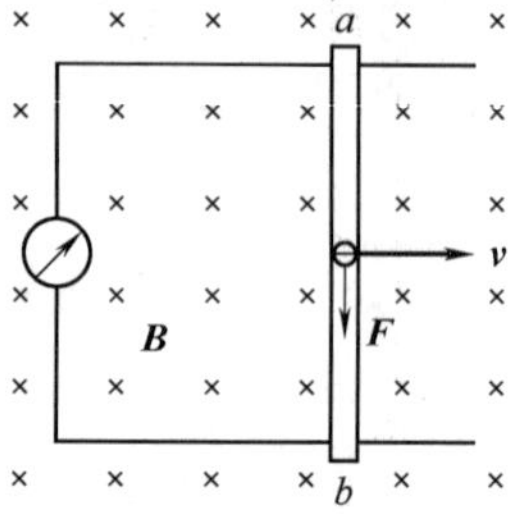

图 6-12 动生电动势的形成原因

如果没有导体框架与导体相接触，洛伦兹力将使电子向 b 端移动，在 b 端聚集而使 b 端带上负电，a 端则由于电子的减少而带正电，从而 a 端电势高于 b 端电势。在导体内形成静电场，此时电子还受到静电场力的作用，当静电场力与洛伦兹力相平衡时，a、b 两端间便有稳定的电动势。

非静电场的场强用符号 $\boldsymbol{E}_K$ 表示，则

$$\boldsymbol{E}_K=\frac{\boldsymbol{F}}{-e}=\boldsymbol{v}\times\boldsymbol{B}$$

由电源电动势的定义式

$$\varepsilon=\int_{-}^{+}\boldsymbol{E}_K\cdot \mathrm{d}\boldsymbol{l}$$

当任意形状的导线在磁场中运动时，动生电动势为

$$\varepsilon_i=\int_L\boldsymbol{E}_K\cdot \mathrm{d}\boldsymbol{l}=\int_L(\boldsymbol{v}\times\boldsymbol{B})\cdot \mathrm{d}\boldsymbol{l} \tag{6-8}$$

式中，$\boldsymbol{v}$ 为导线相对于磁场的运动速度；$\mathrm{d}\boldsymbol{l}$ 为导线上的线元，其方向沿回路绕行的方向；L 为导线长度。

式(6-8) 是动生电动势的一般表述式。动生电动势的方向除了用楞次定律判定外，还可以利用式(6-8) 来判断：电动势的指向与非静电场场强 ($\boldsymbol{v}\times\boldsymbol{B}$) 在导线上分量的方向相同。判断时，可分为两步，第一步，找出 $\boldsymbol{v}\times\boldsymbol{B}$ 的方向；第二步，将 $\boldsymbol{v}\times\boldsymbol{B}$ 在运动导线上投影，其投影的指向就是在运动导线上产生的动生电动势的方向，如图 6-13 所示。

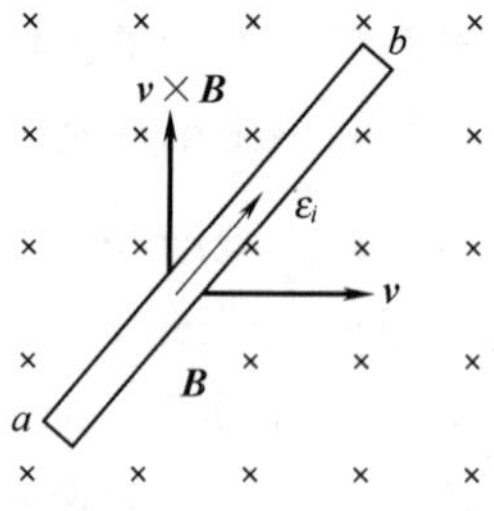

图 6-13 动生电动势的方向

二、动生电动势的计算

动生电动势的计算有两种方法：一种是根据法拉第电磁感应定律来计算，另一种是利用式(6-8) 来计算。下面通过例题说明后一种方法的运用。

【例题 6-2】 长为 L 的金属棒在磁感强度为 $\boldsymbol{B}$ 的匀强磁场中，以角速度 ω 在与磁场方向垂直的平面内绕棒的一端 O 匀速转动，如图 6-14 所示。求棒中的动生电动势。

【解】 虽然金属棒是在匀强磁场中运动，但棒上各点的线速度均不相同，因此必须把棒看成是由许多线元组成的。如图 6-14 所示，在金属棒上距 O 点为 l 处取线元 $\mathrm{d}\boldsymbol{l}$，规定

它的方向由 O 指向 P，该线元运动速度的大小为 $v=\omega l$，因 $\boldsymbol{v}$、$\boldsymbol{B}$、$\mathrm{d}\boldsymbol{l}$ 相互垂直，所以 $\mathrm{d}\boldsymbol{l}$ 两端的动生电动势为

$$\mathrm{d}\varepsilon_i=(\boldsymbol{v}\times\boldsymbol{B})\cdot\mathrm{d}\boldsymbol{l}=Bv\mathrm{d}l$$

由此可得金属棒 L 两端的总电动势为

$$\varepsilon_i=\int_L\mathrm{d}\varepsilon_i=\int_0^L Bv\mathrm{d}l=\int_0^L B\omega l\mathrm{d}l=\frac{1}{2}B\omega L^2$$

因为 $\varepsilon_i>0$，所以动生电动势的方向与选取的方向相同，即由 O 指向 P，P 点电势较高。

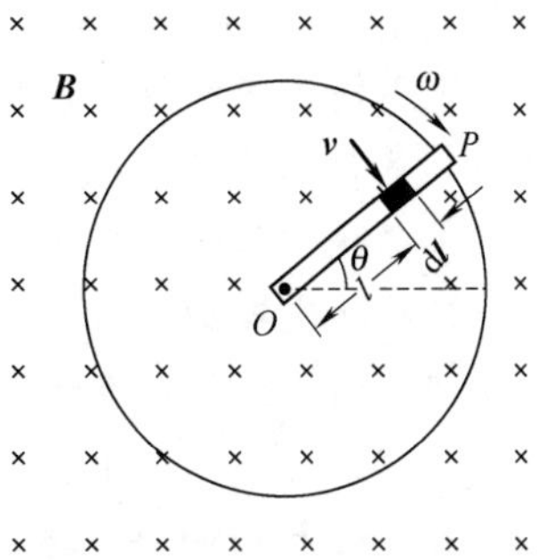

图 6-14 ［例题 6-2］图

【例题 6-3】 如图 6-15 所示，在通有电流 I 的长直导线旁有一金属棒 ab，金属棒 ab 与长直导线共面且互相垂直，金属棒以匀速 $\boldsymbol{v}$ 平行于长直导线运动。已知棒的 a 端到直导线的距离为 r_a，棒的 b 端到直导线的距离 r_b，求金属棒中的动生电动势。

【解】 长直导线所激发的磁场是非匀强磁场，金属棒 ab 上各处的磁感应强度大小不同。如图 6-15 所示，在金属棒上距长直导线 r 处，取线元 $\mathrm{d}\boldsymbol{r}$，取其方向由 a 到 b，该线元所在处磁感应强度的大小为

$$B=\frac{\mu_0 I}{2\pi r}$$

磁感应强度的方向垂直纸面向里，且与 $\boldsymbol{v}$ 的方向垂直，$\mathrm{d}\boldsymbol{r}$ 两端动生电动势为

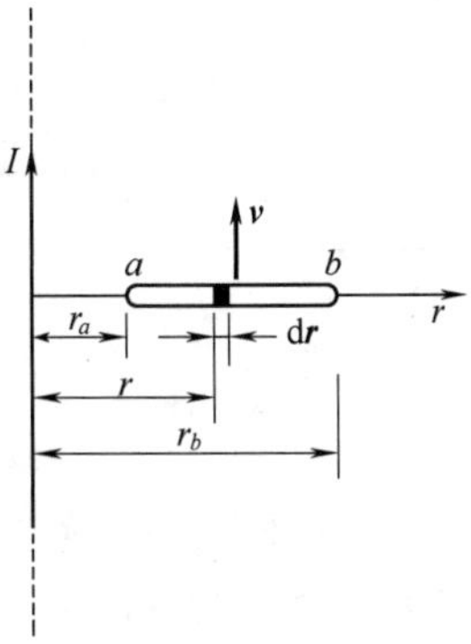

图 6-15 ［例题 6-3］图

$$\mathrm{d}\varepsilon_i=(\boldsymbol{v}\times\boldsymbol{B})\cdot\mathrm{d}\boldsymbol{r}=-vB\mathrm{d}r=-\frac{\mu_0 Iv}{2\pi r}\mathrm{d}r$$

式中，负号表示电动势 $\mathrm{d}\varepsilon_i$ 的方向与 $\mathrm{d}\boldsymbol{r}$ 的方向相反，金属棒 ab 总的动生电动势为

$$\varepsilon_i=\int_L\mathrm{d}\varepsilon_i=\int_L(\boldsymbol{v}\times\boldsymbol{B})\cdot\mathrm{d}\boldsymbol{r}=-\int_{r_a}^{r_b}\frac{\mu_0 Iv}{2\pi r}\mathrm{d}r=-\frac{\mu_0 Iv}{2\pi}\ln\frac{r_b}{r_a}$$

因为 $\varepsilon_i<0$，所以动生电动势的方向与选取的方向相反，即由 b 指向 a，a 端电势较高。

习题 6-3

一、思考题

1. 什么是动生电动势？如何判断它是否存在？

2. 动生电动势的形成原因是什么？

二、计算题

1. 如图 6-16 所示，导体棒 ab 长 $l=0.5\mathrm{m}$，与一个电阻可以忽略不计的 U 形回路接触。设整个回路处于 $B=0.1\mathrm{T}$ 的匀强磁场中，磁场方向垂直于纸面向里。

① 若导体棒以 $4.0\mathrm{m}\cdot\mathrm{s}^{-1}$ 的速率向右运动，求棒内动生电动势的大小和方向；

② 若导体棒的电阻为 0.2Ω，求此棒所受的安培力（忽略

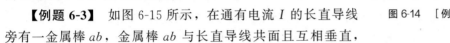

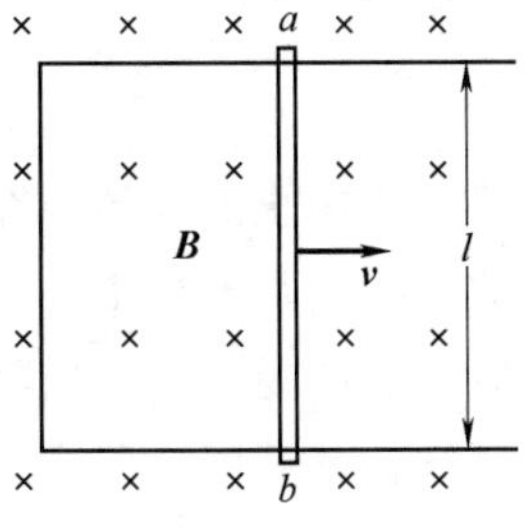

图 6-16

摩擦)；

③ 求棒所受的拉力；

④ 求拉力的功率；

⑤ 求棒产生的电功率。

2. 两段导线 $ab=bc=10\text{cm}$，在 b 处相连接而成 30° 角。若使导线在匀强磁场中以速率 $v=1.5\text{m}\cdot\text{s}^{-1}$ 匀速运动，方向如图 6-17 所示，磁场方向垂直纸面向里，$B=2.5\times10^{-2}\text{T}$，问 a、c 间的电势差为多少？哪一端的电势高？

3. 一长为 L 的导体棒 CD，在与一匀强磁场垂直的平面内，绕位于 $L/3$ 处的轴 O 以匀角度 ω 逆时针旋转，磁场方向如图 6-18 所示，磁感应强度为 $\boldsymbol{B}$，求：

① 导体棒内的动生电动势，并指出哪一端的电势高？

② CO、OD 及 DC 之间的电势差分别为多少？

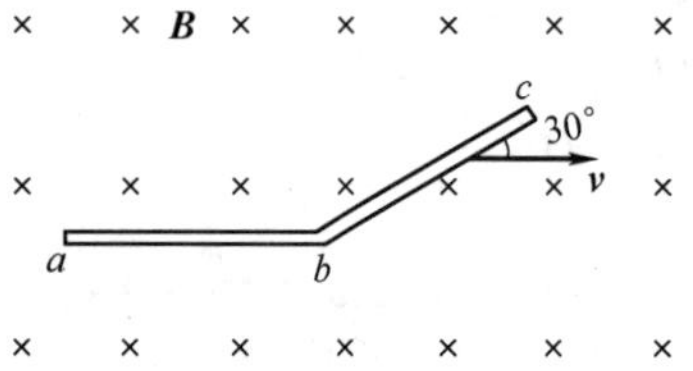

图 6-17

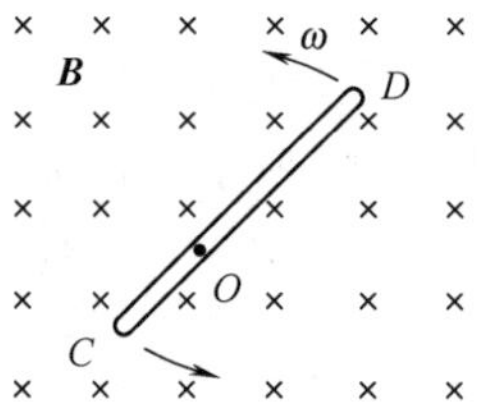

图 6-18

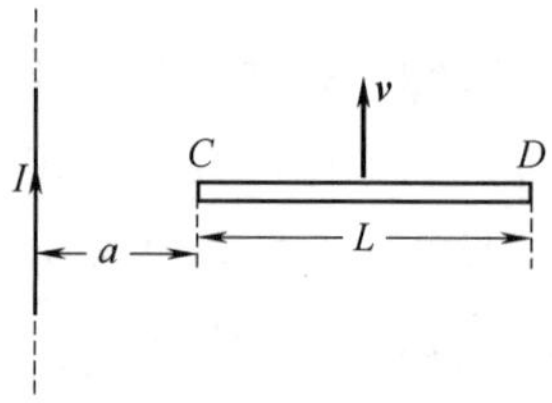

图 6-19

4. 如图 6-19 所示，导线 CD 长为 L，保持与一载流直导线共面，并与其垂直，C 端到导线的距离为 a，求：当 CD 以速度 $\boldsymbol{v}$ 平行于载流导线匀速运动时，导线 CD 中的动生电动势的大小和方向。已知 $a=10.0\text{cm}$，$L=30.0\text{cm}$，$I=2.0\text{A}$，$v=2\text{m}\cdot\text{s}^{-1}$。

第四节 感生电动势

一、感生电动势

在图 6-5 所示的实验中，当线圈 A 中的电键合上或打开时，线圈 B 中的电流计指针就发生偏转，这是因为电键合上或打开时，变化的电流激发了变化的磁场，使线圈 B 中的磁通量发生变化，从而在线圈 B 中产生感应电动势，形成感应电流。这种回路不动，由于磁场的变化而产生的电动势叫做**感生电动势**。产生感生电动势的非静电力从何而来？

作用于电荷的电磁力为

$$\boldsymbol{F}=q(\boldsymbol{E}+\boldsymbol{v}\times\boldsymbol{B})$$

显然，在静止的导体回路中，上式右边第二项为零。因此，迫使导线中的自由电子作定向移动的必定是电场 $\boldsymbol{E}$。可在这种情况下，没有静止的电荷，因而引起磁通量变化的电场不可能是静电场。麦克斯韦在分析了大量的电磁感应现象之后，提出如下假设：**随时间变化的磁场在其周围空间会激发一种电场**，这种电场称为**感生电场或涡旋电场**，其场强用 $\boldsymbol{E}_K$ 表示。无论空间中有无导体或导体回路，无论空间中有无介质存在，变化的磁场总是要激发感生电场的。**感生电场对导体中电荷的作用力是形成感生电动势的非静电力。**

感生电场与静电场的相同之处是，它们都对处于场中的电荷有力的作用。它们的不同之处，一是起源不同，静电场是由静止电荷产生，而感生电场则是由变化磁场激发；二是性质不同，静电场是保守场，它的电场线起始于正电荷或无穷远，终止于负电荷或无穷远，而感生电场则不同，单位正电荷在感生电场中绕闭合回路 L 一周，感生电场力所做的功不等于零，由电动势的定义，应等于回路 L 中的感生电动势，即

$$\varepsilon_i = \oint_L \boldsymbol{E}_K \cdot \mathrm{d}\boldsymbol{l} = -\frac{\mathrm{d}\Phi}{\mathrm{d}t} \tag{6-9}$$

上式是由麦克斯韦感生电场的假设而得到的感生电动势的表示式，式中 Φ 是通过回路所围曲面的磁通量。

上式表明，感生电场的场强沿任一闭合回路的线积分不等于零，所以**感生电场是非保守力场**，它的电场线是无头无尾的闭合曲线，**感生电场也称为涡旋电场**。

近代科学实验证实，麦克斯韦提出的感生电场是客观存在的，并且在实际中得到了很重要的应用，例如电子感应加速器就是利用感生电场来加速电子的。

【例题 6-4】 如图 6-20 所示，圆形导体回路置于变化的磁场中，线圈平面与磁感应线垂直，面积 S 为 0.1m^2，磁感应强度随时间的变化关系是 $B=5\times10^{-3}t^2$ T。求 $t=2$s 时的感生电动势大小，并指出电阻上的电流方向。

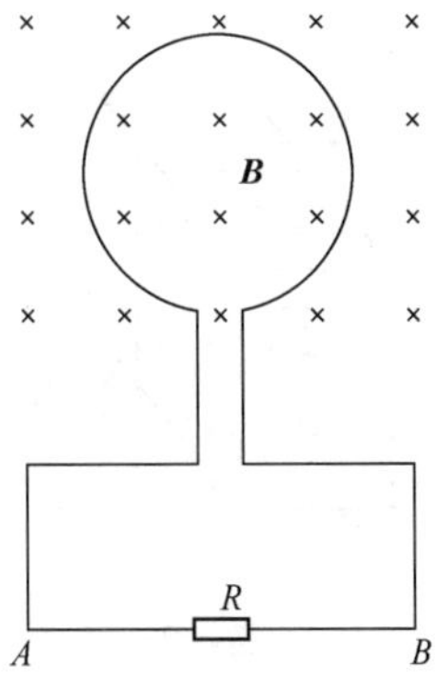

图 6-20　[例题 6-4] 图

【解】 由 $\varepsilon_i=-\dfrac{\mathrm{d}\Phi}{\mathrm{d}t}$可得，感生电动势大小为

$$\varepsilon_i=\left|\frac{\mathrm{d}\Phi}{\mathrm{d}t}\right|=\left|\frac{\mathrm{d}B}{\mathrm{d}t}\right|S=10\times10^{-3}t\times0.1=1\times10^{-3}t\ (\text{V})$$

$t=2$s 时的感生电动势大小为

$$\varepsilon_i=2\times10^{-3}\,\text{V}$$

由楞次定律可知圆形导体回路内的感应电流为逆时针方向，所以电阻上的电流方向为由 A 向 B。

二、涡流

当大块导体，特别是金属导体处在变化的磁场中时，由于通过金属块的磁通量发生变化，因此在金属块中产生感生电动势，引起闭合涡旋状的感应电流，如图 6-21 所示，这种电流称为**涡电流**，又叫**涡流**。

由于大块金属电阻特别小，所以往往可以产生极强的涡流，在金属内放出大量的焦耳热。利用涡流的热效应进行加热的方法称为**感应加热**。如冶炼合金时常用的高频感应炉，其示意图如图 6-22 所示，当线圈中通有高频交变电流时，感应炉中被冶炼的金属内出现很大的涡流，它所产生的巨大热量能使金属很快熔化。这种冶炼方法具有加热速度快、温度均匀、易控制、材料不受污染等优点。

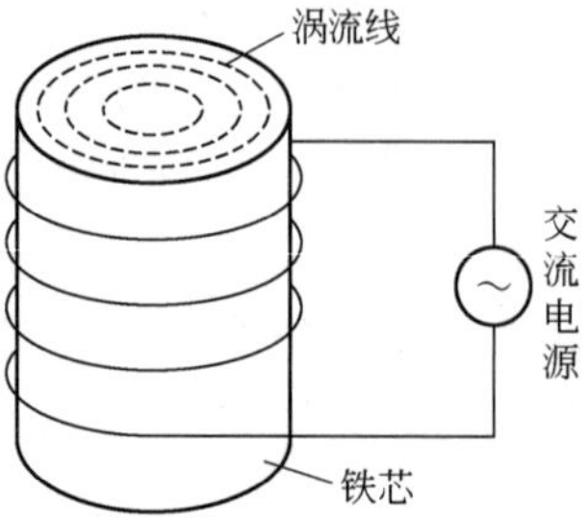

图 6-21 涡流

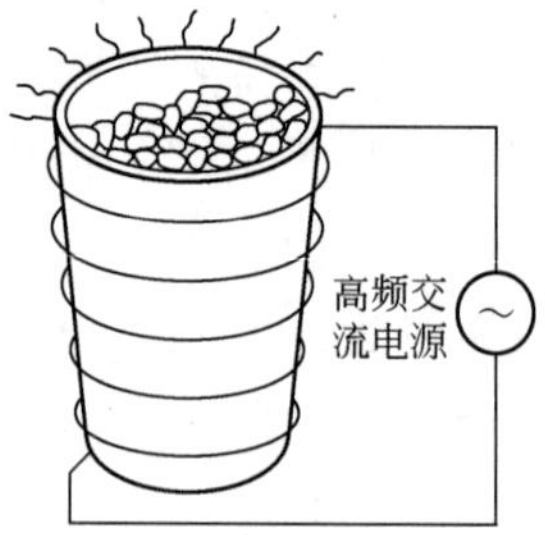

图 6-22 高频感应炉的示意图

涡流产生的热效应虽然有广泛应用，但在有些情况下也有很大的弊害，例如变压器或其他电机的铁芯，由于涡流而产生无用的热量，不仅消耗电能，降低了电机的效率，而且可能因铁芯严重发热而导致不能正常工作。改进的方法是铁芯不用整块材料制作，而是用互相绝缘的薄硅钢片叠压而成，如图 6-23 所示。这样铁芯的电阻增大，涡流变小，且被限制在薄片内流动，产生的热量就少，电能的损耗降低，电机的效率提高。

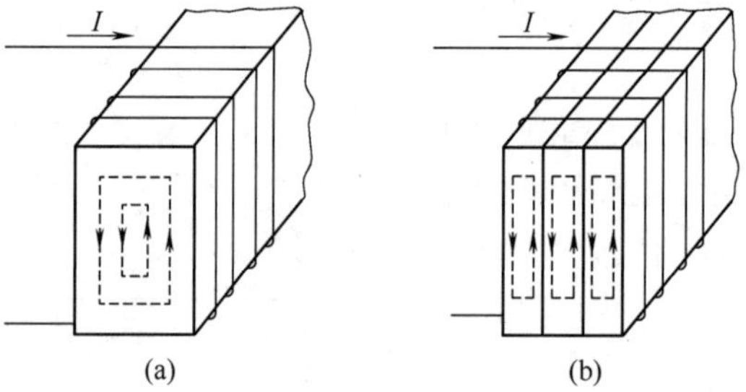

图 6-23 变压器铁芯中的涡流

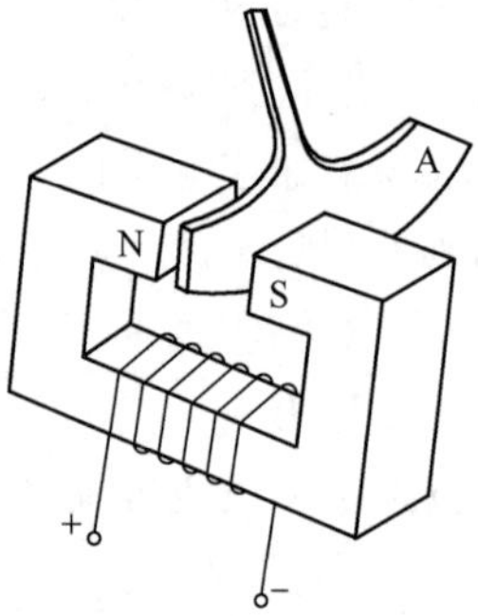

图 6-24 电磁阻尼

涡流除了产生热效应以外，还可以产生阻尼作用。如图 6-24 所示，把一块金属片做成的摆 A，悬挂于电磁铁的两极间，使其在两极间摆动。电磁铁的线圈没有通电时，两极间无磁场，金属摆 A 在空气的阻尼和转轴处的摩擦力的作用下，需要较长一段时间才能停下来。当电磁铁的线圈通电后，两极间有磁场分布，这时摆动着的金属摆 A 很快就能停止下来。这是因为当金属摆 A 在磁场中运动时，穿过摆 A 的磁通量在变化，在摆中产生了涡流，涡流受到的磁场安培力的作用与摆的运动方向相反，从而阻碍摆的运动，使摆很快停止下来。这种现象称为**电磁阻尼**。电磁阻尼在各种仪表中被广泛应用。

习题 6-4

一、思考题

1. 感生电场是怎样产生的？它与静电场有何相同和不同之处？为什么感生电场不能引入电势的概念？

2. 在有磁场变化着的空间，如果没有导体，那么在此空间有没有电场？有没有感应电动势？

3. 变压器的铁芯为什么总做成片状的，而且涂上绝缘漆相互隔开？

二、计算题

1. 如图 6-25 所示的线圈平面，其面积为 $0.2m^2$，磁感应强度随时间的变化率为 $-2\times10^{-2}T\cdot s^{-1}$，求线圈中的感生电动势的大小和方向。

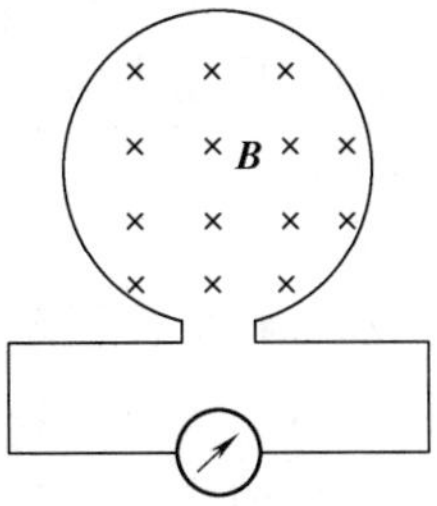

图 6-25

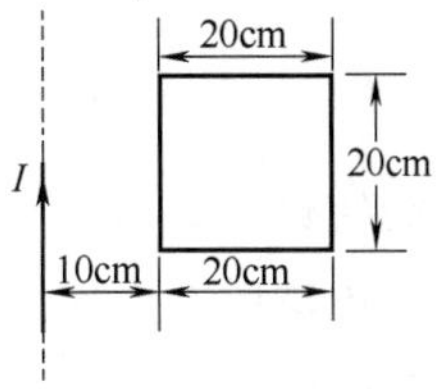

图 6-26

2. 如图 6-26 所示，长直导线中通有以 $2A\cdot s^{-1}$ 的变化率稳定增长的电流，求：

① 若某时刻导线中的电流为 I，那么，穿过边长为 20cm 的正方形回路（与长直导线共面）的磁通量 Φ 为多少？

② 回路中感生电动势多大？感生电流的方向如何？

第五节　自感和互感

由法拉第电磁感应定律可知，当穿过回路的磁通量发生变化时，回路内就一定产生感应电动势。本节将把法拉第电磁感应定律应用到实际电路中去，讨论在实际中有着广泛应用的两种电磁感应现象——自感和互感。

一、自感

如图 6-27 所示，当导体回路中电流发生变化时，它所激发的磁场使穿过回路自身的磁通量发生变化，因而在回路中产生感应电动势。这**种因回路电流变化而在回路自身中引起感应电动势的现象**，称为**自感现象**。由此引起的电动势称为**自感电动势**。

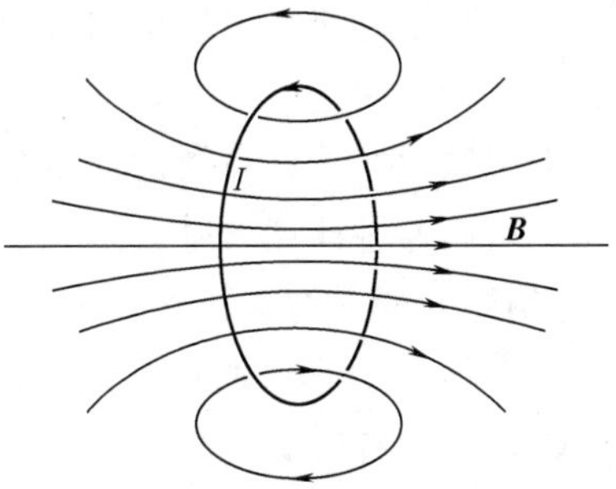

图 6-27　自感

设通过导体回路的电流为 I，由毕奥-萨伐尔定律可知，该电流在空间任一点激发的磁感强度与电流 I 成正比，因此，穿过回路本身所围面积的磁链也与电流 I 成正比，即

$$\Psi=N\Phi=LI \tag{6-10}$$

式中，L 为比例系数，称为回路的**自感系数**，简称**自感或电感**。自感系数 L 是表征回路本身电磁性质的物理量，它与回路的大小、形状、线圈匝数以及周围磁介质的性质有关。在周围没有铁磁质的情况下，自感系数 L 与电流 I 无关。

式（6-10）表明，自感系数在数值上等于回路中的电流为单位电流时穿过回路本身所

围面积的磁链，即

$$L=\frac{\Psi}{I}$$

如果回路的大小、形状、匝数以及周围磁介质的磁导率都保持不变，则 L 为一恒量，当回路电流 I 随时间变化时，由法拉第电磁感应定律知，回路中的自感电动势 ε_L 为

$$\varepsilon_L=-\frac{\mathrm{d}\Psi}{\mathrm{d}t}=-L\frac{\mathrm{d}I}{\mathrm{d}t} \tag{6-11}$$

式中，负号是楞次定律的数学表示，它表明，自感电动势将反抗回路中电流的变化。即当电流增加时，自感电动势与原来电流的方向相反，当电流减小时，自感电动势与原来电流的方向相同。可见，**自感电动势起着反抗回路中电流变化的作用**，或者说**任何载流回路都具有保持原有电流不变的性质**，这种性质被称为**电磁惯性**。对于相同的电流变化率$\frac{\mathrm{d}I}{\mathrm{d}t}$，回路的自感系数 L 越大，自感电动势 ε_L 也就越大，改变原有电流就越困难，所以**自感系数可以看成是回路“电磁惯性”的量度**。

在 SI 中，自感的单位是亨［利］，符号为 H。$1\mathrm{H}=1\mathrm{Wb}\cdot\mathrm{A}^{-1}$。常用的单位还有毫亨［利］和微亨［利］，符号分别为 mH 和 μH。$1\mathrm{H}=10^3\mathrm{mH}=10^6\mu\mathrm{H}$。

在工程和日常生活中，自感的应用是很广泛的。自感线圈是一个重要元件，在电路中具有“通直流，阻交流；通低频，阻高频”的特性，在无线电技术中常常使用的扼流圈以及日光灯上装置的镇流器等，就是利用自感线圈反抗电流变化的特性，来稳定电路中的电流的。另外，将自感线圈与电容共同组成滤波电路，可使某些频率的交流信号能顺利通过，而将另一些频率的交流信号挡住，从而达到滤波的目的。还可以利用自感线圈与电容器构成谐振电路来完成特定的任务。

在某些情况下，自感现象又是非常有害的。例如，大型的电动机、发电机等，它们的绕组线圈都具有很大的自感，在电闸断开时，强大的自感电动势可能使电介质击穿，因此必须采取保护措施，以保证人员和设备的安全。为此，在工业上常采用逐步增加电阻的方法，逐步减小电流，最后断开电流。为了避免事故，也可以使用带有灭弧结构的特殊开关。

自感系数的计算一般比较复杂，通常用实验方法进行测量。对于一些形状规则的简单回路，可以通过计算求得。

【例题 6-5】 有一长直螺线管，长为 l，横截面积为 S，线圈的总匝数为 N，管中充满磁导率为 μ 的非铁磁介质，求其自感系数。

【解】 设有电流 I 通过长直螺线管，管内的磁场可视为匀强磁场，磁感应强度的大小为

$$B=\mu nI=\mu\frac{N}{l}I$$

磁感应强度的方向与螺线管的轴线平行，通过每一匝线圈的磁通量为

$$\Phi=BS=\mu\frac{NS}{l}I$$

通过 N 匝线圈的磁链为

$$\Psi = N\Phi = NBS = \mu \frac{N^2 S}{l} I$$

由于 $\Psi = LI$，所以

$$L = \frac{\Psi}{I} = \mu \frac{N^2}{l} S \qquad (6\text{-}12a)$$

如果用螺线管的体积 $V = Sl$ 和单位长度的匝数 $n = \frac{N}{l}$ 表示上式，则有

$$L = \mu \left(\frac{N}{l}\right)^2 lS = \mu n^2 V \qquad (6\text{-}12b)$$

可见，螺线管的自感系数只与自身条件有关。增加单位长度的匝数 n 是增大线圈自感系数 L 的有效方法。

二、互感

设有两个邻近的回路 1 和 2，其中分别通有电流 I_1 和 I_2，如图 6-28 所示。回路 1 中的电流 I_1 激发的磁场，有一部分磁感应线通过回路 2 所围面积；同样，回路 2 中的电流 I_2 所激发的磁场也有一部分磁感应线通过回路 1 所围面积。当其中任意一个回路中的电流变化时，由于磁通量的变化，就会在另一个回路中产生感应电动势。这种**由于一个回路中的电流变化而在邻近的另一个回路中产生感应电动势的现象**称为**互感现象**，所产生的电动势称为**互感电动势**。

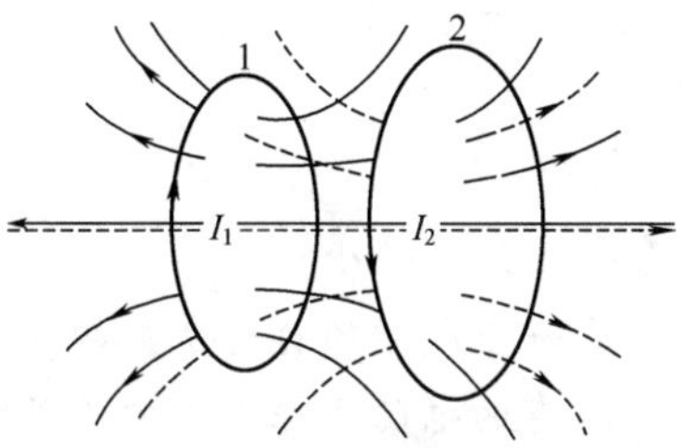

图 6-28 互感

设回路 1 中的电流 I_1 产生的磁场穿过回路 2 的磁通量为 Φ_{21}；回路 2 中的电流 I_2 产生的磁场穿过回路 1 的磁通量为 Φ_{12}。由毕奥-萨伐尔定律可知，在没有铁磁质的情况下，Φ_{21} 正比于 I_1，Φ_{12} 正比于 I_2，写成等式

$$\Phi_{21} = M_{21} I_1$$
$$\Phi_{12} = M_{12} I_2$$

M_{21} 和 M_{12} 是两个比例系数，它们的数值由两回路的形状、大小、匝数、相对位置以及周围磁介质的磁导率决定。在没有铁磁质的情况下，其数值与电流无关。理论和实验都证明，在两回路本身条件不变的情况下，M_{21} 和 M_{12} 的数值相等，统一用符号 M 表示，M 称为两个回路的**互感系数**，简称**互感**。显然

$$\begin{aligned} \Phi_{21} &= MI_1 \\ \Phi_{12} &= MI_2 \end{aligned} \qquad (6\text{-}13)$$

上式表明，**两回路的互感系数在数值上等于其中一个回路为单位电流时，其磁场穿过另一个回路的磁通量**。

若两回路的形状、大小、匝数、相对位置以及周围磁介质的磁导率都保持不变，由法拉第电磁感应定律，回路 1 中的电流 I_1 变化时，在回路 2 中引起的互感电动势 ε_{21} 为

$$\varepsilon_{21} = -\frac{\mathrm{d}\Phi_{21}}{\mathrm{d}t} = -M \frac{\mathrm{d}I_1}{\mathrm{d}t} \qquad (6\text{-}14a)$$

同理，当回路 2 中的电流 I_2 变化时，在回路 1 中引起的互感电动势 ε_{12} 为

$$\varepsilon_{12}=-\frac{d\Phi_{12}}{dt}=-M\frac{dI_2}{dt} \tag{6-14b}$$

由此可见，当一个回路中的电流随时间的变化率一定时，互感系数越大，则通过互感在另一个回路中引起的互感电动势也越大。因此，互感系数是表示两个回路互感作用强弱的物理量。互感系数的单位与自感系数相同。

互感在电工和无线电技术中有着广泛的应用，利用互感现象可以方便地把交变电信号或者能量从一个回路转移到另一个回路，而无需将两个回路连接起来。各种变压器和互感器都是利用互感现象的原理制成的。

在某些情况下，互感也常常是有害的。例如，有线电话往往由于互感现象而引起两路电话线之间的串音，无线电和电子仪器中互感会引起线路之间的相互干扰，这种情况下需要设法消除互感作用。

习题 6-5

一、思考题

1. 自感系数的一种定义式为 $L=\frac{\Psi}{I}$，能否由此式说明，通过线圈中的电流 I 越大，自感系数 L 就越小？

2. 一个线圈的自感系数的大小取决于哪些因素？

3. 有的电阻元件是用电阻丝绕成的，为了使它只有电阻而没有自感，常采用双线绕法，如图 6-29 所示，试说明为什么这样绕？

4. 有两个半径很接近的线圈，问如何放置可使其互感电动势最小？如何放置可使其互感电动势最大？

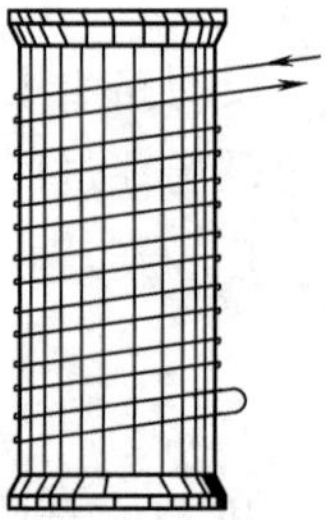

图 6-29

二、计算题

1. 有一线圈的自感系数是 1.2H，当通过它的电流在 1/2000s 内，由 0.5A 均匀地增加到 5A 时，产生的自感电动势多大？

2. 在长为 0.6m，直径为 5.0cm 的圆纸筒上应绕多少匝线圈才能使绕成的螺线管的自感系数为 6.0×10^{-3}H？

3. 两长直螺线管同轴并套在一起，半径分别为 R_1 和 R_2（$R_2>R_1$），匝数分别为 N_1 和 N_2，长度均为 l（$l\gg R_1$，$l\gg R_2$）。求互感系数。

*第六节 磁场的能量

充电后的电容器储存有一定的电能，那么，一个通有电流的线圈是否也储存了某种形式的能量呢？

一、磁场的能量

如图 6-30 所示的电路中，有一个自感为 L 的线圈，外电路电阻为 R，电源的电动势为 ε。当电键 S 未接通时，电路中没有电流，线圈内也没有磁场。接通电键 S 的瞬间，线圈中的电流从零迅速增加到稳定值 I。在电流增加的过程中，线圈内产生与电流方向相反的自感电动势，阻碍磁场的建立。与此同时，在电阻上释放焦耳热。因此，电流在线圈内建立磁场的过程中，电源供给的能量分成两部分：一部分通过电阻转换为热能，另一部分通过克服自感电动势做功，转换为线圈内的磁场能量。

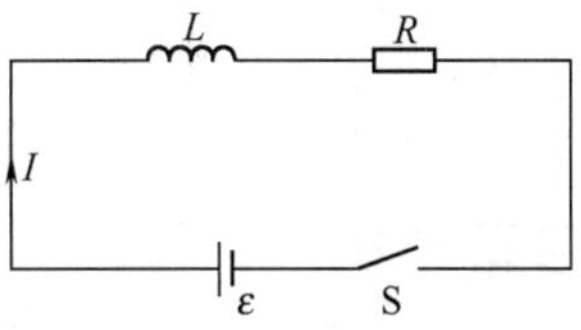

图 6-30　自感线圈储存能量

设在 t 时刻，回路中的电流为 i，则该时刻线圈内的自感电动势为

$$\varepsilon_L = -L\frac{\mathrm{d}i}{\mathrm{d}t}$$

根据能量守恒定律，在 $t \sim (t+\mathrm{d}t)$ 时间内，电源所做的功 $\varepsilon i\,\mathrm{d}t$，等于 $\mathrm{d}t$ 时间内电阻 R 上放出的焦耳热 $i^2R\,\mathrm{d}t$ 和克服自感电动势所做的功 $\mathrm{d}A$ 之和，即

$$\varepsilon i\,\mathrm{d}t = i^2R\,\mathrm{d}t + \mathrm{d}A$$

其中

$$\mathrm{d}A = -\varepsilon_L i\,\mathrm{d}t = Li\,\mathrm{d}i$$

电路中电流从零增加到稳定值 I 的过程中，电源克服自感电动势所做的功为

$$A = \int_0^I Li\,\mathrm{d}i = \frac{1}{2}LI^2$$

这就是储存在通电线圈中的能量。因而，电流达到稳定值 I 时，电路中磁场的能量为

$$W_m = \frac{1}{2}LI^2 \tag{6-15}$$

二、磁能密度

以通电的长直螺线管为例，计算磁场的能量。

设长直螺线管中通有电流 I，管内充满磁导率为 μ 的各向同性均匀磁介质，螺线管单位长度的匝数为 n，其体积为 V，则螺线管的自感系数为 $L=\mu n^2V$，管内磁感应强度为 $B=\mu nI$，将它们代入式（6-15），得

$$W_m = \frac{1}{2}LI^2 = \frac{1}{2}\mu n^2V\left(\frac{B}{\mu n}\right)^2 = \frac{B^2}{2\mu}V \tag{6-16}$$

单位体积内的磁场能量为

$$w_m = \frac{W_m}{V} = \frac{1}{2\mu}B^2 \tag{6-17}$$

式中，w_m 称为磁场的能量密度，简称**磁能密度**。上式虽然是从螺线管中匀强磁场的特例导出的，但可以证明，它具有普遍性，在任意磁场中都成立。式（6-17）表明，任何磁场都具有能量，磁场的能量存在于磁场所在的整个空间中。

由此可见，磁场和电场一样，是一种物质形态，因而具有能量。在匀强磁场中，磁场能量 W_m 等于磁能密度 w_m 和磁场体积 V 的乘积。一般情况下，磁场是非匀强磁场，此时可把磁场所在空间划分为许多体积元 $\mathrm{d}V$，在任一体积元内，磁场可看作是匀强磁场，因此，体积元 $\mathrm{d}V$ 内的磁场能量为

$$\mathrm{d}W_m = w_m\,\mathrm{d}V = \frac{1}{2\mu}B^2\,\mathrm{d}V$$

那么，在体积为 V 的有限空间内，磁场的总能量为

$$W_m = \int_V \mathrm{d}W_m = \int_V \frac{1}{2\mu} B^2 \mathrm{d}V \tag{6-18}$$

* 习题 6-6

1. 一个螺线管的自感系数 $L=5.0\mathrm{mH}$，当通过它的电流 $I=2\mathrm{A}$ 时，它贮存的磁场能为多少？

2. 在真空中，有一个磁感应强度为 0.2T 的匀强磁场，求它的磁能密度。

*第七节 电 磁 波

前面两章，分别介绍了静电场和稳恒磁场的基本性质和基本规律。静电场和稳恒磁场是不随时间变化的电场和磁场，而最普遍的情形却是随时间变化的电磁场。

1863 年，英国物理学家麦克斯韦在总结前人对电磁感应研究成果的基础上，建立了完整的电磁场理论，并由此预言了电磁波的存在。20 年后，赫兹用实验证实了电磁波的存在，给了麦克斯韦电磁场理论以决定性的支持。

一、电磁波的辐射

由麦克斯韦电磁场理论可知，随时间变化的电场在其周围的空间激发磁场，随时间变化的磁场在其周围的空间激发电场。**变化的电场和变化的磁场不断地交替产生，由近及远以有限的速度在空间传播，形成电磁波。**

在讨论电磁波传播之前回顾一下电磁振荡电路，最简单最基本的无阻尼自由振荡可由 LC 电路产生，如图 6-31 所示，电容器极板上的电荷和振荡电路中的电流都是周期性变化着的，意味着电容器极板间的电场和自感线圈中的磁场也在周期性变化着，根据麦克斯韦电磁场理论，振荡电路应能够辐射电磁波。

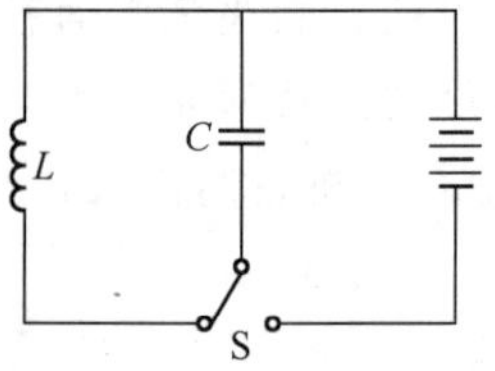

图 6-31 LC 电磁振荡电路

要想在空间形成电磁波，就必须有波源。通过刚才的分析，LC 振荡电路似乎是最合适的波源。电磁理论证明，电磁波在单位时间内辐射能量与频率的四次方成正比。由此可看出，振荡电路的固有频率越大，向外辐射的电磁波越强，而振荡电路中，由于 L、C 都比较大，即其固有频率 $\left(\nu=\frac{1}{2\pi\sqrt{LC}}\right)$ 较低，辐射电磁波的功率极小，而且在振荡过程中，电场能和磁场能几乎只是在自感线圈和电容器之间来回交换，不利于把电磁波辐射出去。为了向外辐射电磁波，必须减小 L 和 C 的数值。

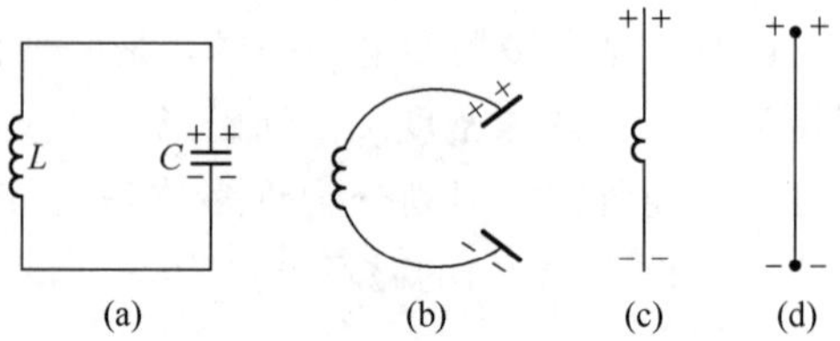

图 6-32 提高振荡电路的固有频率并开放电磁场的方法

如果把电容器极板间的距离逐渐增大，同时减少线圈的匝数，并逐渐地拉直，最后形成一条直线，如图 6-32 所示，这样一方面使电场和磁场分散到周围的空间，同时，由于 L 和 C 的减小，提高了电路的振荡频率。所以只要在直线形的电路上引起电磁振荡，直线形电路的两端就会交替出现正负等量异号电荷。这种完全开放了的电路，称为**振荡偶极子**。振荡偶极子可以作为发射电磁波的天线，其发射电路如图 6-33 所示。

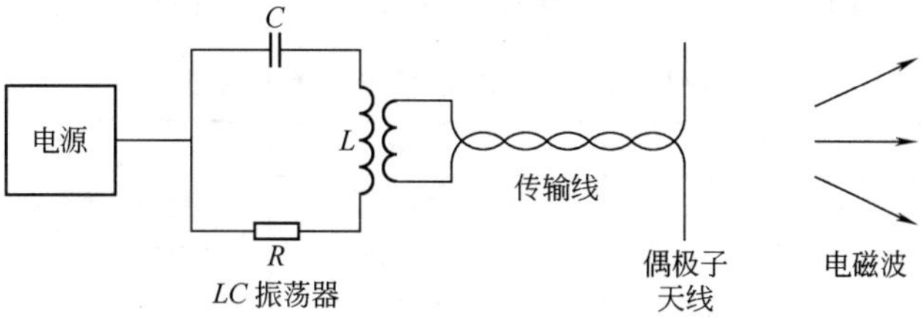

图 6-33　发射无线电短波的电路示意图

二、电磁波的性质

理论和实验结果证明，在自由空间传播的电磁波具有以下基本的性质。

① 电场强度 $\boldsymbol{E}$ 和磁感应强度 $\boldsymbol{B}$ 互相垂直，两者都与电磁波的传播方向垂直，如图 6-34 所示，所以**电磁波是横波**。

② 电场强度 $\boldsymbol{E}$ 和磁感应强度 $\boldsymbol{B}$ 在任意时刻都有相同的相位，它们的变化是同步的，且两者的数值成比例。

③ 理论计算证明，电磁波的传播速度为

$$u=\frac{1}{\sqrt{\varepsilon\mu}} \tag{6-19}$$

真空中电磁波的传播速度为

$$c=\frac{1}{\sqrt{\varepsilon_0\mu_0}}$$

将 ε_0 和 μ_0 的数值代入上式，得

$$c=2.998\times10^8\,\mathrm{m\cdot s^{-1}}$$

这恰好是光在真空中的传播速度。经大量实验证实，光波确实是电磁波。

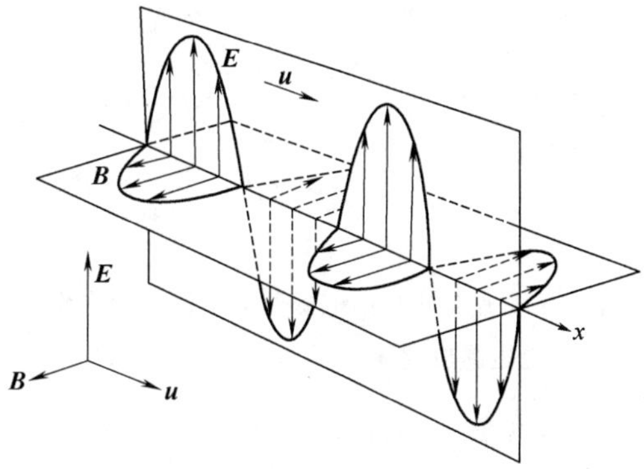

图 6-34　平面简谐电磁波

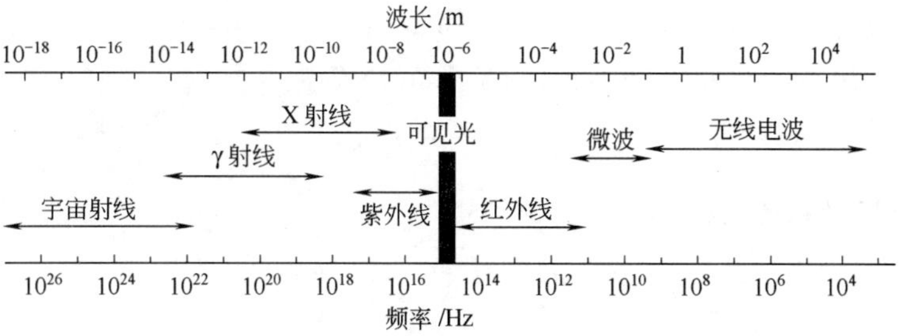

图 6-35　电磁波谱

三、电磁波谱

实验证明，电磁波的范围很广，不仅光波是电磁波，后来发现的射线也都是电磁波。它们的本质完全相同，只是波长或频率有所不同。为了便于对各种电磁波进行比较，按照频率或波长的大小，把它们依次排列成一个谱，这就是**电磁波谱**，如图 6-35 所示。

在电磁波谱中，波长最长的是无线电波。表 6-1 列出了各种无线电波的范围和用途。

表 6-1 各种无线电波的范围和用途

名称		波长	频率	主要用途
长波		30000～3000m	10～100kHz	越洋长距离通信和导航
中波		3000～200m	100～1500kHz	无线电广播
中短波		200～50m	1.5～6MHz	电报通信
短波		50～10m	6～30MHz	无线电广播、电报通信
米波		10～1m	30～300MHz	调频无线电广播、电视广播、无线电导航
微波	分米波	100～10cm	300～3000MHz	电视、雷达、无线电导航及其他专门用途
	厘米波	10～1cm	3000～30000MHz	
	毫米波	1～0.1cm	30000～300000MHz	

* 习题 6-7

1. 麦克斯韦关于电磁场理论的两个基本论点是什么？
2. 电磁波是怎样形成的？请简述电磁波的性质。

本章小结

本章的重点是法拉第电磁感应定律和楞次定律及其运用，难点是对感生电场的理解。

一、电磁感应定律

法拉第电磁感应定律 $\varepsilon_i=-\dfrac{d\Phi}{dt}$，式中的“－”用于描述感应电动势的方向，它体现了楞次定律：闭合回路中感应电流的方向，总是使它的磁场阻碍引起感应电流的磁通量的变化。

为了便于理解和掌握，可以用 $\varepsilon_i=\left|\dfrac{d\Phi}{dt}\right|$ 求感应电动势的大小，用楞次定律来判断感应电动势的方向。

若回路由 N 匝密绕线圈组成，则 $\varepsilon_i=-N\dfrac{d\Phi}{dt}$

二、动生电动势

形成动生电动势的非静电力是洛伦兹力，非静电场的场强为

$$\boldsymbol{E}_K=\frac{\boldsymbol{F}}{(-e)}=\boldsymbol{v}\times\boldsymbol{B}$$

任意形状的导线在磁场中运动时，动生电动势为

$$\varepsilon_i=\int_L \boldsymbol{E}_K\cdot d\boldsymbol{l}=\int_L(\boldsymbol{v}\times\boldsymbol{B})\cdot d\boldsymbol{l}$$

三、感生电动势

形成感生电动势的非静电力是感生电场对导体中电荷的作用力。感生电场由变化的磁场产生。感生

电动势为

$$\varepsilon_i = \int_L \boldsymbol{E}_K \cdot \mathrm{d}\boldsymbol{l} = -\frac{\mathrm{d}\Phi}{\mathrm{d}t}$$

感生电场不是保守场，而是涡旋电场。

四、自感和互感

1. 自感　$L=\frac{\Psi}{I}=\frac{N\Phi}{I}$；自感电动势　$\varepsilon_L=-L\frac{\mathrm{d}I}{\mathrm{d}t}$

2. 互感　$M=\frac{\Phi_{21}}{I_1}=\frac{\Phi_{12}}{I_2}$

互感电动势　$\varepsilon_{21}=-M\frac{\mathrm{d}I_1}{\mathrm{d}t}$　$\varepsilon_{12}=-M\frac{\mathrm{d}I_2}{\mathrm{d}t}$

***五、磁场的能量**

1. 磁能密度　$w_m=\frac{1}{2\mu}B^2$

2. 空间 V 内的磁场能　$W_m=\int_V w_m \mathrm{d}V=\int_V \frac{1}{2\mu}B^2\mathrm{d}V$

3. 自感线圈内的磁场能　$W_m=\frac{1}{2}LI^2$

***六、电磁波**

电磁场由近及远在空间的传播形成电磁波。

电磁波是横波，它在真空中的传播速度与光在真空中的传播速度相等。

自测题

一、判断题

1. 穿过闭合回路的磁通量越大，产生的感应电流就越大。　(　　)
2. 在匀强磁场中，导体只要运动，就能产生动生电动势。　(　　)
3. 只要穿过回路的磁场变化，就能在回路中产生感生电动势。　(　　)
4. 感生电场与静电场的产生原因是相同的。　(　　)
5. 螺线管中充有铁磁质时的自感系数大于真空时的自感系数。　(　　)

二、选择题

1. 如图 6-36 所示，在长直载流导线下方有导体细棒 ab，棒与直导线垂直且共面。(a)、(b)、(c) 处有三个光滑细金属框。今使 ab 以速度 $\boldsymbol{v}$ 向右滑动。设 (a)、(b)、(c)、(d) 四种情况下的细棒 ab 中的感应电动势为 ε_a、ε_b、ε_c、ε_d，则　(　　)

(A) $\varepsilon_a=\varepsilon_b=\varepsilon_d>\varepsilon_c$；　(B) $\varepsilon_a=\varepsilon_d>\varepsilon_b>\varepsilon_c$；

(C) $\varepsilon_a=\varepsilon_b=\varepsilon_d=\varepsilon_c$；　(D) $\varepsilon_a=\varepsilon_b<\varepsilon_d<\varepsilon_c$。

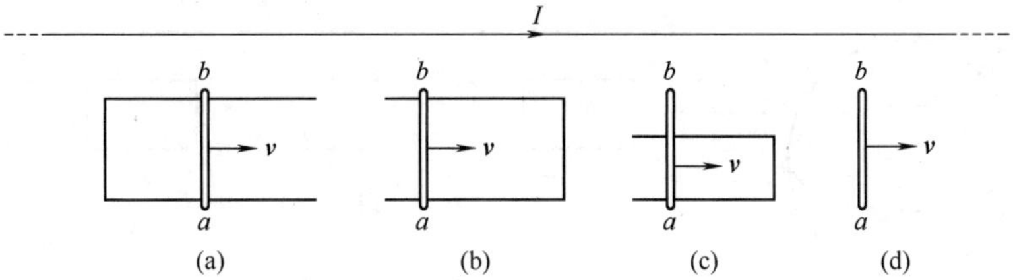

图 6-36

2. 如图 6-37 所示，铜棒 MN 在匀强磁场 $\boldsymbol{B}$ 中以匀角速度 ω 绕轴 OO' 逆时针转动。若 $B=0.02\mathrm{T}$，$OM=0.30\mathrm{m}$，$ON=0.60\mathrm{m}$，$\omega=200\mathrm{rad}\cdot\mathrm{s}^{-1}$，则棒两端的电势差 U_{MN} 为 ( )

(A) 0.90V； (B) −0.90V； (C) 0.54V； (D) −0.54V。

3. 如图 6-38 所示，一根长为 $2a$ 的细金属杆 MN 与载流长直导线共面，导线中通过的电流为 I，金属杆 M 端距导线距离为 a。金属杆 MN 以速度 $\boldsymbol{v}$ 向上匀速运动时，杆内产生的电动势为 ε_i 为 ( )

(A) $\dfrac{\mu_0 Iv}{2\pi}\ln 2$，方向由 N 到 M； (B) $\dfrac{\mu_0 Iv}{2\pi}\ln 2$，方向由 M 到 N；

(C) $\dfrac{\mu_0 Iv}{2\pi}\ln 3$，方向由 N 到 M； (D) $\dfrac{\mu_0 Iv}{2\pi}\ln 3$，方向由 M 到 N。

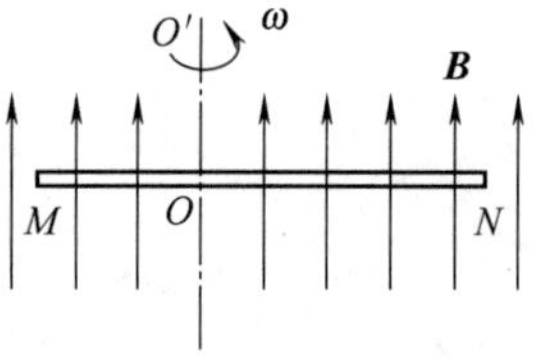

图 6-37

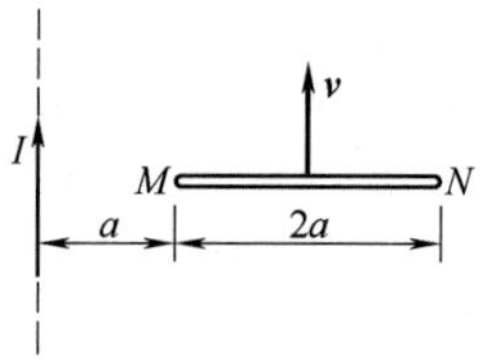

图 6-38

4. 线圈中通过的电流 i 随时间 t 的变化关系如图 6-39 所示。若以 i 的流向作为自感电动势的正方向，则线圈中自感电动势 ε_L 随时间 t 的变化关系应为 ( )

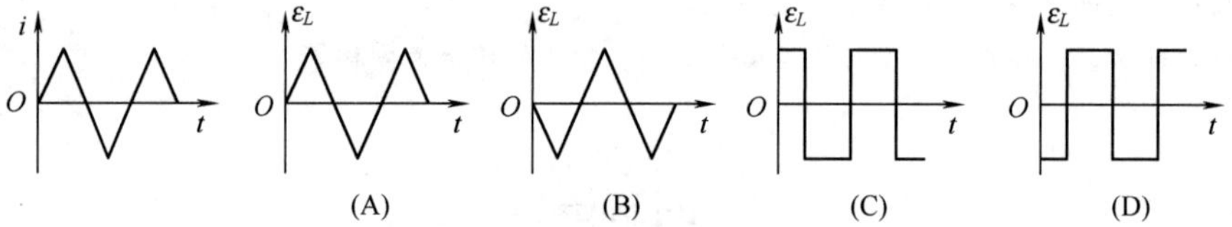

图 6-39

5. 两个圆线圈 A、B 相互垂直放置，如图 6-40 所示。当通过两线圈中的电流 I_1、I_2 均发生变化时，那么 ( )

(A) 线圈 A 中产生自感电流，线圈 B 中产生互感电流；

(B) 线圈 B 中产生自感电流，线圈 A 中产生互感电流；

(C) 两线圈中同时产生自感电流和互感电流；

(D) 两线圈中只有自感电流，不产生互感电流。

三、填空题

1. 如图 6-41 所示，在无限长的载流导线附近放置一矩形线圈，开始时线圈与导线在同一平面内，且线圈中的两条边与导线平行。线圈做下列平动时，线圈中是否产生感应电流？若有，就指出方向。

① 线圈沿着直导线电流方向平动，____________；

② 线圈在原平面内沿与导线电流垂直的方向平动，____________________；

③ 线圈在与原平面垂直的方向平动，____________________。

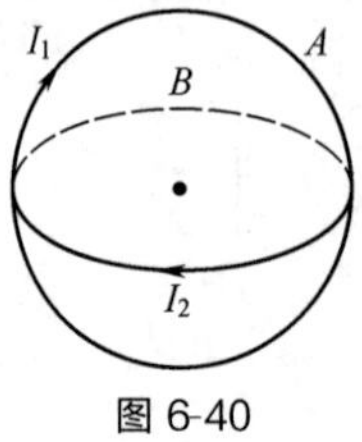

图 6-40

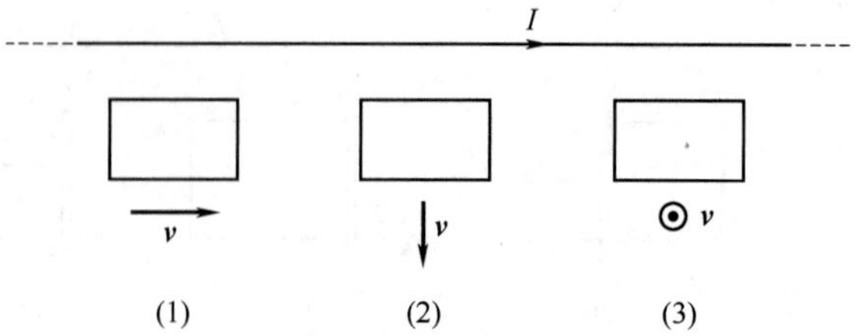

图 6-41

2. 一半径 $r=0.10\text{m}$ 的圆线圈，其电阻 $R=10\Omega$，匀强磁场 $\boldsymbol{B}$ 垂直于线圈平面，若使线圈中有一稳定的感应电流 $i=0.01\text{A}$，则 $\boldsymbol{B}$ 的变化率 $\frac{\text{d}B}{\text{d}t}=$________________。

3. 半径为 r 的小导线圆环置于半径为 R 的大导线圆环的中心，两者在同一平面内，且 $r \ll R$。若在大导线圆环中通有电流 $I=I_0\sin\omega t$，其中 ω、I_0 为常量，则任意时刻，小导线圆环中的感应电动势为________________。

4. 引起动生电动势的非静电力是________力，引起感生电动势的非静电力是________________。

5. 感生电场是由________________产生的，它的电场线是________________。

6. 两个长直密绕螺线管，长度及匝数都相等，横截面的半径 $R_1=2R_2$，管内充满均匀磁介质，磁导率 $\mu_2=2\mu_1$，此两线圈的自感系数之比 $L_1:L_2=$________________。

7. 两个螺线管，一个轴线在另外一个轴线的垂直平分线上，它们的互感系数为________________。

*8. 螺线管的自感系数 $L=10\text{mH}$，当通过它的电流 $I=4\text{A}$ 时，它储存的磁场能为________________。

*9. 在真空中，若一匀强电场的能量密度与一磁感应强度为 0.5T 的匀强磁场的磁能密度相等，则该电场的场强为________________________。

四、计算题

1. 一个检测微小振动的电磁传感器原理如图 6-42 所示。在振动杆的一端固定接一个 N 匝的矩形线圈，线圈宽为 b，线圈的一部分在匀强磁场 $\boldsymbol{B}$ 中，设杆的微小振动规律为 $x=A\cos\omega t$。求线圈随杆振动时，线圈中的感应电动势。

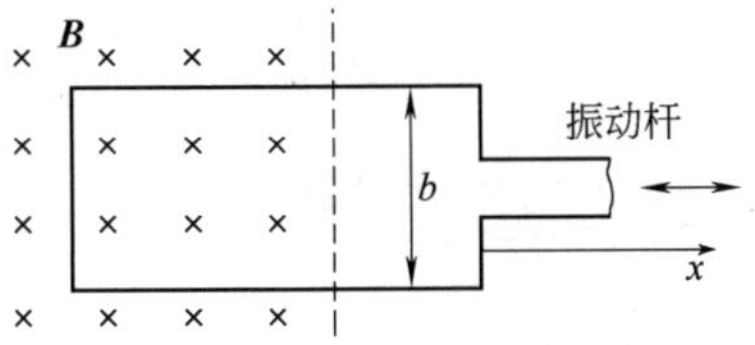

图 6-42

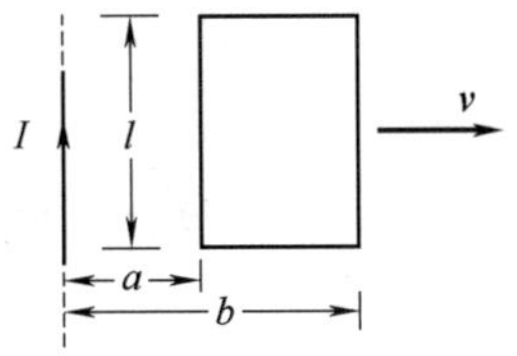

图 6-43

2. 在无限长直导线中通有电流 I，一矩形线框与长直导线共面，并以速度 $\boldsymbol{v}$ 离开载流直导线向右匀速运动，如图 6-43 所示。若线圈共 1000 匝，且 $I=5\text{A}$，$a=10\text{cm}$，$b=20\text{cm}$，$l=20\text{cm}$，$v=3.0\text{m}\cdot\text{s}^{-1}$，求此时线圈中感应电动势的大小和方向。

3. 一空心长直螺线管，长为 0.5m，截面积为 10cm^2，若螺线管上密绕线圈 3000 匝，求：

① 自感系数为多大？

② 若其中电流的变化率为每秒增加 10A，自感电动势的大小是多少？

第七章　热力学基础

学习目标

1. 理解气体的状态参量和平衡态的概念。掌握理想气体状态方程及其应用。

2. 理解准静态过程。掌握内能、功和热量的概念。掌握热力学第一定律。能计算理想气体等值过程和绝热过程中功、热量、内能的改变量。

3. 理解热机循环的效率。能计算卡诺循环的效率。了解制冷机的一般原理。

*4. 了解可逆过程和不可逆过程。理解热力学第二定律。

热力学研究的是物体的热现象及其规律，它是以观测和实验为依据，从能量的观点出发，分析研究在物体状态变化过程中热、功转换的关系和条件。热力学的主要理论基础是热力学第一定律和热力学第二定律。热力学第一定律反映了与热现象有关的过程中的能量转换规律。热力学第二定律反映的是宏观自然过程的方向的规律。

第一节　理想气体状态方程

一、气体的状态参量

在力学中研究质点运动时，用位置矢量和速度（动量）来描述质点的运动状态，而在讨论由热运动分子构成的气体状态时，位置矢量和速度（动量）只能用来描述分子的微观状态，不能描述整个气体的宏观状态。对一定量的气体，其宏观状态可用气体的体积 V、压强 p 和热力学温度 T 来描述。**气体的体积、压强、温度**称为**气体的状态参量**。

气体的体积是指分子作无规则热运动活动的空间。处于容器中的气体，容器的体积就是气体的体积。体积用符号 V 表示。在 SI 中，体积的单位是立方米，符号为 m^3。也可用较小的单位，如升、立方厘米，其符号分别为 L、cm^3。它们的关系为

$$1m^3=10^3L=10^6cm^3$$

气体的压强是指气体作用于容器壁单位面积上的垂直作用力，它是大量气体分子对器壁频繁碰撞产生的宏观效果。压强用符号 p 表示。在 SI 中，压强的单位是帕［斯卡］，符号为 Pa，$1Pa=1N\cdot m^{-2}$。实际中，常用的压强单位还有标准大气压、毫米汞柱，其符号分别为 atm、mmHg。它们的关系为

$$1atm=1.013\times10^5Pa=760mmHg$$

温度本质上与物质分子运动密切相关，温度不同，反映物质内部分子运动剧烈程度不同。在宏观上，简单地说，用温度表示物体的冷热程度，并规定较热的物体有较高的温度。温度的分度方法称为**温标**。在 SI 中，热力学温标为基本温标，其温度称为热力学温

度，它是 SI 中的一个基本物理量，用 T 表示，单位是开［尔文］，符号为 K。另一个常用温标是摄氏温标，摄氏温标的温度用 t 表示，单位是摄氏度，符号为℃。摄氏温度与热力学温度的数值关系是

$$T=273.15+t$$

二、平衡态

在热力学中，一般把所研究的物体称为**热力学系统**，简称**系统**。而与系统存在密切联系（这种联系可理解为存在做功、热量传递和粒子交换）的系统以外的部分称为外界。

研究由大量分子组成的热力学系统的热运动时，从宏观角度描述系统的热力学状态，称为**宏观状态**。**气体系统的宏观状态分为平衡状态和非平衡状态**。例如，一个不大的容器中，各处气体的密度不相等，或者各处的温度不相同，这样的状态是非平衡状态。如果容器中的气体与外界没有分子的交换（保持一定量的气体），与外界没有能量的交换，系统内也没有任何形式的能量转换（如由化学变化引起的能量转换等），经过一段时间后，容器中气体各部分的密度、压强达到相等，不再随时间改变。系统的这种状态称为**平衡状态**，简称**平衡态**。

对于处于平衡态的一定量的气体，它的状态可用一组 p、V、T 值来表示。在以 V 为横坐标、p 为纵坐标的 p-V 图上，气体的一个平衡态可以用一个确定的点来表示。如图 7-1 中的点 $A(p_1,V_1,T_1)$ 和点 $B(p_2,V_2,T_2)$。

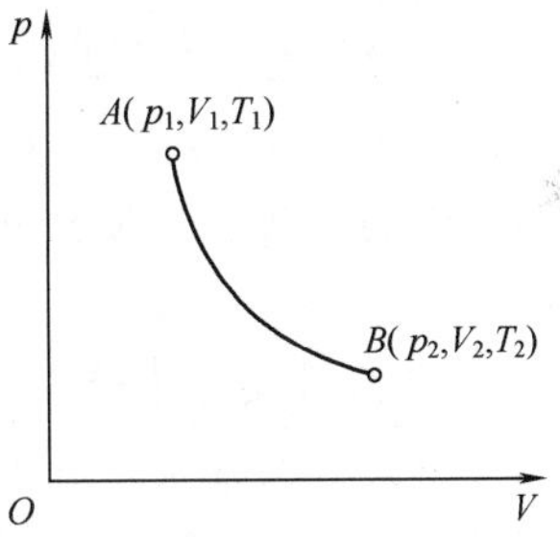

图 7-1　平衡态的表示

三、理想气体状态方程

实验事实表明，表征气体平衡状态的三个参量 p、V、T 之间存在着一定的关系，表示三者关系的式子称为**理想气体的状态方程**。一般气体，在压强不太大（与大气压比较）和温度不太低（与室温比较）的实验范围内，遵守**玻意耳-马略特定律、盖-吕萨克定律和查理定律**。可以设想这样一种气体，它能在任何情况下绝对遵守上述三个实验定律，这种气体称为**理想气体**。实际上，理想气体是不存在的，它只是气体在某种条件下共性的抽象概念，是一种理想的模型。理想气体的状态方程，可以从三个实验定律和阿伏伽德罗定律导出。当质量为 m，摩尔质量为 M 的理想气体处于平衡状态时，它的状态方程为

$$pV=\frac{m}{M}RT \tag{7-1}$$

式中，R 叫做普适气体常量。在 SI 中，$R=8.31\text{J}\cdot\text{mol}^{-1}\cdot\text{K}^{-1}$。

【例题 7-1】 容器内装有质量为 0.10kg 的氧气，压强为 1.0×10^6Pa，温度为 47℃。因为容器漏气，经过若干时间后，压强降到原来的 $\frac{5}{8}$，温度降到 27℃。问容器的容积有多大？漏去了多少氧气（假设氧气看作理想气体）？

【解】 由题意知，$m=0.10\text{kg}$，$p=1.0\times10^6\text{Pa}$，$T=(273+47)\text{K}=320\text{K}$，$M=32\times10^{-3}\text{kg}\cdot\text{mol}^{-1}$。根据理想气体的状态方程 $pV=\frac{m}{M}RT$，容器的容积 V 为

$$V=\frac{mRT}{Mp}=\frac{0.10\times8.31\times320}{32\times10^{-3}\times1.0\times10^6}=8.31\times10^{-3}(\text{m}^3)$$

设漏气若干时间之后，压强减小到 p'，温度降到 T'，则有 $p'=\frac{5}{8}p$，$T'=273+27=300$ (K)。如果用 m'表示容器中剩余的氧气的质量，从状态方程求得

$$m'=\frac{Mp'V}{RT'}=\frac{32\times10^{-3}\times\frac{5}{8}\times1.0\times10^{6}\times8.31\times10^{-3}}{8.31\times300}=6.67\times10^{-2}(\text{kg})$$

所以漏去氧气的质量为

$$m-m'=0.10-6.67\times10^{-2}=3.33\times10^{-2}(\text{kg})$$

习题 7-1

一、思考题

1. 气体的状态用哪些参量来描述？

2. 在什么条件下，实际气体可以当成理想气体来处理？

二、计算题

1. 某一装置的汽缸内，装有一定质量的空气，压强为 50atm，体积为 3L，温度为 27℃。当移动活塞压缩空气时，使其体积压缩到 2L，温度为 127℃，问此时压缩空气的压强是多少？

2. 容器内装有质量为 0.28kg 的氮气，压强为 2.0×10^{6} Pa，温度为 47℃。问容器的容积有多大（假设氮气看成理想气体）？

第二节　热力学第一定律

一、热力学过程

当热力学系统由某一平衡态开始发生变化时，系统原来的平衡态必然要遭到破坏，需要一段时间才能达到新的平衡态。**系统从一个平衡态过渡到另一个平衡态所经历的变化历程就是一个热力学过程。**热力学过程由于中间状态不同而被分为非静态过程与准静态过程两种。如果过程中任一中间状态都可看作是平衡态，这个过程叫做**准静态过程**，也叫**平衡过程**。如果中间的状态为非平衡态，这个过程叫做**非静态过程**。准静态过程是一种理想的极限过程，它是由无限缓慢的状态变化过程抽象出来的一种理想模型，利用它可以使热力学问题的处理大为简化。

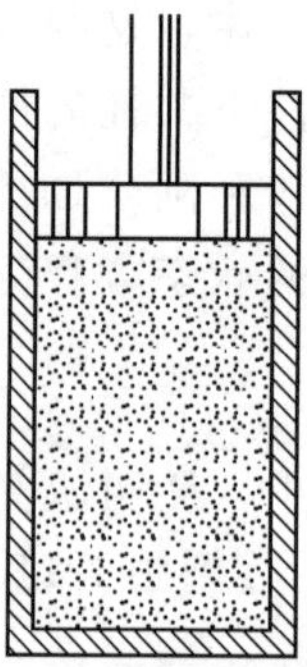

图 7-2　准静态过程

如图 7-2 所示，有一个带活塞的容器，里面贮有气体，气体与外界处于平衡（外界温度 T_0 保持不变），此时气体的状态参量用 p_0、T_0 表示。将活塞迅速上提，则气体的体积膨胀，从而破坏了原来的平衡态，当活塞停止运动后，经过足够长的时间，气体将达到新的平衡态，具有各处均匀一致的压强 p 和温度 T。但在活塞迅速上提的过程中，气体往往来不及使各处压强、温度趋于均匀一致，即气体每一时刻都处于非平衡状态，这个过程是非静态过程。若活塞与器壁间无摩擦，且控制外界压强，使它在每一时刻都比气体的压强大一微小量 Δp，这样气体就将被缓慢压缩，气体体积每减少一微小量 ΔV，所经过的时间都比较长，使系统有充分

的时间达到平衡态，那么这一压缩过程就可以认为是准静态过程。

实际过程都是在有限的时间内进行的，不可能是无限缓慢的。但是，在许多情形下可近似地把实际过程当作准静态过程来处理。在本章中，如不特别说明，所讨论的过程都是准静态过程。

在 p-V 图上，气体系统的准静态过程可表示为一条曲线。非静态过程不能在 p-V 图上表示。

二、功 热量 内能

1. 功 热量

外界对系统做功或传递热量，都可以使系统的热运动状态发生变化。例如，一杯水可以通过外界对它加热，用传递热量的方法使它的温度升高，也可以用搅拌或通过电流做功的方法使它升到同样的温度。两者的方式不同，但都能导致相同的状态变化。由此可见，做功和热传递是等效的。

做功是系统与外界相互作用的一种方式，这种能量交换的方式是通过宏观的有规则运动（如机械运动、电流等）来完成的。

热传递和做功不同，这种能量交换方式是通过分子的无规则运动来完成的。当外界物体（热源）与系统相接触时，通过分子间的碰撞进行着能量交换，能量交换的多少用热量来表示。做功与热传递都是系统在状态变化时与外界交换能量的方式，做功是把物体有规则运动转换为系统内分子的无规则运动，而热传递是系统外物体分子的无规则运动与系统内分子的无规则运动的相互转换。功与热量只有在过程发生时才有意义，它们的大小也与过程有关，因此它们都是过程量。

2. 内能

一个系统，由其内部运动状态决定的能量，称为**内能**。**内能是系统内分子无规则运动所具有的能量和分子间相互作用势能的总和。**对理想气体，分子间的相互作用力可以忽略，因此可以认为理想气体分子间的相互作用势能为零，理想气体的内能 E 仅是温度 T 的单值函数，即 $E=E(T)$。

由于系统内能是由其内部运动状态决定的能量，所以系统的内能仅是系统状态的单值函数。当系统的状态一定时，其内能也是一定的；当系统的状态变化时，系统内能的增量只与系统始、末两状态的内能有关，与过程无关。

三、热力学第一定律

一般情况下，在系统状态发生变化的过程中，做功和热传递往往是同时存在的。假定在系统从内能为 E_1 的状态变化到内能为 E_2 状态的某一过程中，外界对系统传递的热量为 Q，同时系统对外做功为 A，根据能量转换与守恒定律有

$$Q=E_2-E_1+A \text{ 或 } Q=\Delta E+A \tag{7-2a}$$

即**系统从外界吸收的热量一部分使系统的内能增加，另一部分用于对外做功**。这就是**热力学第一定律**。显然，热力学第一定律是包含热现象在内的能量转换与守恒定律。

式（7-2a）中各量应使用统一单位，在 SI 中，它们的单位都是焦［耳］，用符号 J 表示。系统从外界吸收热量时，Q 为正值，反之为负值；系统对外界做功时，A 为正值，反之为负值；系统内能增加时，ΔE 为正，反之为负。

对于无限小的状态变化过程，热力学第一定律可表示为

$$\mathrm{d}Q=\mathrm{d}E+\mathrm{d}A \tag{7-2b}$$

在热力学第一定律建立以前，历史上曾有人企图制造一种机器，它既不消耗系统的内能，也不需要外界供给任何能量，但却可以不断地对外做功。这种机器叫做第一类永动机。很显然，它是违背热力学第一定律的。热力学第一定律指出，做功必须由能量转化而来，不消耗能量而获得功的企图是不可能实现的。

四、气体系统做功的公式

热力学中功的计算的出发点仍是力学中功的定义。如图 7-3（a）所示，设汽缸中气体的压强为 p，活塞面积为 S。此气体系统的初状态如图 7-3（b）中的点Ⅰ（p_1, V_1, T_1）所示，并沿图中曲线表示的过程膨胀到末状态Ⅱ（p_2, V_2, T_2）。在此过程中，压强 p 不是常量，因而气体对活塞的压力 $F=pS$ 是变力。当活塞移动 $\mathrm{d}x$ 时，气体对外所做的元功为

$$\mathrm{d}A = pS\,\mathrm{d}x = p\,\mathrm{d}V \tag{7-3a}$$

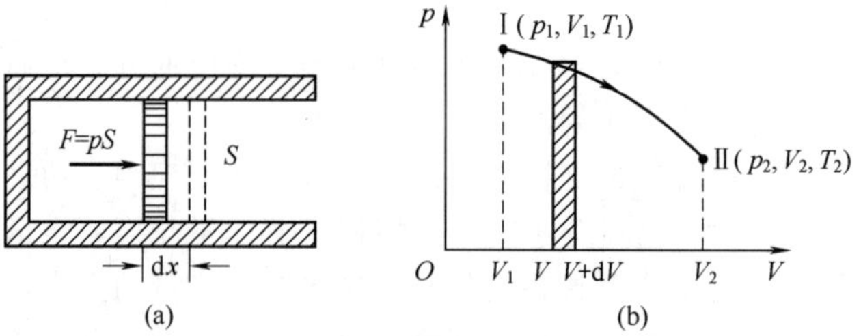

图 7-3　气体膨胀做功

式中，p 是汽缸中气体的压强；$\mathrm{d}V$ 是活塞移动 $\mathrm{d}x$ 过程中气体体积的增量。系统从状态Ⅰ膨胀到状态Ⅱ，气体对外做功为

$$A = \int_{V_1}^{V_2} p\,\mathrm{d}V \tag{7-3b}$$

它等于 p-V 图中从Ⅰ到Ⅱ的曲线与横坐标之间的曲边梯形的面积。式（7-3a）和式（7-3b）是以活塞为例讨论得到的。但是，这个结论对任何形状的体积可变化的气体系统都适用。一般情况下，压强 p 可表示为体积 V 的函数

$$p = p(V)$$

根据理想气体状态方程和所讨论的准静态过程的特征，可以找出这个函数的数学形式。于是，就能用式（7-3b）计算出功 A。

至此，对于气体系统的准静态过程，热力学第一定律可写成

$$Q = E_2 - E_1 + \int_{V_1}^{V_2} p\,\mathrm{d}V \tag{7-3c}$$

和

$$\mathrm{d}Q = \mathrm{d}E + p\,\mathrm{d}V \tag{7-3d}$$

习题 7-2

一、 思考题

1. 内能和热量的概念有何不同？下列说法是否正确？

① 物体的温度越高，则热量就越多；

② 物体的温度越高，则内能越大。

2. 做功和热传递对改变系统的内能来说是等效的，但又有本质上的不同，如何理解？

二、计算题

1. 空气压缩机在一次压缩中，对空气做了 4.0×10^5J 的功，同时汽缸向外散热 9.0×10^4J，空气内能改变了多少？是增加还是减少？

2. 如图 7-4 所示，一定量的空气，开始在状态 A，其压强为 2.0×10^5Pa，体积为 $2.0\times10^{-3}\mathrm{m}^3$，沿直线 AB 变化到状态 B 后，压强变为 1.0×10^5Pa，体积变为 $3.0\times10^{-3}\mathrm{m}^3$，求此过程中气体所做的功。

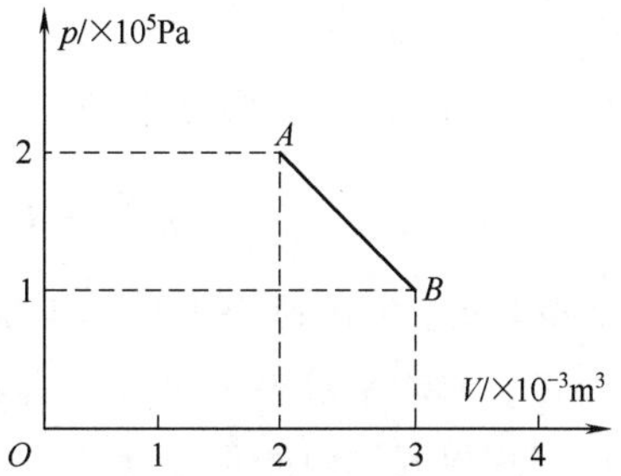

图 7-4

第三节 理想气体的等值过程和绝热过程

热力学第一定律确定了系统在状态变化过程中功、热量和内能之间的转换关系。这是自然界的一条普遍规律，不论对气体、液体或固体的系统都能适用。本节只讨论热力学第一定律在理想气体的几种准静态过程中的应用。

一、等体过程

一定量气体体积保持不变的过程称为**等体过程**，理想气体等体过程的方程为

$$\frac{p}{T}=\text{常量}$$

在 p-V 图中，等体过程是一条平行于 p 轴的线段，称为**等体线**，如图 7-5 所示。

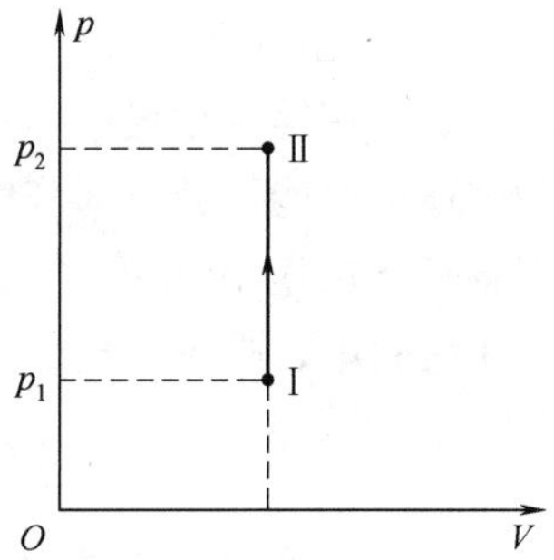

图 7-5 等体过程

在等体过程中，由于 $\mathrm{d}V=0$，所以 $\mathrm{d}A=0$，气体不做功，因而热力学第一定律变成

$$\mathrm{d}Q_V=\mathrm{d}E \tag{7-4a}$$

和

$$Q_V=E_2-E_1 \tag{7-4b}$$

上式表明，在等体过程中，系统从外界吸收的热量全部用来增加系统的内能。

为了计算气体吸收的热量，要用到摩尔热容的概念。同一种气体在不同的过程中有不同的热容。最常用的是等体过程与等压过程中的两种热容。**气体的定容摩尔热容，是指 1mol 气体在体积不变的条件下，温度升高（或降低）1K 所吸收（或放出）的热量**，用 C_V 表示，即

$$C_V=\frac{\mathrm{d}Q_V}{\mathrm{d}T} \tag{7-5}$$

在 SI 中，定容摩尔热容的单位是焦［耳］每摩［尔］开［尔文］，符号为 $\mathrm{J\cdot mol^{-1}\cdot K^{-1}}$。

由式（7-5）可知，对质量为 m、摩尔质量为 M、定容摩尔热容为 C_V 的理想气体，

在等体过程中温度改变 dT 时所需要的热量为

$$dQ_V = \frac{m}{M} C_V dT \tag{7-6}$$

气体的温度由 T_1 改变为 T_2，所需要的热量则为

$$Q_V = E_2 - E_1 = \frac{m}{M} C_V (T_2 - T_1) \tag{7-7}$$

式中，Q_V 表示等体过程中气体系统需要的热量；$E_2 - E_1$ 表示系统从状态Ⅰ到状态Ⅱ内能的增量。前者是对等体过程而言；后者则与过程无关。由此可知，理想气体状态改变时，由于理想气体内能是温度的单值函数，其内能的变化总可以用 T_1 和 T_2 两条等温线之间的一个等体过程中系统所吸收的热量 Q_V 来量度。所以，可以用定容摩尔热容 C_V 计算任何两个状态之间内能的变化。

二、等压过程

一定量气体压强保持不变的过程称为**等压过程**，理想气体的等压过程的方程为

$$\frac{V}{T} = \text{常量}$$

在 p-V 图中，等压过程是一条平行于 V 轴的线段，称为**等压线**，如图 7-6 所示。

在等压过程中，气体由状态Ⅰ(p, V_1, T_1) 变化到状态Ⅱ(p, V_2, T_2)，气体所做的功为

$$A = \int_{V_1}^{V_2} p\, dV = p(V_2 - V_1)$$

根据热力学第一定律，可得等压过程气体吸收的热量为

$$Q_p = E_2 - E_1 + p(V_2 - V_1) \tag{7-8}$$

上式表明，在等压过程中，系统吸收的热量一部分用来增加气体的内能，另一部分使系统对外界做功。

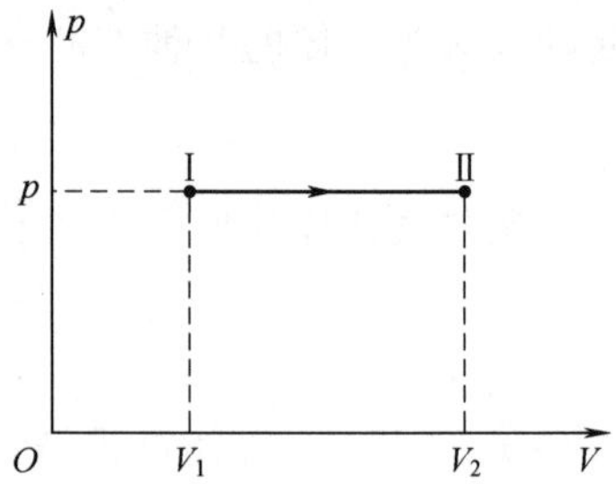

图 7-6 等压过程

将式 (7-7) 代入式 (7-8)，并应用理想气体的状态方程，可得质量为 m 的理想气体在等压过程中，吸收的热量为

$$Q_p = \frac{m}{M}(C_V + R)(T_2 - T_1) \tag{7-9}$$

1mol 气体在压强不变的条件下，温度升高（或降低）1K 所吸收（或放出）的热量称为气体的定压摩尔热容，用符号 C_p 表示。根据定义可得

$$C_p = \frac{dQ_p}{dT} \tag{7-10}$$

由上式可知，对质量为 m、摩尔质量为 M、定压摩尔热容为 C_p 的理想气体，在等压过程中温度改变 dT 时所需要的热量为

$$dQ_p = \frac{m}{M} C_p dT$$

气体的温度由 T_1 改变为 T_2，所需要的热量则为

$$Q_p = \frac{m}{M} C_p (T_2 - T_1) \tag{7-11}$$

比较式（7-9）和式（7-11）可得

$$C_p = C_V + R \tag{7-12}$$

上式称为**迈耶公式**，它表明理想气体的定压摩尔热容等于定容摩尔热容与普适气体常量 R 的和。也就是说，同样是 1mol 理想气体，同样升高 1K，等压过程吸收的热量比等体过程多 R。因为等体过程吸收的热量只用于增加气体系统的内能，而等压过程还要多吸收一些热量用于气体对外做功。

在实际应用中，把气体的定压摩尔热容与定容摩尔热容的比值，称为该气体的**摩尔热容比**，用 γ 表示

$$\gamma = \frac{C_p}{C_V} \tag{7-13}$$

【例题 7-2】 质量为 2.8×10^{-3}kg，温度为 300K，压强为 1atm 的氮气，等压膨胀至原来体积的 2 倍，已知氮气的摩尔定容热容为 $\frac{5}{2}R$。求氮气对外所做的功、内能的增量以及吸收的热量。

【解】 由题意知 $m=2.8\times10^{-3}$kg，$M=28\times10^{-3}$kg·mol^{-1}，$T_1=300$K，$\frac{V_2}{V_1}=2$

由理想气体的等压方程得

$$T_2=\frac{V_2}{V_1}T_1=2\times300=600\ (\text{K})$$

等压过程气体对外做的功为

$$A=p(V_2-V_1)=\frac{m}{M}R(T_2-T_1)=\frac{2.8\times10^{-3}}{28\times10^{-3}}\times8.31\times(600-300)=249(\text{J})$$

内能增量为

$$E_2-E_1=\frac{m}{M}C_V(T_2-T_1)=\frac{2.8\times10^{-3}}{28\times10^{-3}}\times\frac{5}{2}\times8.31\times(600-300)=624(\text{J})$$

由热力学第一定律得，吸收的热量为

$$Q_p=E_2-E_1+A=624+249=873\ (\text{J})$$

三、等温过程

一定量气体温度保持不变的过程称为**等温过程**。理想气体的等温方程为

$$pV=\text{常量}$$

在 p-V 图中，等温过程是一条双曲线，称为**等温线**，如图 7-7 所示。在等温过程中，理想气体的内能不变，因而热力学第一定律变成

$$Q_T=A_T=\int_{V_1}^{V_2}p\,\mathrm{d}V \tag{7-14}$$

上式表明，在等温过程中，系统吸收的热量等于系统对外所做的功。

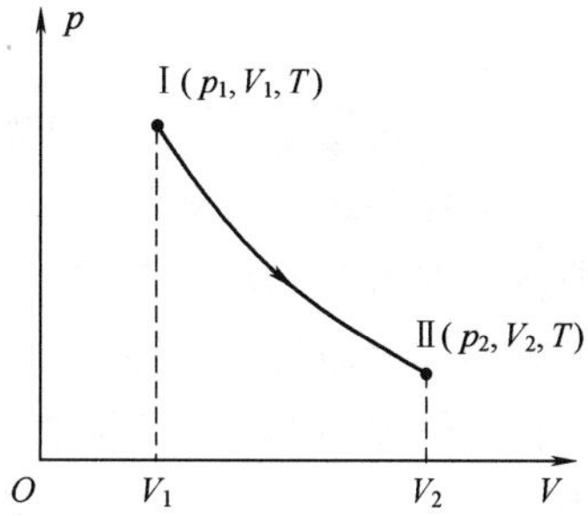

图 7-7 等温过程

设气体由状态 Ⅰ(p_1, V_1, T) 等温地膨胀到状态 Ⅱ(p_2, V_2, T)，根据理想气体的状态方程，其压强随体

积变化的关系为

$$p=\frac{mRT}{MV}$$

所以，从状态Ⅰ等温地膨胀到状态Ⅱ，理想气体系统做功为

$$A=\int_{V_1}^{V_2} p\,\mathrm{d}V=\frac{mRT}{M}\int_{V_1}^{V_2}\frac{\mathrm{d}V}{V}=\frac{mRT}{M}\ln\frac{V_2}{V_1}=Q_T \tag{7-15a}$$

或

$$A=\frac{mRT}{M}\ln\frac{p_1}{p_2}=Q_T \tag{7-15b}$$

由式（7-15a）可见，如果是等温压缩，$V_2<V_1$，A 和 Q_T 都是负值，这表示外界对系统做功，同时系统对外界放热；如果是等温膨胀，$V_2>V_1$，A 和 Q_T 都是正值，这表示系统吸收热量，同时对外界做功。

【例题 7-3】 容器内储有氧气 3.2×10^{-3}kg，温度为 300K，等温膨胀为原来体积的 2 倍。求气体对外所做的功和吸收的热量。

【解】 由题意知，$m=3.2\times10^{-3}$kg，$M=32\times10^{-3}$kg·mol^{-1}，$T=300$K，$\frac{V_2}{V_1}=2$，则

$$A_T=\frac{m}{M}RT\ln\frac{V_2}{V_1}=\frac{3.2\times10^{-3}}{32\times10^{-3}}\times8.31\times300\times\ln2=173\ (\mathrm{J})$$

氧气在等温过程中吸收的热量为 $Q_T=A_T=173$J。

四、绝热过程

系统与外界没有热交换的过程称为**绝热过程**。例如，在保温瓶内或者用毛绒毡子、石棉等绝热材料包起来的容器内所经历的状态变化过程，可以近似地看成绝热过程。又如内燃机汽缸里的气体被迅速压缩的过程或者爆炸后急速膨胀的过程，由于这些过程进行得很迅速，热量来不及和周围环境交换，也可以近似地看成绝热过程。

理想气体在绝热过程中遵循的方程称为理想气体的**绝热方程**。可以证明，理想气体的绝热方程为

$$pV^{\gamma}=\text{常量} \tag{7-16a}$$

将理想气体状态方程 $pV=\frac{m}{M}RT$ 代入上式，分别消去 p 和 V，可得

$$V^{\gamma-1}T=\text{常量} \tag{7-16b}$$

$$p^{\gamma-1}T^{-\gamma}=\text{常量} \tag{7-16c}$$

上面三式是等价的，但式中的各个常量是不相同的。在 p-V 图中，绝热过程的过程曲线称为**绝热线**，如图 7-8 所示。为了比较绝热线和等温线，在 p-V 图上作这两过程的过程曲线，如图 7-9 所示。图中实线表示绝热线，虚线表示等温线。两者相比，由于 $\gamma>1$，所以绝热线比等温线陡些。

在绝热过程中，由于系统与外界不交换热量，所以 $\mathrm{d}Q=0$ 或 $Q=0$，热力学第一定律为

$$\mathrm{d}A=-\mathrm{d}E \tag{7-17a}$$

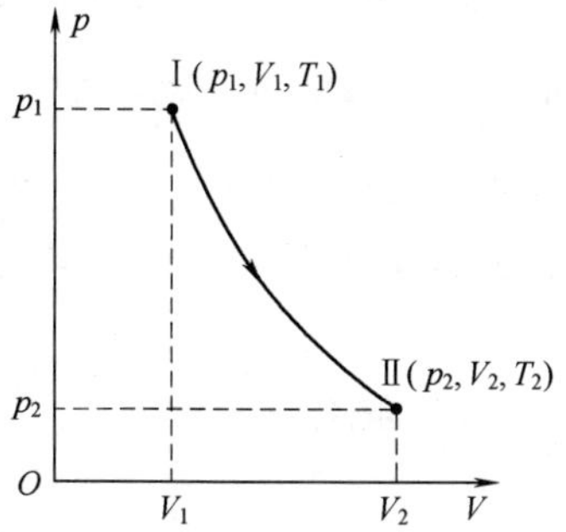

图 7-8　绝热过程

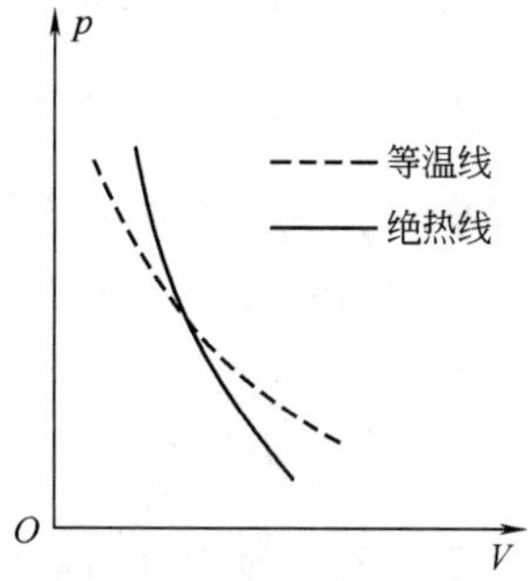

图 7-9　绝热线与等温线

或

$$A=-(E_2-E_1) \tag{7-17b}$$

上式表明，在绝热过程中，系统对外所做的功等于其内能增量的负值。因为 $E_2-E_1=\frac{m}{M}C_V(T_2-T_1)$，所以绝热过程中理想气体所做的功为

$$A=-\frac{m}{M}C_V(T_2-T_1) \tag{7-18}$$

从上式可见，绝热膨胀时（$A>0$），理想气体系统温度降低；反过来，绝热压缩过程中，理想气体的温度将升高。

习题 7-3

一、思考题

1. 如图 7-10 所示，一定量的理想气体，体积从 V_1 膨胀到 V_2，分别经历等压过程 $a\to b$、等温过程 $a\to c$ 和绝热过程 $a\to d$。问：

① 从 p-V 图上看，哪个过程做功最多？哪个过程做功最少？

② 哪个过程内能增加？哪个过程内能减少？

③ 哪个过程从外界吸热最多？哪个过程从外界吸热最少？

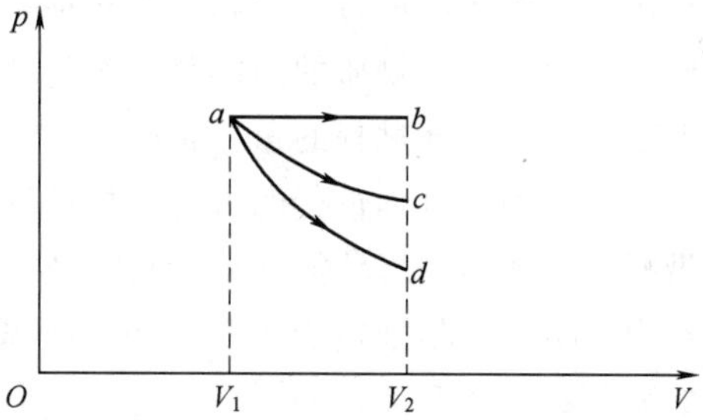

图 7-10

2. 对于理想气体，填写下列过程中各增量的正、负和零，如表 7-1 所示。

表 7-1

过程	ΔV	Δp	ΔT	A	Q	E_2-E_1
等容加热						
等压压缩						
等温压缩						
绝热膨胀						

二、计算题

1. 一定量的空气，吸收了 1.71×10^3J 的热量，并保持在 1.0×10^5Pa 的压强下膨胀，

体积从 $1.0\times10^{-2}m^3$ 增加到 $1.5\times10^{-2}m^3$，问空气对外做多少功？它的内能改变了多少？

2. 1mol 理想气体从 300K 加热到 350K，已知它的定容摩尔热容为 $\frac{3}{2}R$，问在等体过程和等压过程中，气体各吸收了多少热量？增加了多少内能？对外做了多少功？

3. 有 25℃，1mol 的理想气体．在等温过程中，体积膨胀为原来的 3 倍，求气体对外做的功。

4. 有 1mol 氧气，温度为 27℃，压强为 1.0×10^5Pa。将气体绝热压缩，使其体积变为原来的 $\frac{1}{5}$。已知氧气的摩尔热容比 $\gamma=1.4$。求：

① 压缩后的压强和温度；

② 在压缩过程中气体所做的功。

第四节 循环过程 卡诺循环

一、循环过程

在生产实践中，往往需要持续不断地将热能转换为机械能，即系统吸收热量，对外做功。理想气体的等温膨胀过程对外做功是最理想的，它将吸收的热量全部用于对外做功。但这样的膨胀对外做功只是一次性的，为了能够持续不断地把热量转化为功，就需要利用循环过程。系统经历一系列状态变化过程又回到初始状态，这样的过程称为**循环过程**，简称**循环**。进行循环过程的物质系统叫做工作物质。在 p-V 图上，循环过程对应一条闭合曲线。由于工作物质的内能是状态的单值函数，所以**经历一个循环回到初始状态时，内能不变**。这是循环过程的重要特征。

按照循环过程进行的方向可把循环过程分为两类。如图 7-11（a）所示，在 p-V 图上沿顺时针方向进行的循环称为**正循环**，工作物质做正循环的机器可以吸收热量对外做功，称为**热机**，它是把热能不断转变为机械能的机器。反之，在 p-V 图上沿逆时针方向进行的循环称为**逆循环**，如图 7-11（b）所示，工作物质做逆循环的机器可以利用外界对系统做功，将热量不断地从低温处向高温处传递，称为**制冷机**。

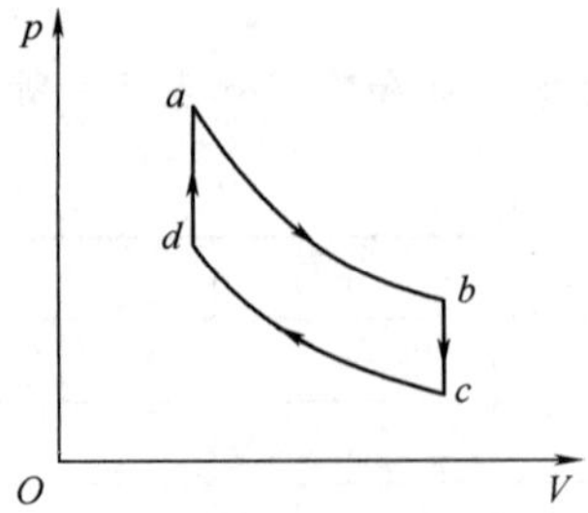

(a) 正循环

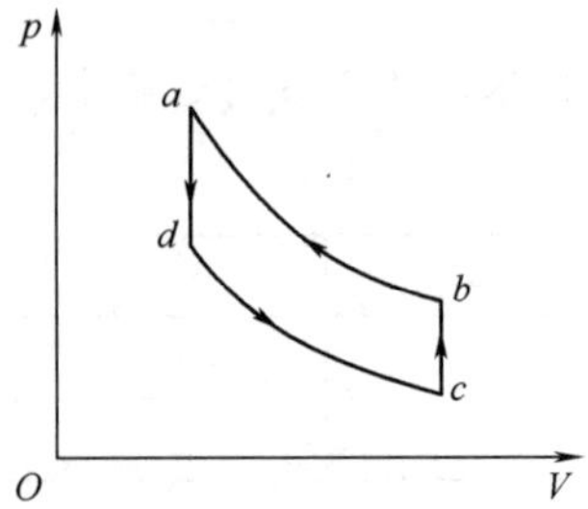

(b) 逆循环

图 7-11 循环过程

考虑以气体为工作物质的循环过程。如果循环是准静态过程，就可在 p-V 图上用一条闭合曲线来表示，如图 7-12 所示。从状态Ⅰ开始，在ⅠaⅡ的膨胀过程中，工作物质吸

收热量 Q_1 并对外做功 A_1，功值等于ⅠaⅡ曲线下的面积；从状态Ⅱ经过ⅡbⅠ的压缩过程回到状态Ⅰ，外界对工作物质做功 A_2，其值与曲线ⅡbⅠ下的面积相等，同时工作物质将放出热量 Q_2。整个循环过程中，工作物质对外所做的净功 $A=A_1-A_2$，其值等于闭合曲线所包围的面积。

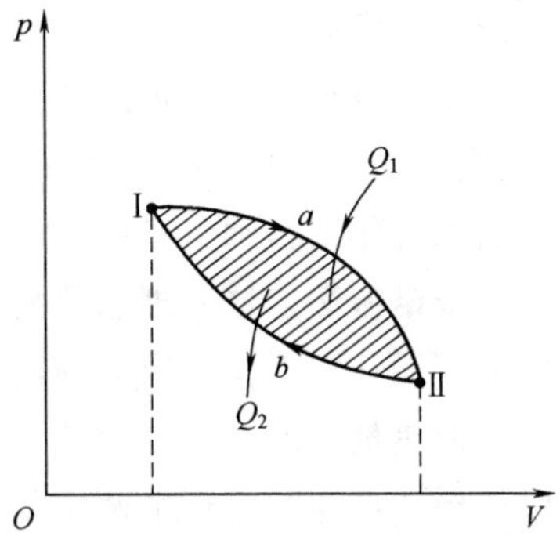

图 7-12　循环过程所做的功

对于循环过程，系统最后回到初状态，$\Delta E=0$。在正循环中，系统从外界吸收的总热量 Q_1 大于向外界放出的总热量 Q_2，根据热力学第一定律，应有

$$Q_1-Q_2=A$$

一般来说，工作物质在正循环中，将从某些高温热源吸收热量，部分用于对外做功，部分放到某些低温热源中去，这是热机的工作过程，所以正循环也叫**热机循环**，如图 7-13 所示。在逆循环中，外界对工作物质做正功 A，工作物质从低温热源吸收热量 Q_2 而向外界放出热量 Q_1，并且 $Q_1=Q_2+A$。这是制冷机的工作过程，所以逆循环也叫**制冷循环**，如图 7-14 所示。

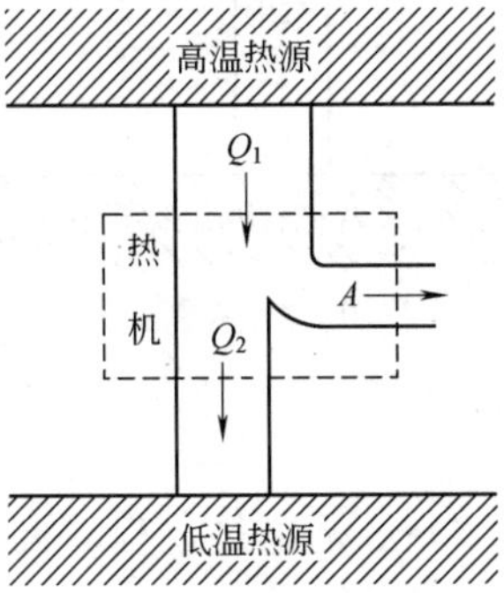

图 7-13　热机的示意图

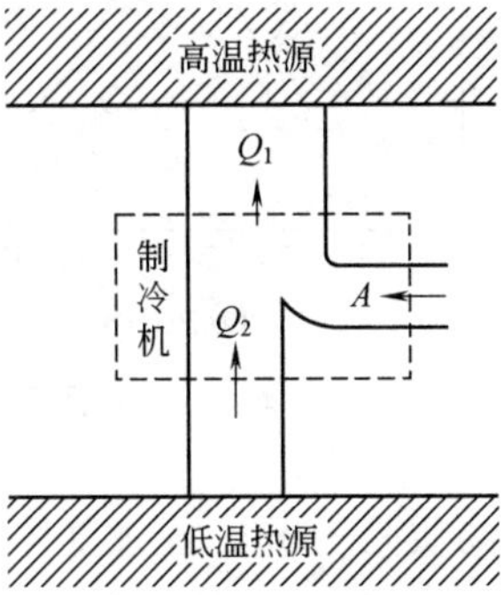

图 7-14　制冷机的示意图

二、热机效率

在热机循环中，工作物质对外所做的功 A 与它吸收的热量 Q_1 的比值，称为**热机效率**或**循环效率**，即

$$\eta=\frac{A}{Q_1}=\frac{Q_1-Q_2}{Q_1}=1-\frac{Q_2}{Q_1} \tag{7-19}$$

可以看出，当工作物质吸收的热量相同时，对外做功越多，热机效率越高。因为 Q_2 实际上不可能为零，所以热机效率永远小于 1。

在制冷循环中，热量可从低温热源向高温热源传递，但要完成这样的循环过程，必须以消耗外界的功为代价。为了评价制冷机的工作效率，定义

$$\omega=\frac{Q_2}{A}=\frac{Q_2}{Q_1-Q_2} \tag{7-20}$$

ω 称为制冷机的**制冷系数**。制冷系数越大，则外界消耗的功相同时，工作物质从冷库中取出的热量越多，制冷效果越好。

三、卡诺循环

在 18 世纪末和 19 世纪初，蒸汽机的使用已相当广泛，但效率是很低的，只有 3%～5%。在生产需求的推动下，许多人从事理论研究，以寻找提高热机效率的途径。1824 年，法国青年工程师卡诺研究了一种理想循环，并从理论上证明了它的效率最大。这种循环称为**卡诺循环**。这种理想热机称为**卡诺热机**。

卡诺循环的工作物质只与两个恒温热源（即温度恒定的高温热源和温度恒定的低温热源）交换热量，即不存在散热、漏气等因素。现在，仅讨论工作物质是理想气体的准静态卡诺循环。这样的循环由两个等温过程和两个绝热过程组成，如图 7-15 所示。气体从状态 a 经等温膨胀到达状态 b，再经绝热膨胀到达状态 c，然后经等温压缩到达状态 d，最后经绝热压缩回到状态 a，完成一个循环。

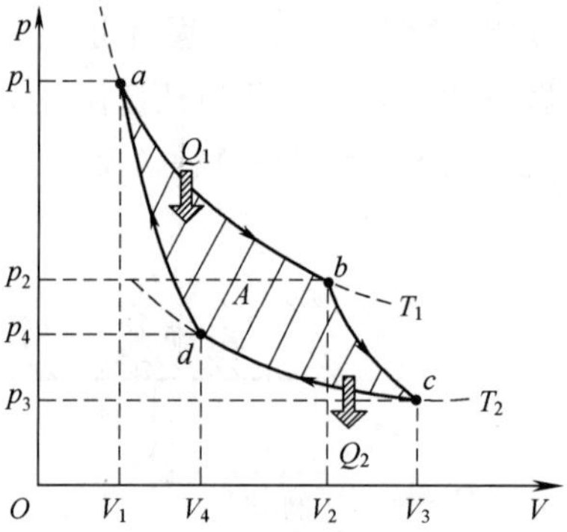

(a) p-V 图

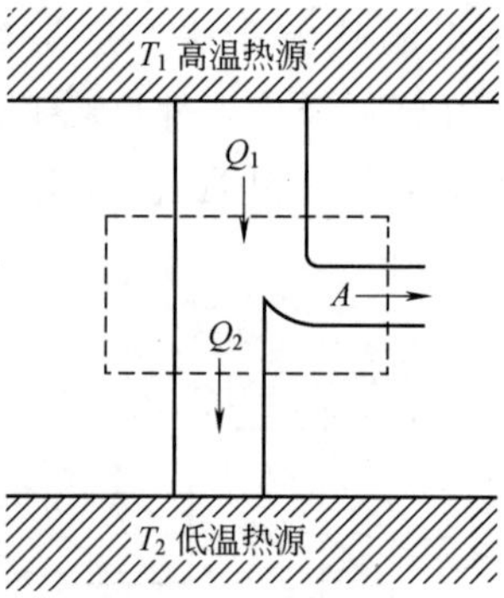

(b) 工作示意图

图 7-15　卡诺正循环（热机）

假定工作物质是$\frac{m}{M}$ mol 理想气体，由于 $b\to c$ 和 $d\to a$ 是绝热过程，整个循环过程中的热量交换仅在两个等温过程中进行。

$a\to b$ 为等温膨胀过程，气体从温度为 T_1 的高温热源吸收的热量为

$$Q_1=\frac{mRT_1}{M}\ln\frac{V_2}{V_1}$$

$c\to d$ 为等温压缩过程，气体向温度为 T_2 的低温热源放出的热量为

$$Q_2=\frac{mRT_2}{M}\ln\frac{V_3}{V_4}$$

卡诺循环的效率

$$\eta=1-\frac{Q_2}{Q_1}=1-\frac{T_2\ln\frac{V_3}{V_4}}{T_1\ln\frac{V_2}{V_1}}$$

对 $b\to c$ 和 $d\to a$ 两个绝热过程，应用绝热过程方程有

$$T_1V_2^{\gamma-1}=T_2V_3^{\gamma-1}$$

$$T_2V_4^{\gamma-1}=T_1V_1^{\gamma-1}$$

因此

$$\frac{V_2}{V_1}=\frac{V_3}{V_4}$$

所以卡诺循环的效率为

$$\eta=1-\frac{T_2}{T_1} \tag{7-21}$$

可见，卡诺循环的效率只与两个热源的温度有关。两个热源的温差越大，卡诺循环的效率越高。这是提高热机效率的途径之一。由于 $T_1 \to \infty$ 或 $T_2 \to 0$ 都是不可能实现的，所以卡诺循环的效率总是小于 1。

如果卡诺循环反方向进行，就称为卡诺逆循环，如图 7-16 所示。这时气体经由状态 $a \to d \to c \to b$ 再回到 a，在逆循环中，外界对气体做功为 A，工作物质从低温热源 T_2 吸收热量 Q_2，并向高温热源 T_1 放出热量 Q_1。根据热力学第一定律，$Q_1=Q_2+A$。显然，卡诺逆循环是制冷循环，由制冷系数定义式（7-20）可得

$$\omega=\frac{Q_2}{A}=\frac{Q_2}{Q_1-Q_2}=\frac{T_2}{T_1-T_2} \tag{7-22}$$

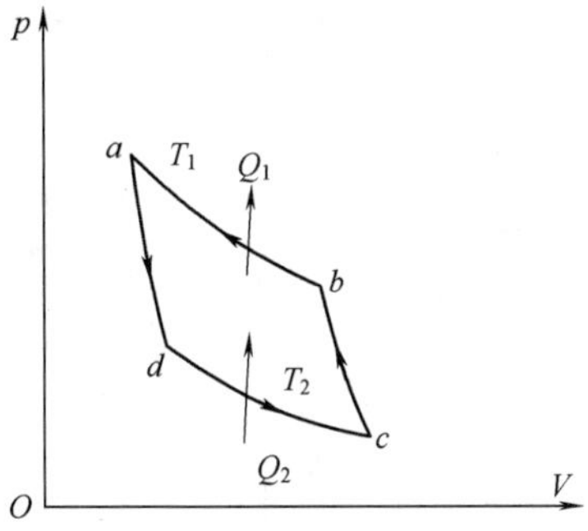

(a) p-V 图

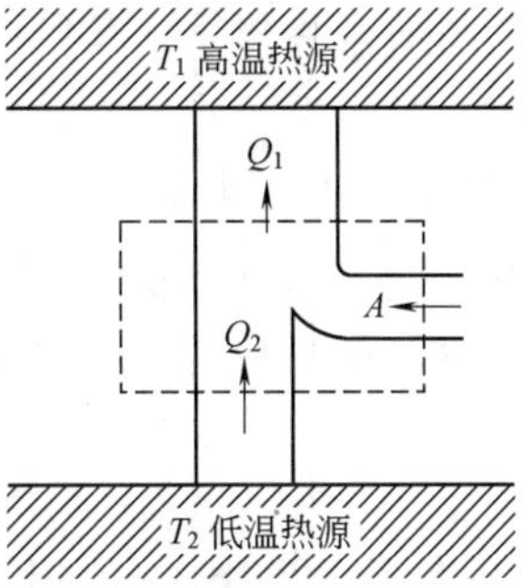

(b) 工作示意图

图 7-16　卡诺逆循环（制冷机）

在一般制冷机中，高温热源的温度通常就是周围大气的温度，由上式可知，卡诺逆循环的制冷系数只取决于冷库的温度 T_2，T_2 越低，则制冷系数越小。这表明，从温度较低的低温热源中吸取热量，外界就必须对气体做更多的功。

【例题 7-4】　一卡诺热机，工作于温度分别为 27℃与 127℃的两个热源之间。

① 若在正循环中该机从高温热源吸收热量 5840J，问该机向低温热源放热多少？对外做功多少？

② 若使它逆向运转而做制冷机工作，问它从低温热源吸热 5840J，将向高温热源放热多少？外界做功多少？

【解】　① 卡诺热机的效率为

$$\eta=1-\frac{T_2}{T_1}=1-\frac{300}{400}=25\%$$

由题意知 $Q_1=5840\text{J}$，则热机向低温热源放出的热量为

$$Q_2=Q_1(1-\eta)=5840\times(1-0.25)=4380(\text{J})$$

对外做功为

$$A=\eta Q_1=0.25\times 5840=1460\ (\mathrm{J})$$

② 逆循环时，制冷系数为

$$\omega=\frac{Q_2}{A}=\frac{T_2}{T_1-T_2}=\frac{300}{400-300}=3$$

由题意可知 $Q_2=5840\mathrm{J}$，则外界须做功为

$$A=\frac{Q_2}{\omega}=\frac{5840}{3}=1947\ (\mathrm{J})$$

向高温热源放出的热量为

$$Q_1=Q_2+A=5840+1947=7787\ (\mathrm{J})$$

习题 7-4

一、思考题

1. 循环过程中系统对外做的净功在数值上等于 p-V 图中闭合曲线所包围的面积，所以曲线所围面积越大，循环效率就越高，这种说法正确吗？

2. 两个卡诺机共同使用同一低温热源，但高温热源的温度不同，在 p-V 图上，它们的循环曲线所包围的面积相等，它们对外所做的净功是否相同？热机效率是否相同？

二、计算题

1. 0.32kg 的氧气做如图 7-17$abcda$ 的循环，设 $V_2=2V_1$，$T_1=300\mathrm{K}$，$T_2=200\mathrm{K}$，ab、cd 为等温过程，da、bc 为等体过程，求此循环的效率（氧气的定容摩尔热容为 $\frac{5}{2}R$）。

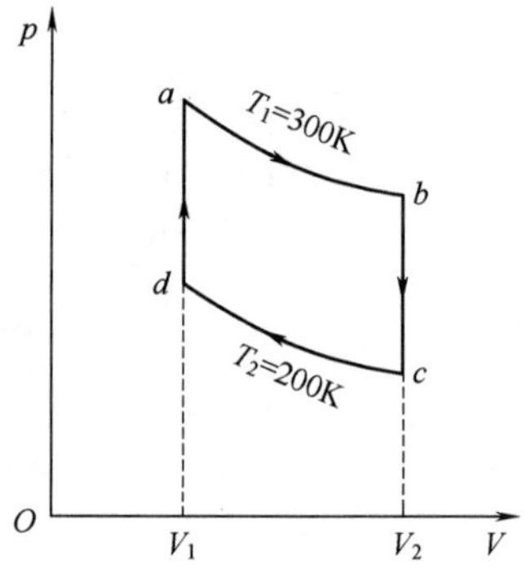

图 7-17

2. 一卡诺热机在 1000K 和 300K 的两热源之间工作。如果

① 高温热源提高到 1100K；

② 低温热源降到 200K。

求两种情况下，热机的效率各增加了多少？为了提高热机的效率，哪一种方案更好？

3. 一卡诺热机，当高温热源的温度为 400K，低温热源的温度为 300K 时，每次循环对外做净功 $8.00\times 10^3\mathrm{J}$。现在维持低温热源的温度不变，提高高温热源的温度，使每次循环对外做净功 $1.00\times 10^4\mathrm{J}$。若两个卡诺循环都工作在两条相同的绝热线之间，试求：

① 第二个循环的效率；

② 第二个循环高温热源的温度。

4. 一台电冰箱工作时，其冷冻室中的温度为 -10℃，环境温度为 15℃。若按理想卡诺制冷循环计算，则制冷机每消耗 $10^3\mathrm{J}$ 的功，可以从冷冻室中吸出多少热量？

*第五节 热力学第二定律

热力学第一定律说明一切热力学过程必须满足能量转换和守恒定律，但这仅是过程发

生的必要条件。满足能量转换与守恒的过程是否一定能够实现呢？答案是否定的。与热现象有关的宏观自然过程是有方向性的，热力学第二定律就是阐述这个方向性及相关条件的，它是独立于热力学第一定律的另一条反映自然界热现象规律的基本定律。

一、可逆过程与不可逆过程

1. 自然过程的方向性

自然过程是指**在不受外界干预的条件下能够自动进行的过程**。大量事实表明，一切宏观自然过程都具有方向性。

热传导过程具有方向性。两个温度不同的物体相互接触，热量总是自动地由高温物体传向低温物体，最后使两物体达到相同的温度。但与此相反的过程却从未发生过，即热量自动地从低温物体传向高温物体，使高温物体的温度更高，低温体的温度更低。

功热转换过程具有方向性。转动着的飞轮，在撤去动力后，由于转轴的摩擦越转越慢，最后停止转动。该过程中由于摩擦生热，机械能全部转换成热能。而相反的过程，即飞轮周围的空间自动冷却，使飞轮由静止转动起来的过程却从未发生过。

气体自由膨胀过程具有方向性。如图 7-18 所示，设隔板将容器分为 A、B 两室，A 室中贮有气体，B 室中为真空。如果将隔板抽开，A 室中的气体自动向 B 室膨胀，最后气体将均匀分布于 A、B 两室中，这是气体对真空的自由膨胀。而相反的过程，即均匀充满容器的气体，在没有外界作用的情况，自动收缩到 A 中去的过程却从未发生过。

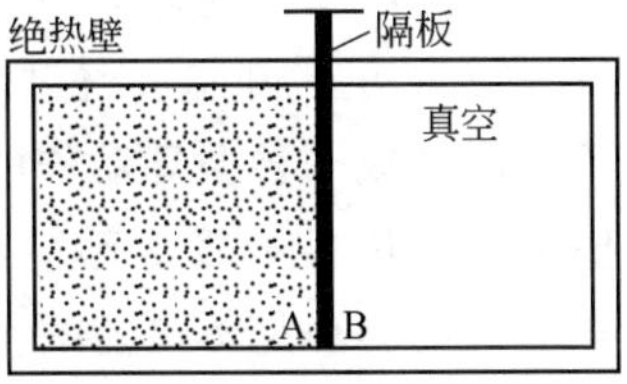

图 7-18 气体对真空的自由膨胀

2. 可逆过程与不可逆过程

为了进一步讨论热力学过程的方向性，下面介绍可逆过程和不可逆过程的概念。

在系统状态变化的过程中，如果**逆过程能重复正过程的每一状态，而且不引起其他变化**，这样的过程称为**可逆过程**；反之，**在不引起其他变化的情况下，不能使逆过程重复正过程的每一状态，或者虽然重复但必然会引起其他变化**，这样的过程称**不可逆过程**。

某一单摆，如果不受到空气阻力和其他摩擦力的作用，它从左端最大位移处经平衡位置到右端，再从右端经平衡位置到左端初始位置处，而周围一切都未发生变化，因此这一过程是可逆过程。由此可见，单纯的、无机械能耗散的机械运动过程是可逆过程。

摩擦做功可以把功全部转化为热量，而热量却不能在不引起其他变化的情况下全部转变为功。因此功通过摩擦转换为热量的过程是不可逆过程。又如，高温物体能把热量传递给低温物体，而它的逆过程，即要把热量由低温物体传递给高温物体，就一定要外界对它做功不可。所以，热量从高温物体自动传向低温物体也是不可逆过程。在自然界中，不可逆过程的例子是很多的。像气体的扩散、水的汽化、固体的升华、生命科学里的生长与衰老都是不可逆过程。

实现可逆过程的条件是什么呢？只有无耗散的准静态过程才是可逆过程。因为在无耗散的准静态过程中，过程的每一中间状态都达到平衡态，就可以控制条件，使系统的状态按照和原方向完全相反的顺序变化，经过原过程的所有中间状态，回到初始状态，并消除所有的外界影响。

应当指出，在实际中，无耗散的准静态过程是不存在的，因此一切实际过程都是不可逆的。可逆过程只是一种理想模型。研究可逆过程的意义在于实际过程在一定条件下可以近似地作为可逆过程来处理，并且能以可逆过程为基础寻找实际过程的规律。本章所讨论的热力学过程除特别指明外，都是看成可逆过程的。

二、热力学第二定律

上述研究表明，宏观自然过程是不可逆的。热力学第二定律就是阐明宏观自然过程进行方向的规律。任何一个实际自然过程进行方向的说明都可以作为热力学第二定律的表述，而最具代表性的是德国物理学家克劳修斯和英国物理学家开尔文分别于 1850 年和 1851 年提出的两种表述。

1. 开尔文表述

19 世纪初，由于热机的广泛应用，提高热机的效率成为一个十分迫切的问题。能否制造一种理想的热机，使它的效率达 100%？即它在循环过程中，可以把吸收的热量全部转换为功而不放出热量？如果可能的话，就可以只依靠大地、海洋大气的冷却而获得机械功，有人估算出，地球上的海水冷却 1℃，所获得的功就相当于 10^{14} t 煤燃烧后放出的能量，这是取之不尽、用之不竭的能源，这种理想热机称为第二类永动机。这种永动机虽不违反热力学第一定律，但无数的尝试证明，第二类永动机是不可能实现的。

1851 年，开尔文通过热机效率即热功转换的研究提出了热力学第二定律的一种表述：**不可能制成一种循环动作的热机，只从单一热源吸收热量，使之完全转化为功而不产生其他影响**。热力学第二定律的开尔文表述指出，在不引起其他变化的条件下，把吸收的热量全部转换为功是不可能的，效率为 100%的第二类永动机是不可能实现的。

应当指出，在等温膨胀过程中，系统从单一热源吸收热量全部用于对外做功，但在该过程中，体积膨胀了，即产生了其他影响。而要使系统压缩回到原来的状态，必然要释放一部分热量给其他物体，故这一循环对外界产生了其他影响，与开尔文表述不相矛盾。

2. 克劳修斯表述

1850 年，克劳修斯在大量事实的基础上提出了热力学第二定律的另一种表述，即**热量不可能自动地从低温物体传向高温物体**。从上一节的制冷机的分析中可以看到，要使热量从低温物体传到高温物体，靠自发的进行是不可能的，必须依靠外界做功。克劳修斯的表述反映了热传递过程的方向性。

由此可见，自然界出现的热力学过程是有方向性的，某些方向的过程是可以自动实现的，而另一方向的过程则不能。热力学第一定律说明在任何过程中能量必须守恒，热力学第二定律却说明并非所有能量守恒的过程均能实现。热力学第二定律是反映宏观自然过程进行的方向和条件的一个规律，它和第一定律相辅相成，缺一不可。

3. 两种表述的等效性

初看起来，热力学第二定律的开尔文表述和克劳修斯表述并无关系，其实，两者是等效的。如果前一个表述成立，则后一个表述也成立；反之，如果后者成立，则前者也成立。下面，用反证法加以证明。

假定开尔文表述不成立，即热量可以完全转换为功而不产生其他影响。这样可以利用一个热机在一个循环中从高温热源吸收热量 Q_1，使之完全变为功 A，并利用这个功带动制冷机，使它在循环中从低温热源 T_2 吸收热量 Q_2，并向高温热源放出热量 $A+Q_2=Q_1+Q_2$，如图 7-19 所示。两台机器联合工作的总效果是不需要外界做功，将热量 Q_2 从低温热源传给了高温热源，而未产生其他影响。由此可见，如果开尔文表述不成立，那么克劳修斯表述也就不成立。同样，如果克劳修斯表述不成立，可以证明开尔文表述也是不成立的。

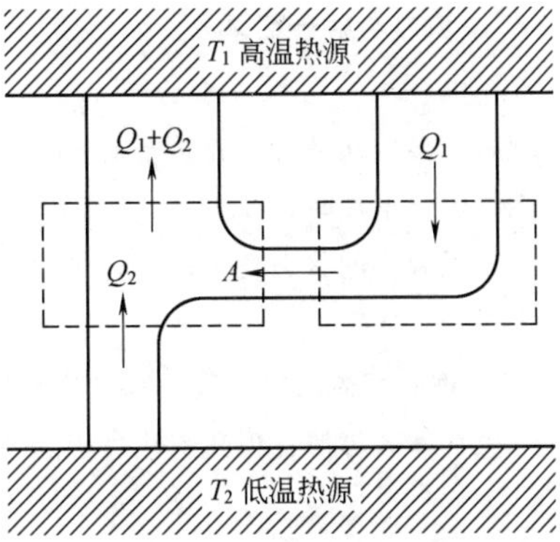

图 7-19 两种表述等效性的证明

三、卡诺定理

卡诺循环中的每一个分过程都是平衡过程，所以卡诺循环是理想的可逆循环。由可逆循环组成的热机叫可逆机。但实际热机的工作物质并不是理想气体，其循环也不是可逆卡诺循环，所以要解决其效率极限问题，还要作进一步探讨。在深入研究热机效率的工作中，卡诺提出了工作在温度为 T_1 和温度为 T_2 的两个热源之间的热机，遵从以下两条结论，即**卡诺定理**。

① 在相同的高温热源和低温热源之间的一切可逆机，其效率都相同，而与工作物质无关。

$$\eta=1-\frac{T_2}{T_1} \tag{7-23}$$

② 在相同的高温热源和低温热源之间工作的一切不可逆机的效率都不高于（实际上是小于）可逆机，即

$$\eta'\leqslant 1-\frac{T_2}{T_1} \tag{7-24}$$

卡诺定理指明了提高热机效率的方向。首先，要增大高、低温热源的温度差，由于热机一般总是以周围环境作为低温热源，所以实际上只能是提高高温热源的温度；其次，则要尽可能地减少热机循环的不可逆性，也就是减少摩擦、漏气、散热等耗散因素。

* 习题 7-5

1. 试根据热力学第二定律判断下面两种说法是否正确：

① 功可以全部转化为热量，但热量不能全部转化为功；

② 热量能从高温物体传向低温物体，但不能自发地从低温物体传向高温物体。

2. 等温膨胀时，系统吸收的热量全部用来对外做功，这与热力学第二定律是否矛盾？

本章小结

本章的重点是计算理想气体各等值过程和绝热过程中的功、热量、内能的变化及循环过程的效率，难点是对热力学第一定律和第二定律的理解。

一、理想气体状态方程

$$pV=\frac{m}{M}RT$$

对一定量的理想气体，有 $\frac{pV}{T}=$ 常量，或者 $\frac{p_1V_1}{T_1}=\frac{p_2V_2}{T_2}$。

二、热力学第一定律

$$Q=E_2-E_1+A$$

规定：系统从外界吸收热量时，Q 为正值，反之为负值；系统对外界做功时，A 为正值，反之为负值；系统内能增加时，E_2-E_1 为正，反之为负。

对于无限小的状态变化过程，热力学第一定律可表示为

$$\mathrm{d}Q=\mathrm{d}E+\mathrm{d}A$$

三、理想气体的等值过程和绝热过程

理想气体各等值过程和绝热过程的一些重要关系式列于表 7-2 中。

表 7-2

过 程	过 程 方 程	热 量	内 能 变 化	功
等体	$pT^{-1}=$常量	$\frac{m}{M}C_V(T_2-T_1)$	$\frac{m}{M}C_V(T_2-T_1)$	0
等压	$VT^{-1}=$常量	$\frac{m}{M}C_p(T_2-T_1)$	$\frac{m}{M}C_V(T_2-T_1)$	$\frac{m}{M}R(T_2-T_1)$
等温	$pV=$常量	$\frac{mRT}{M}\ln\frac{V_2}{V_1}$	0	$\frac{mRT}{M}\ln\frac{V_2}{V_1}$
绝热	$pV^{\gamma-1}=$常量	0	$\frac{m}{M}C_V(T_2-T_1)$	$-\frac{m}{M}C_V(T_2-T_1)$

迈耶公式
$$C_p=C_V+R$$

摩尔热容比
$$\gamma=\frac{C_p}{C_V}$$

四、循环过程

1. 正循环（热机循环）

正循环（热机循环）系统从高温热源吸取热量对外做功，并向低温热源放出热量。用 Q_1 表示从高温热源吸收的热量，Q_2 表示向低温热源放出的热量；A 表示对外做的功，则热机效率为

$$\eta=\frac{A}{Q_1}=\frac{Q_1-Q_2}{Q_1}=1-\frac{Q_2}{Q_1}$$

2. 逆循环（制冷循环）

制冷循环（逆循环）利用外界对系统做功，使热量从低温热源传向高温热源。用 Q_1 表示向高温热源放出的热量，Q_2 表示从低温热源吸收的热量，A 表示外界对系统做的功，则制冷系数

$$\omega=\frac{Q_2}{A}=\frac{Q_2}{Q_1-Q_2}$$

3. 卡诺循环

卡诺循环是只与两个恒温热源进行热量交换的准静态循环过程。

$$\eta=1-\frac{T_2}{T_1} \qquad \omega=\frac{T_2}{T_1-T_2}$$

***五、热力学第二定律**

1. 热力学第二定律表述

开尔文表述：不可能制成一种循环动作的热机，只从单一热源吸收热量，使之完全转化为功而不产生其他影响。

克劳修斯表述：热量不能自动地从低温物体传向高温物体。

2. 卡诺定理

工作在相同的高温热源和相同的低温热源间的热机效率 $\eta \leqslant 1-\frac{T_2}{T_1}$ 与工作物质无关。式中等号对应于可逆机，小于号对应于不可逆机。

自测题

一、判断题

1. 气体的宏观状态可以用体积、压强、温度来描述。　（　）
2. 理想气体的内能是温度的单值函数。　（　）
3. 做功和热传递对系统内能的改变来说，本质是相同的。　（　）
4. 公式 $A=\int_{V_1}^{V_2} p\mathrm{d}V$ 适用于任何形状的容积可变化容器中的气体系统。　（　）
5. 热量可以自发地从低温物体传给高温物体而不引起任何变化。　（　）

二、选择题

1. 下列说法正确的是　（　）

(A) 在任何过程中，系统对外做的功必定等于系统从外界吸取的热量；

(B) 在任何过程中，系统内能的增量必定等于系统从外界吸取的热量；

(C) 在准静态循环过程中，系统对外界做的功不能等于系统从高温热源处吸收的热量；

(D) 以上说法都不对。

2. 某理想气体状态变化时，内能随体积变化的关系如图 7-20 中 AB 直线所示，则此过程是　（　）

(A) 等压过程；　(B) 等体过程；　(C) 等温过程；　(D) 绝热过程。

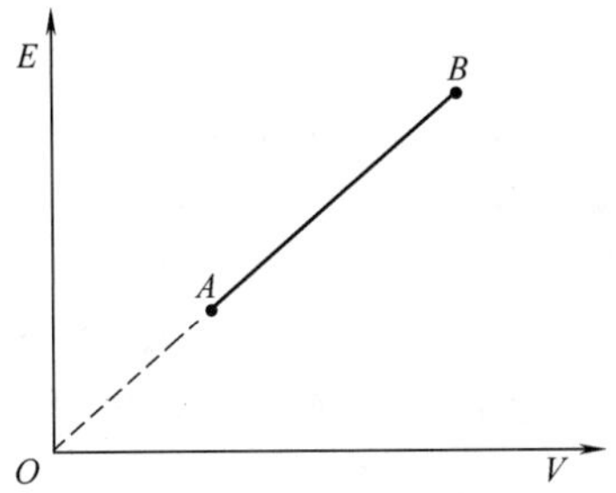

图 7-20

3. 一理想气体系统起始温度为 T，体积为 V，由如下三个准静态过程构成一个循环：绝热膨胀到 $2V$，经等体过程回到温度 T，再等温地压缩到体积 V。在此循环中，下述说法正确的是　（　）

(A) 气体对外放热；　(B) 气体对外做正功；　(C) 气体的内能增加；　(D) 气体的内能减少。

4. 两个卡诺循环，一个工作于温度为 T_1 与 T_2 的两个热源之间，另一个工作于 T_1 与 T_3 的两个热源之间。已知 $T_1<T_2<T_3$，而且这两个循环所包围的面积相等。由此可知，下述说法正确的是（　）

(A) 两者的效率相等；　(B) 两者从高温热源吸取的热量相等；

(C) 两者向低温热源放出的热量相等；　(D) 两者吸取热量和放出热量的差值相等。

5. 在 327℃ 的高温热源和 27℃ 的低温热源间工作的热机，理论上的最大效率是　（　）

(A) 100%；　(B) 92%；　(C) 50%；　(D) 25%。

三、填空题

1. 系统在某过程中吸收热量 150J，对外做功 900J，那么在此过程中，系统内能的变化是________。

2. 在某绝热过程中，系统内能的变化是 950J。在此过程中，系统做功________。

3. 一定量的理想气体，从某状态出发，如果经等压、等温或绝热过程膨胀相同的体积，在这三个过程中，做功最多的过程是____________；气体内能减少的过程是____________；吸收热量最多的过程是____________。

4. 热机循环的效率是 21%，那么，经一循环吸收 1000J 热量，它所做的净功是______，放出的热量________。

*5. 热力学第二定律的开尔文表述是____；克劳修斯表述为____；热力学第二定律的实质是____。

四、计算题

1. 如图 7-21 所示，某一定量气体吸热 800J，对外做功 500J，由状态 A 沿路径Ⅰ变化到状态 B，问气体内能改变了多少？若气体沿路径Ⅱ从状态 B 回到状态 A，外界对气体做功为 300J，问气体放出多少热量？

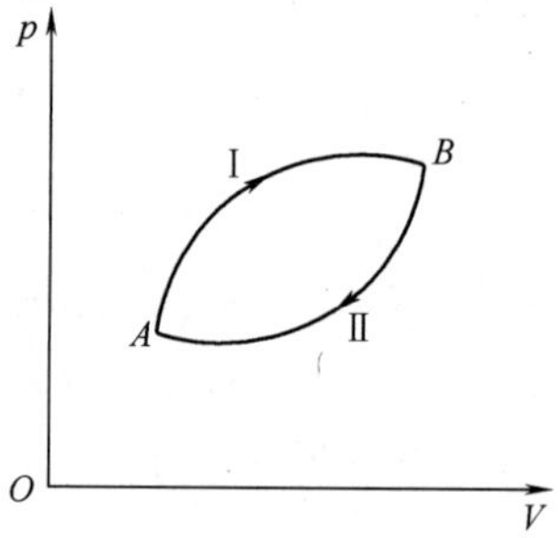

图 7-21

2. 压强为 1.0×10^5 Pa 的氮气，体积为 8.3×10^{-3} m^3，定容摩尔热容为 $\frac{5}{2}R$，从 27℃ 加热到 127℃，求：

① 体积不变时，气体的内能增量是多少？吸收热量是多少？

② 压强不变时，气体的内能增量是多少？吸收的热量是多少？

3. 一卡诺机，在温度为 400K 和 300K 的两个热源间运转：

① 若一次循环，热机从高温热源吸热 1200J，问应向低温热源放热多少？

② 若此循环逆向进行（按制冷循环工作），从低温热源吸热 1200J，问应向高温热源放热多少？

第八章　机械振动与机械波

学习目标

1. 掌握简谐振动的特点及描述简谐振动的特征量，能根据初始条件写出简谐振动的运动方程，并理解其物理意义。理解简谐振动中的能量转化问题。了解阻尼振动、受迫振动和共振的概念及应用。

2. 理解旋转矢量法，能运用此法分析简谐振动的有关问题。

3. 理解两个同方向、同频率的简谐振动的合成规律。掌握合振动振幅加强与减弱的条件。

4. 理解描述平面简谐波的特征量。掌握平面简谐波的波动方程及其物理意义，理解波形图，掌握由简谐振动方程建立波动方程的方法。

*5. 了解惠更斯原理和波的衍射现象。理解波的叠加原理和波的干涉。理解波的相干条件，掌握干涉加强与减弱的条件。

物体在某一位置附近的往复运动称为**机械振动**。机械振动是日常生活和工程技术上经常遇到的一种十分普遍的运动形式。例如，声源的振动，各种车辆的上下颠簸、机器开动时各部分的微小颤动等都是机械振动。

振动状态的传播过程叫做波动，简称为波。**机械振动在弹性介质中的传播形成机械波。**例如，声波、水波、地震波等都是机械波。

必须说明的是，自然界中还有很多现象，如交变电流、交变电压、交变电磁场等，虽然本质上和机械振动不同，但变化规律则与机械振动相似。因此，广义地说，只要一个物理量在某数值附近作周期性变化，就可称为振动。对于波动也是如此，不仅限于机械波，例如无线电波、光波、X 射线也是波，它们是交变电磁场在空间传播而形成的电磁波。

不论哪种振动和波，尽管本质上有所不同，但其规律则完全相同，用以描写它们运动规律的数学方程式的形式都是相似的。因此，研究机械振动和机械波的运动规律与特征具有重要的意义，对今后其他课程（如电工学、无线电技术、光学、机械制造等）的学习非常重要。

第一节　简 谐 振 动

一、弹簧振子的运动规律

大型锅炉的底部都垫有一组弹簧，精密车床的下面一般都有混凝土地基，并在混凝土地基下铺设弹性垫层，锅炉、精密车床的振动情况与它们的质量和所垫弹簧（或弹性垫层）的弹性有关。为了研究振动的规律，常用科学抽象的方法，简化上述振动系统，建立一个理想模型，例如，把上述弹性垫层简化为一个弹簧，而把机床及其混凝土地基简化为如图 8-1(a) 所示的放在弹簧上的物体。由于弹性垫层的质量比机床、混凝土地基的质量小很多，而且在振动时，机床及其混凝土地基的形变又比弹性垫层的形变小得多。因此，弹性垫层可视为只有弹性而忽略了质量的弹簧，而机床及其混凝土地基可视为只有质量而不发生形变的物体。**把连接在一起的一个忽略了质量的弹簧和一个不发生形变的物体系统称为弹簧振子**，弹簧振子和质点、刚体、理想气体、点电荷一样，也是物理模型，为了使问题简明，下面采用图 8-1(b) 来讨论弹簧振子的运动规律。

如图 8-2 所示，将水平放置的弹簧的一端固定，另一端系一个质量为 m 的物体，置于无摩擦的光滑水平面上，当弹簧处于自然伸展状态时，物体所受的合力为零，这个位置称为**平衡位置**。在弹簧的弹性限度内，使物体向右（或向左）移动一段距离，然后松开，则物体将在弹簧弹性力的作用下来回振动。

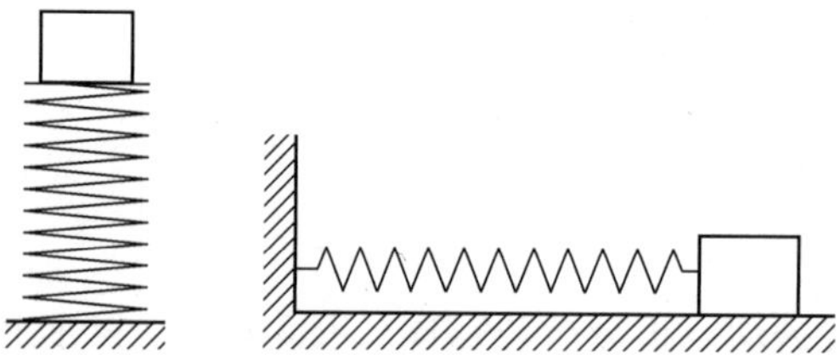

图 8-1 弹簧振子

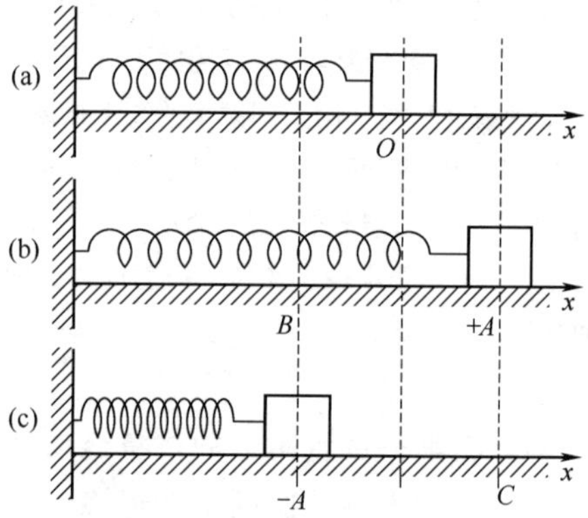

图 8-2 弹簧振子的振动

将平衡位置取为坐标原点 O，取水平方向向右为 Ox 轴的正方向。当物体离开平衡位置，位移为 x 时，作用于物体的合力 F 为弹性力，由胡克定律得

$$F=-kx$$

式中，k 是弹簧的劲度系数，负号表示物体在振动过程中，弹性力的方向总是和位移的方向相反。根据牛顿第二定律，它的加速度 a 为

$$a=\frac{F}{m}=-\frac{k}{m}x$$

因为 k 和 m 都是正数，所以它们的比值可用另一个常数 ω 的平方来表示，即令

$$\frac{k}{m}=\omega^2 \tag{8-1}$$

代入上式，得

$$a=-\omega^2 x \tag{8-2a}$$

或

$$\frac{d^2 x}{dt^2}+\omega^2 x=0 \tag{8-2b}$$

只要在弹性限度内，式(8-2a) 总是成立的。因此，可以概括出弹簧振子运动的特征：**加速度大小与位移大小成正比，而方向与位移方向相反**。通常把具有这种特征的运动称为**简谐振动**。

由微分方程的理论，不难得到式(8-2b) 的通解为

$$x=A\cos(\omega t+\varphi) \tag{8-3}$$

式中，A 和 φ 是两个积分常数，由初始条件决定。它们的物理意义将在后面讨论。式(8-3)称为**简谐振动的运动方程**。

根据速度和加速度的定义，将式(8-3)对时间分别求一阶、二阶导数，就得到做简谐振动物体的速度和加速度

$$v=\frac{\mathrm{d}x}{\mathrm{d}t}=-\omega A\sin(\omega t+\varphi) \tag{8-4}$$

$$a=\frac{\mathrm{d}^2x}{\mathrm{d}t^2}=-\omega^2A\cos(\omega t+\varphi) \tag{8-5}$$

式中，ωA 和 ω^2A 分别是速度和加速度的最大值。由式(8-4)和式(8-5)可知，做简谐振动物体的速度和加速度也是随时间作周期性变化的。

将式(8-3)带入式(8-5)，有

$$a=-\omega^2x$$

这表明式(8-3)满足式(8-2b)，式(8-3)的确是微分方程式(8-2b)的解。

图 8-3 中 (a)、(b)、(c) 分别为 $\varphi=0$ 时简谐振动的位移、速度、加速度与时间关系的曲线。

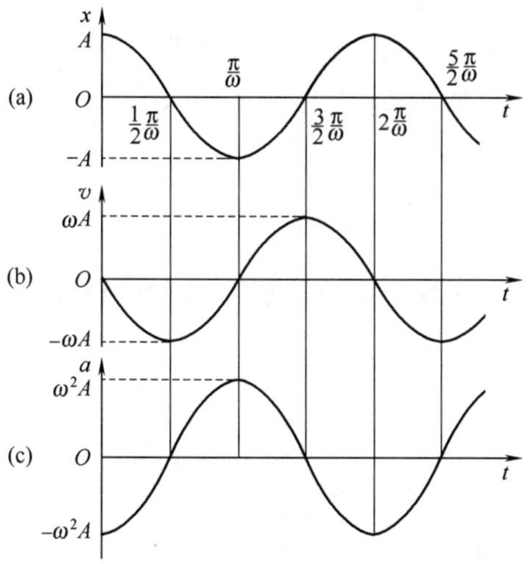

图 8-3　简谐振动的曲线

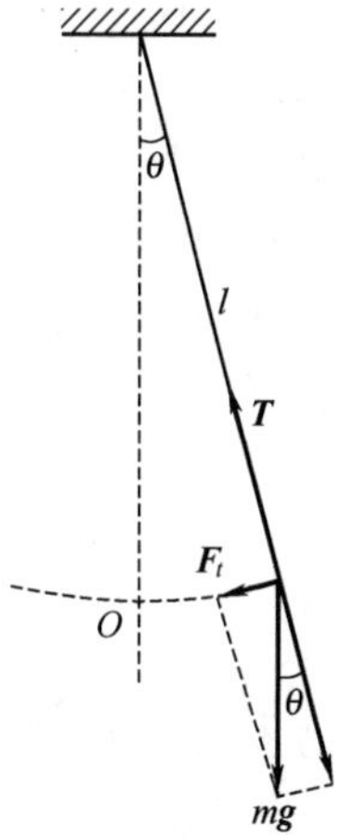

图 8-4　［例题 8-1］图

【例题 8-1】 如图 8-4 所示，一根不能伸缩的细线上端固定，下端悬挂一体积很小的重物。若把重物从平衡位置略微移开后释放，重物就在平衡位置附近的竖直平面内往复运动。这个振动系统称为单摆。试证明单摆的振动是简谐振动。

【证明】 如图 8-4 所示，设物体的质量为 m，摆线的长度为 l，其质量可以忽略。摆线竖直时，作用在物体上的合外力为零，该位置为平衡位置，用 O 表示。在任意时刻，设摆线偏离竖直位置的角位移为 θ，并规定偏离平衡位置沿逆时针方向转过的角位移为正。物体受到重力 $m\boldsymbol{g}$ 和线的拉力 $\boldsymbol{T}$ 作用，忽略空气阻力，物体所受的合力沿圆弧的切线方向的分力为切向力 $\boldsymbol{F}_t$，其大小为

$$F_t=-mg\sin\theta$$

在角位移 θ 很小时，有 $\sin\theta\approx\theta$，所以

$$F_t=-mg\theta$$

因物体的切向加速度 $a_t=l\alpha$，由牛顿第二定律可得 $F_t=ma_t$，所以有

$$ml\alpha=-mg\theta$$

即

$$\alpha=-\frac{g}{l}\theta$$

或

$$\frac{d^2\theta}{dt^2}+\frac{g}{l}\theta=0$$

可见，在角位移很小的情况下，单摆的角加速度 α 与角位移 θ 成正比，但方向相反，具有简谐振动的特征，单摆的振动是简谐振动。且有

$$\omega^2=\frac{g}{l} \tag{8-6}$$

二、描述简谐振动的物理量

现在来讨论简谐振动的运动方程 $x=A\cos(\omega t+\varphi)$ 中各物理量的意义。

1. 振幅

A 称为简谐振动的振幅。因为余弦函数的绝对值不能大于 1，故 x 的绝对值不能大于 A，所以**振幅 A 是振动物体离开平衡位置的最大位移的绝对值**。振幅的大小反映了振动系统振动的强弱。

在 SI 中，振幅的单位是米，符号为 m。

2. 周期　频率　角频率

简谐振动的基本属性是它的周期性。**物体完成一次全振动（来回一次）所需的时间称为周期**，用 T 表示。因为

$$x=A\cos(\omega t+\varphi)=A\cos(\omega t+\varphi+2\pi)=A\cos\left[\omega\left(t+\frac{2\pi}{\omega}\right)+\varphi\right]$$

所以物体在 t 时刻的运动情况与在 $t+\frac{2\pi}{\omega}$ 时刻的运动情况完全相同。即物体每隔 $\frac{2\pi}{\omega}$ 的时间重复一次运动，所以周期为

$$T=\frac{2\pi}{\omega} \tag{8-7}$$

周期是描述物体振动快慢的物理量。周期越长，振动越慢；周期越短，振动越快。

在 SI 中，周期的单位是秒，符号为 s。

周期的倒数称为**频率**，其意义是**单位时间内物体完成全振动的次数**，频率用 ν 表示。即

$$\nu=\frac{1}{T}=\frac{\omega}{2\pi} \tag{8-8}$$

或

$$\omega=2\pi\nu=\frac{2\pi}{T} \tag{8-9}$$

ω 是 ν 的 2π 倍，表示在 2π 秒内物体完成全振动的次数，称为**角频率**。频率、角频率与周

期一样都是描述物体振动快慢的物理量。频率越大，振动越快；频率越小，振动越慢。

在 SI 中，频率的单位是赫兹，符号为 Hz。角频率的单位是弧度每秒，符号为 $\mathrm{rad\cdot s^{-1}}$。

对于弹簧振子，由式(8-1) 知，$\omega=\sqrt{\frac{k}{m}}$，其周期和频率分别为

$$T=2\pi\sqrt{\frac{m}{k}},\quad \nu=\frac{1}{2\pi}\sqrt{\frac{k}{m}} \tag{8-10}$$

显然，k、m 是表征弹簧振子本身性质的物理量，因此说，弹簧振子的周期、频率及角频率只由振动系统本身的性质来决定，而与外界因素无关，所以通常称其为固有周期、固有频率和固有角频率。对不同的振动系统，其周期和频率的具体表达式也有所不同。例如，对于单摆，$\omega^2=\frac{g}{l}$，因此

$$T=2\pi\sqrt{\frac{l}{g}},\quad \nu=\frac{1}{2\pi}\sqrt{\frac{g}{l}} \tag{8-11}$$

上式为测量重力加速度提供了一种简便方法。

3. 相位　初相位

式(8-3) 中的 $\omega t+\varphi$ 称为**相位**。在一次全振动中，振动物体在任意时刻 t 相对于平衡位置的位移和速度都是不同的，具体由 $\omega t+\varphi$ 来决定。例如在图 8-2 中作简谐振动的弹簧振子，当相位 $\omega t_1+\varphi=\frac{\pi}{2}$时，$x=0$，$v=-A\omega$，说明这时物体在平衡位置，并以速率 $A\omega$ 向左运动；而当相位 $\omega t_2+\varphi=\frac{3\pi}{2}$时，$x=0$，$v=A\omega$，说明这时物体也在平衡位置，但却以速率 $A\omega$ 向右运动。可见，在 t_1 和 t_2 两个时刻，简谐振动的相位不同，其运动状态也不同。

在 SI 中，相位的单位是弧度，符号为 rad。

常量 φ 是 $t=0$ 时的相位，称为振动的**初相位**，简称**初相**。它决定了初始时刻（又称计时起点）振动物体运动的状态。例如，若 $\varphi=0$，则据式(8-3) 和式(8-4) 可求出在 $t=0$ 时，$x_0=A$，$v_0=0$，这表示在计时起点时，物体位于距平衡位置的正最大位移处，速度为零；又如，若 $\varphi=\frac{\pi}{2}$，则据式(8-3) 和式(8-4) 可求出在 $t=0$ 时，$x_0=0$，$v_0=-A\omega$，这表示在计时起点时，物体位于平衡位置处，并以速率 $A\omega$ 向左运动。

相位和初相的重要性还在于，当研究两个或两个以上简谐振动的关系时，常常要比较它们的步调是否一致，如振动是否同时达到最大值或同时为零等。这时起决定作用的是两者相位的差值，这个差值称为**相位差**。两个同频率简谐振动（设为振动Ⅰ和振动Ⅱ）的相位差为一恒量，等于它们的初相之差，即

$$\Delta\varphi=(\omega t+\varphi_2)-(\omega t+\varphi_1)=\varphi_2-\varphi_1 \tag{8-12}$$

式中，$\Delta\varphi$ 是相位差；φ_1 是振动Ⅰ的初相；φ_2 是振动Ⅱ的初相。当相位差 $\Delta\varphi=\varphi_2-\varphi_1>0$ 时，称振动Ⅱ的相位超前振动Ⅰ为 $\Delta\varphi$；反之，当相位差 $\Delta\varphi=\varphi_2-\varphi_1<0$ 时，称振动Ⅱ滞后振动Ⅰ为 $\Delta\varphi$，当相位差 $\Delta\varphi=0$ 时，两振动的位移同时达到正最大，同时为零，同时达到负最大，称这两个振动同相，如图 8-5 (a) 所示；当相位差 $\Delta\varphi=\pi$ 时，

则一个振动到达正最大位移时，另一振动在负最大位移处，称这两个振动反相，如图 8-5（b）所示。

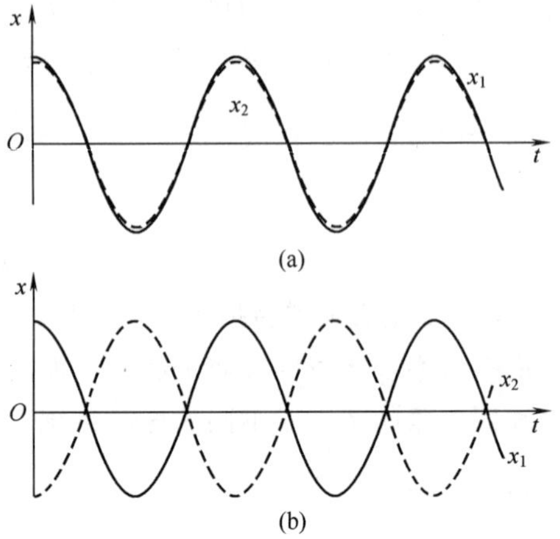

图 8-5 两个简谐振动的同相和反相曲线

【例题 8-2】 试比较简谐振动的位移、速度和加速度之间的相位关系。

【解】 设简谐振动的运动方程为

$$x = A\cos(\omega t + \varphi) \quad (1)$$

将上式对时间求一阶导数，就得到振动物体的速度为

$$v = \frac{dx}{dt} = -A\omega\sin(\omega t + \varphi)$$

将上式改写为

$$v = A\omega\cos\left(\omega t + \varphi + \frac{\pi}{2}\right) \quad (2)$$

同理，振动物体的加速度为

$$a = \frac{dv}{dt} = -A\omega^2\cos(\omega t + \varphi) = A\omega^2\cos(\omega t + \varphi + \pi) \quad (3)$$

从式(1)、式(2) 和式(3) 可知，简谐振动的速度比位移的相位超前$\frac{\pi}{2}$。加速度比位移相位超前 π（或说落后 π），即位移和加速度反相。

4. 振幅和初相的确定

如上所述，在简谐振动方程 $x = A\cos(\omega t + \varphi)$ 中，角频率 ω（或频率 ν 和周期 T）是由振动系统本身性质所决定的。在角频率已经确定的条件下，如果知道物体在初始时刻（$t=0$）的位移 x_0 和速度 v_0，就可以确定简谐振动的振幅 A 和初相 φ，从而确定该简谐振动。将 $t=0$ 代入式(8-3) 和式(8-4)，有

$$x_0 = A\cos\varphi$$
$$v_0 = -A\omega\sin\varphi$$

从上两式中可求得 A，并确定初相 φ

$$A = \sqrt{x_0^2 + \frac{v_0^2}{\omega^2}} \quad (8\text{-}13)$$

初相 φ 由式(8-14) 确定

$$\tan\varphi = -\frac{v_0}{\omega x_0} \quad (8\text{-}14)$$

初位移 x_0 和初速度 v_0 称为**初始条件**。上述结果表明，对于给定的简谐振动系统，角频率 ω（或频率 ν 和周期 T）由振动系统本身的性质决定，振幅 A 和初相 φ 由初始条件决定。

应当指出，所谓初始时刻并不一定是指物体开始振动的时刻，而是选取计时起点的时刻。如果选取振动过程的某一状态为计时的起点（$t=0$），则初始条件就是该状态的位置和速度。

【例题 8-3】 一弹簧振子，振幅 $A=2.0\times10^{-2}$m，周期 $T=1.0$s，初相 $\varphi=\frac{3\pi}{4}$。

① 写出系统的振动方程。

② 求 $t=1$s 时物体的位移、速度和加速度。

【解】 由 $T=\frac{2\pi}{\omega}$得，$\omega=\frac{2\pi}{T}=\frac{2\pi}{1.0}=2\pi$ （rad · s^{-1}）

① 系统的振动方程

$$x=A\cos(\omega t+\varphi)=2.0\times10^{-2}\cos\left(2\pi t+\frac{3\pi}{4}\right)(\text{m})$$

振动物体的速度和加速度分别为

$$v=-A\omega\sin(\omega t+\varphi)=-2\pi\times2.0\times10^{-2}\sin\left(2\pi t+\frac{3\pi}{4}\right)(\text{m}\cdot\text{s}^{-1})$$

$$a=-A\omega^2\cos(\omega t+\varphi)=-4\pi^2\times2.0\times10^{-2}\cos\left(2\pi t+\frac{3\pi}{4}\right)(\text{m}\cdot\text{s}^{-2})$$

② 将 $t=1$s 分别代入上面三式，得到物体的位移、速度、加速度分别为

$$x_1=2.0\times10^{-2}\cos\left(2\pi+\frac{3\pi}{4}\right)=-1.4\times10^{-2}\ (\text{m})$$

$$v_1=-2\pi\times2.0\times10^{-2}\sin\left(2\pi+\frac{3\pi}{4}\right)=-8.9\times10^{-2}\ (\text{m}\cdot\text{s}^{-1})$$

$$a_1=-4\pi^2\times2.0\times10^{-2}\cos\left(2\pi+\frac{3\pi}{4}\right)=0.56(\text{m}\cdot\text{s}^{-2})$$

【例题 8-4】 一放置在水平桌面上的弹簧振子，周期 $T=0.5$s。当 $t=0$ 时，物体的位移 $x_0=-1.0\times10^{-2}$m，速度 $v_0=0.218$m · s^{-1}，求其振动方程。

【解】 角频率

$$\omega=\frac{2\pi}{T}=\frac{2\pi}{0.5}=4\pi\ (\text{rad}\cdot\text{s}^{-1})$$

振幅和初相由初始条件决定

$$A=\sqrt{x_0^2+\frac{v_0^2}{\omega^2}}=\sqrt{(10^{-2})^2+\left(\frac{0.218}{4\times3.14}\right)^2}=2.0\times10^{-2}(\text{m})$$

$$\tan\varphi=-\frac{v_0}{\omega x_0}=\frac{0.218}{4\times3.14\times10^{-2}}=1.73$$

据上式，φ 可取$\frac{\pi}{3}$或$\frac{4\pi}{3}$，但根据初始条件 $x_0<0$，$v_0>0$，此时应取 $\varphi=\frac{4\pi}{3}$，将 ω、A、φ 代入振动方程 $x=A\cos(\omega t+\varphi)$ 中，可得

$$x=2.0\times10^{-2}\cos\left(4\pi t+\frac{4\pi}{3}\right)(\text{m})$$

三、简谐振动的能量

以弹簧振子为例讨论简谐振动的能量，由式(8-4) 可知，在振动过程中的某一时刻 t，振动物体的速度为 $v=-A\omega\sin(\omega t+\varphi)$，则振动系统的动能为

$$E_k=\frac{1}{2}mv^2=\frac{1}{2}mA^2\omega^2\sin^2(\omega t+\varphi)=\frac{1}{2}kA^2\sin^2(\omega t+\varphi) \tag{8-15}$$

由式(8-3)可知，在该时刻物体相对于平衡位置的位移为 $x=A\cos(\omega t+\varphi)$，则振动系统的势能为

$$E_p=\frac{1}{2}kx^2=\frac{1}{2}kA^2\cos^2(\omega t+\varphi) \tag{8-16}$$

上两式表明，物体作简谐振动时，振动系统的动能和势能分别按正弦的平方和余弦的平方随时间变化，其变化周期等于$\frac{\pi}{\omega}$。当物体的位移达到最大值，即 $\omega t+\varphi=k\pi$（k 为整数）时，势能达到最大值，动能为零；当物体的位移为零，即 $\omega t+\varphi=\left(k+\frac{1}{2}\right)\pi$（$k$ 为整数）时，势能为零，动能达到最大值。

在某一时刻 t，振动系统的总能量等于动能和势能之和，即

$$E=E_k+E_p=\frac{1}{2}m\omega^2A^2\sin^2(\omega t+\varphi)+\frac{1}{2}kA^2\cos^2(\omega t+\varphi) \tag{8-17}$$

对弹簧振子，$\omega^2=\frac{k}{m}$，所以

$$E=\frac{1}{2}kA^2$$

上式表明，在振动过程中，弹簧振子的动能和势能相互转化，但总能量保持不变，其量值与振幅的平方成正比。虽然这是从弹簧振子的振动导出的结论，但却是简谐振动的共同性质。

图 8-6 表示初相 $\varphi=0$ 时，弹簧振子的动能、势能随时间变化的曲线。

【例题 8-5】 一弹簧振子的振动方程为 $x=A\cos(\omega t+\varphi)$，其中 x 的单位为 m，t 的单位为 s。设弹簧的弹性系数为 k，求：

① 当 $x=\frac{A}{2}$时，系统的动能和势能；

② 物体在什么位置，系统的动能与势能相等。

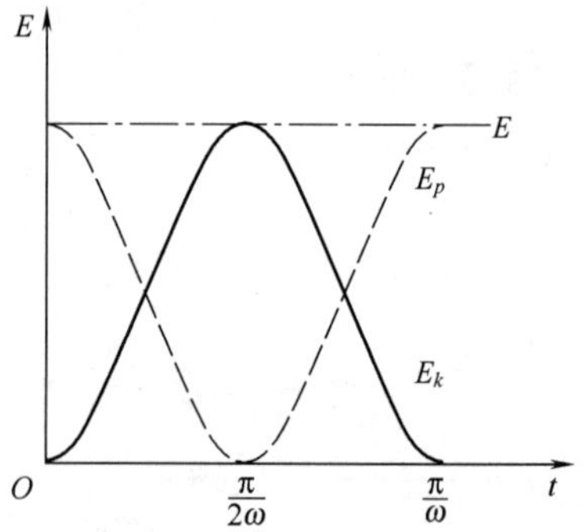

图 8-6 简谐振动的能量随时间变化的曲线

【解】 ①对弹簧振子，系统的总能量为

$$E=\frac{1}{2}kA^2$$

当 $x=\frac{A}{2}$时，系统的势能为

$$E_p=\frac{1}{2}kx^2=\frac{1}{8}kA^2$$

所以系统的动能为

$$E_k=E-E_p=\frac{3}{8}kA^2$$

② 设物体在位移 x_0 处系统的动能与势能相等，则有

$$\frac{1}{2}kx_0^2=\frac{1}{2}E$$

即

$$\frac{1}{2}kx_0^2=\frac{1}{4}kA^2$$

所以

$$x_0=\frac{A}{\sqrt{2}}$$

四、共振现象

弹簧振子的振动是自由振动，在振动过程中，系统的总能量保持不变，而实际情况是，由于存在摩擦力，振动系统的能量要逐渐耗尽，振幅要随时间减小。这种振幅随时间减小的振动称为**阻尼振动**。

为了克服阻尼的能量消耗，需施加于振动系统一个周期性的外力，迫使振动系统按周期性外力的频率振动。这种在周期性外力的持续作用下的振动称为**受迫振动**。例如，机器运转时引起的机座振动，扬声器中由于电磁力引起的纸盆振动，电磁波在收音机和电视机天线中引起电振荡等，都是受迫振动。

值得特别说明的一种情况是，**当周期性外力的频率为某一特定值时，受迫振动会有最大的振幅出现**，这种现象称为**共振**，此时的频率称为**共振频率**。可以证明，对于一个存在一定阻尼的振动系统，其共振频率略小于该系统的固有频率。只有在阻尼极小的条件下，共振频率才十分接近固有频率。对于无阻尼的理想振动系统来说，它的固有频率就是其共振频率，此时的共振振幅为无穷大。当然，这在实际情况中并不存在，因为阻尼或大或小总是存在的。

自然界中有很多共振现象。例如海水在海湾里动荡时，有一个由海湾的构形所决定的固有周期，若这个周期与月亮的引潮力的周期相同，海水便会在引潮力的作用下，形成特大的潮汐。世界各地出现潮汐时，一般潮差只有 3～5m，而北美芬地湾的蒙克顿港，由于潮的共振，潮差可达 19.6m，成为世界的一大奇观。

我国古代对共振早有记载，如《古今说部丛书》卷二刘敬叙著的《异苑》载：晋初（约公元 280 年）时，有户人家挂着的铜盘每天早晚自鸣两次，人们十分惊恐。当时的学者张华（232～300 年）说“铜盘的声调与皇宫钟声的声调相同，宫中早晚敲钟，铜盘也跟着发声”。他建议“只要把铜盘磨薄一些，就不会自鸣”。这个办法果然很灵。

共振在科研和工程技术上有着广泛的利用。例如，一些乐器上装有共鸣箱，就是利用共振来提高音响效果的；收音机和电视机的调谐电路，就是通过改变电容或电感来改变电路的固有频率，使之与某个广播信号或电视信号的电波的频率接近，引起共振，因而从这个电波获得最大的能量，以接受所需广播或电视信号；汽车上的减振器也是利用共振现象吸收汽车的振动能量。

共振有时也带来严重危害。1904 年，俄国一队骑兵以整齐的步伐通过彼得堡的一座大桥时，因步伐的冲击力与桥发生共振而使桥塌毁。解放前夕，湖南常德市一个米厂，因柴油机周期性的外力作用而与基座发生共振，导致基座猛烈跳动，将一个车间震垮。1940 年，位于美国华盛顿州的塔科麦海峡大桥，刚落成四个月，就在连续几小时的周期性低速风力的作用下，引起共振，导致钢制桥梁断裂掉入河谷。

人体内有不少空腔和弹性介质，固有频率在 3～30Hz 不等。人体平衡系统对 0.1～0.6Hz（造成晕车、晕船的频率）的振动尤为敏感，设计人工操作设备和交通工具时，也应注意防止发生相应的共振现象。

总之，为了利用共振现象，就应使受迫系统的固有频率接近周期性外力的频率；在需要防止共振现象时，就要使受迫系统的固有频率远离周期性外力的频率。

习题 8-1

一、思考题

1. 简谐振动有何特征？试从运动学和动力学角度分别说明。

2. 试说明下列运动是不是简谐振动？

① 小球在地面上做完全弹性的上下跳动；

② 小球在半径很大的光滑凹球面底部做小幅度的摆动；

③ 曲柄连杆机构使活塞做往复运动。

3. 如图 8-2 所示，试指出做简谐振动的物体，在怎样的位置时：

① 位移为零；

② 位移最大；

③ 速度为零；

④ 速度最大；

4. 分析下列表述是否正确，为什么？

① 若物体受到一个总是指向平衡位置的合力，则物体必然做振动，但不一定是简谐振动。

② 简谐振动过程是能量守恒的过程，因此，凡是能量守恒的过程就是简谐振动。

5. 物体做简谐振动的 $x\sim t$ 曲线如图 8-7 所示，试写出它的简谐振动方程。

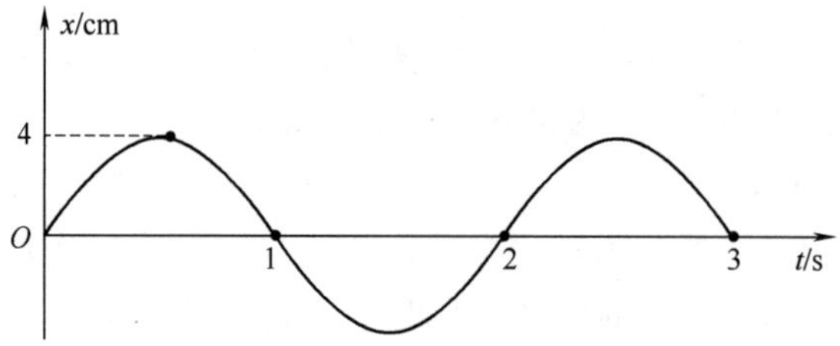

图 8-7

6. 在简谐振动方程 $x=A\cos(\omega t+\varphi)$ 中，对于水平放置的弹簧振子，相应于初相 $\varphi=0$、$\frac{\pi}{2}$、$\frac{3\pi}{2}$，其初位置分别在哪里？初速度如何？

二、计算题

1. 一质点沿 x 轴做简谐振动，其振动方程为

$$x=0.4\cos3\pi\left(t+\frac{1}{6}\right)$$

设式中的 x 和 t 的单位分别是 m 和 s。求：

① 振幅、周期和角频率；

② 初相位、初位移和初速度；

③ $t=1.5$s 时的位移、速度和加速度。

2. 一质量为 10g 的物体做简谐振动，其振幅为 24cm，周期为 4.0s，当 $t=0$ 时，位移为 $+24$cm，求：

① 振动方程；

② $t=0.5$s 时，物体所在的位置；

③ $t=0.5\text{s}$ 时，物体所受力的大小和方向；

④ 由初始位置运动到 $x=12\text{cm}$ 处所需要的最少时间；

⑤ 在 $x=12\text{cm}$ 处，物体的速度、动能、势能和总能量。

第二节 简谐振动的旋转矢量法

为了便于简谐振动的研究，介绍另一种表示简谐振动的方法，即旋转矢量表示法。

如图 8-8 所示，在纸平面上建立坐标轴 Ox，自原点 O 做一矢量 $\mathbf{A}$，使它的模等于简谐振动的振幅 A。矢量 $\mathbf{A}$ 在图平面上绕 O 点作逆时针方向转动，其角速度的大小等于简谐振动的角频率 ω，这个矢量就称为**旋转矢量**。在 $t=0$ 时，矢量 $\mathbf{A}$ 与 Ox 轴的夹角为 φ，在任意时刻 t，它与 Ox 轴的夹角为 $\omega t+\varphi$。矢量 $\mathbf{A}$ 的矢端 M 在 Ox 上的投影点 P 的坐标为

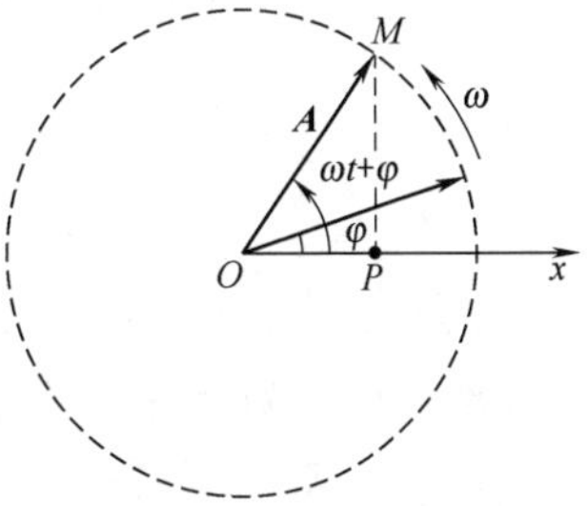

图 8-8 旋转矢量图

$$x=A\cos(\omega t+\varphi)$$

上式与式(8-3) 相同。由此可见，当旋转矢量 $\mathbf{A}$ 绕 O 点做匀速转动时，其端点在 Ox 轴上的投影点 P 的运动与物体在 Ox 轴上的简谐振动的规律相同。所以每一个简谐振动都可以用相应的旋转矢量在 Ox 轴上的投影点的运动来表示。简谐振动的三个特征量 A、ω 和 φ 分别对应于旋转矢量的模、旋转矢量的角速度和旋转矢量在初始时刻与 Ox 轴的夹角，而任意时刻 t 的相位 $\omega t+\varphi$ 对应于该时刻旋转矢量与 Ox 轴的夹角。

当旋转矢量 $\mathbf{A}$ 以匀角速度 ω 旋转一周，投影点 P 作了一次完全的振动，其相位变化 2π，时间经历了一个周期 T。由此可得 $\omega T=2\pi$，$T=\dfrac{2\pi}{\omega}$，这就是式(8-9)。

应当指出，旋转矢量法是研究简谐振动的一种直观的方法，但不能把旋转矢量 $\mathbf{A}$ 的端点的运动误认为是简谐振动，也不要把简谐振动的角频率误认为是物体做圆周运动的角速度，不要把相位误认为是几何角度。它们之间有着本质的区别。

使用旋转矢量法常可以避免一些烦琐的计算，在后面讨论简谐振动合成时要用到这一方法。

习题 8-2

有一个和轻弹簧相连的小球，沿 x 轴做振幅为 A 的简谐振动，其振动方程式用余弦函数表示。若 $t=0$ 时，球的运动状态分别为：

① $x_0=-A$；

② 通过平衡位置向 x 轴正方向运动；

③ 过 $x_0=\dfrac{\sqrt{2}A}{2}$ 处，向 x 轴正方向运动。

试用解析法和旋转矢量法分别确定相应的初位相。

第三节 简谐振动的合成

在实际问题中，常会遇到一个质点参与两个或者两个以上振动的情况。例如一个弹簧振子放在车厢的地板上，振子相对于车厢振动，而同时车厢又相对于地面振动，这时振子相对于地面的振动就是两个振动的合成。又如，当两列声波同时传到空间某一点时，该处空气质点的振动就是两列波在该处引起的振动的合成。一般的振动合成问题比较复杂，下面只讨论一种简单的情况，即两个同方向、同频率简谐振动的合成。

设一质点同时参与两个同方向、同频率的简谐振动，两个分振动引起的位移分别为

$$x_1=A_1\cos(\omega t+\varphi_1)$$

$$x_2=A_2\cos(\omega t+\varphi_2)$$

式中，x_1、x_2、A_1、A_2 和 φ_1、φ_2 分别是两个振动的位移、振幅和初相；ω 是它们共同的角频率。因为两个分振动在同一直线上进行，所以质点的合振动位移等于两个分振动位移的代数和，即

$$x=x_1+x_2=A_1\cos(\omega t+\varphi_1)+A_2\cos(\omega t+\varphi_2)$$

用旋转矢量法来求合振动位移的表达式，如图8-9所示，取坐标轴 Ox，画出 $t=0$ 时，两分振动的旋转矢量 $\boldsymbol{A}_1$ 和 $\boldsymbol{A}_2$，它们与 Ox 轴的夹角分别为 φ_1 和 φ_2。根据矢量合成的平行四边形法则，作 $\boldsymbol{A}_1$ 和 $\boldsymbol{A}_2$ 的合矢量 $\boldsymbol{A}$，在 $t=0$ 时，$\boldsymbol{A}$ 和 Ox 轴的夹角为 φ。由于两分振动的频率相同，$\boldsymbol{A}_1$ 和 $\boldsymbol{A}_2$ 以同一角速度 ω 绕 O 点沿逆时针方向匀速旋转，所以在任一时刻 t，$\boldsymbol{A}_1$ 和 $\boldsymbol{A}_2$ 的夹角差 $\varphi_2-\varphi_1$ 保持恒定。于是合矢量 $\boldsymbol{A}$ 的模保持恒定，并以同一角速度 ω 和 $\boldsymbol{A}_1$、$\boldsymbol{A}_2$ 一起绕 O 点沿逆时针方向匀速旋转。由图 8-8 可见，$\boldsymbol{A}$ 的端点在 Ox 轴的投影点的坐标 x 等于 $\boldsymbol{A}_1$ 和 $\boldsymbol{A}_2$ 的端点在 Ox 轴的投影点的坐标 x_1、x_2 的代数和，因而合矢量 $\boldsymbol{A}$ 的端点在 Ox 轴的运动表示了两个分振动的合振动。合振动与分振动在同一直线上，其频率与分振动的频率相同，其初相为 φ，合振动的运动学方程为

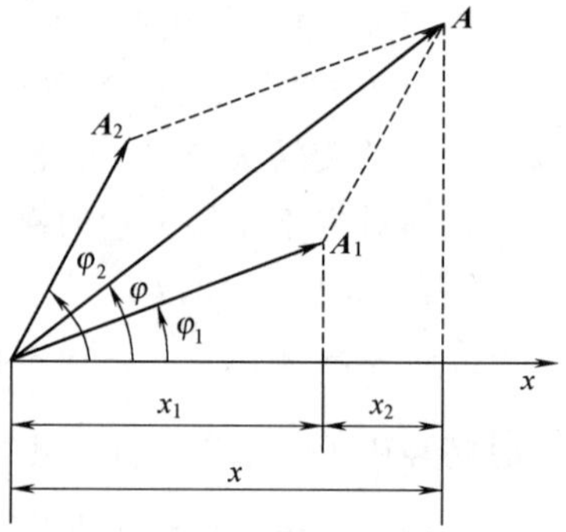

图 8-9 用旋转矢量法求振动的合成

$$x=A\cos(\omega t+\varphi) \tag{8-18}$$

据图 8-8，利用几何关系很容易求得合振动的振幅

$$A=|\boldsymbol{A}_1+\boldsymbol{A}_2|=\sqrt{A_1^2+A_2^2+2A_1A_2\cos(\varphi_2-\varphi_1)} \tag{8-19}$$

合振动初相 φ 由下式确定

$$\tan\varphi=\frac{A_1\sin\varphi_1+A_2\sin\varphi_2}{A_1\cos\varphi_1+A_2\cos\varphi_2} \tag{8-20}$$

式(8-18)、式(8-19) 和式(8-20) 表明，**两个同方向、同频率简谐振动的合振动仍是**

简谐振动，其频率与分振动的频率相同。合振动的振幅与分振动的振幅以及它们的相位差有关，合振动的初相与分振动的振幅和它们的初相有关。下面讨论两种常见的特殊情况。

① 如果相位差 $\varphi_2-\varphi_1=2k\pi$，$k=0,\pm1,\pm2,\cdots$，就有 $\cos(\varphi_2-\varphi_1)=1$，由式(8-19)可得

$$A=|\boldsymbol{A}_1+\boldsymbol{A}_2|=\sqrt{A_1^2+A_2^2+2A_1A_2}=A_1+A_2 \tag{8-21}$$

上式表明，当两个分振动相位相同或相位差为 2π 的整数倍时，合振动的振幅等于分振动的振幅之和，合成结果为振动相互加强。

② 如果相位差 $\varphi_2-\varphi_1=(2k+1)\pi$，$k=0,\pm1,\pm2,\cdots$，有 $\cos(\varphi_2-\varphi_1)=-1$，由式(8-19) 可得

$$A=|\boldsymbol{A}_1+\boldsymbol{A}_2|=\sqrt{A_1^2+A_2^2-2A_1A_2}=|A_1-A_2| \tag{8-22}$$

上式表明，当两个分振动相位相反或相位差为 π 的整数倍时，合振动的振幅等于分振动的振幅之差的绝对值，合成结果为振动相互减弱。

一般情况下，相位差 $\varphi_2-\varphi_1$ 可取任意值，相应的合振动的振幅在 A_1+A_2 和 $|A_1-A_2|$ 之间。

习题 8-3

一、思考题

两个同方向、同频率的简谐振动 x_1 和 x_2 合成时，合振动 $x=x_1+x_2$，那么合振动的振幅是否一定等于两个分振动的振幅相加？

二、计算题

有两个同方向的简谐振动，它们的振动方程分别为

$$x_1=0.05\cos\left(10t+\frac{3\pi}{4}\right)$$

$$x_2=0.06\cos\left(10t+\frac{\pi}{4}\right)$$

式中 x_1、x_2 的单位是 m，t 的单位是 s，求：

① 它们的合振动的振幅和初相；

② 若另有一个简谐振动，它的振动方程为 $x_3=0.07\cos(10t+\varphi_3)$，问 φ_3 为何值时，合振动 (x_1+x_3) 的振幅为最大？φ_3 为何值时，合振动 (x_1+x_3) 的振幅为最小？

第四节　机械波　平面简谐波

许多振动都不是孤立的，它们的周围常有其他物质。当某个系统振动时，它将带动其周围同它有一定联系的物质随之一起振动，于是该系统的振动就被周围的物质传播开来，形成波动过程。**波动就是振动的传播。**

下面以机械波为例，讨论波的基本概念和规律。

一、机械波的产生与传播

机械振动在弹性介质中的传播形成机械波。这是因为在弹性介质内各质点间有弹性力相互作用着。当介质中的某一质点因扰动而离开平衡位置时，邻近的质点将对它施加弹性回复力，使其回到平衡位置，并在平衡位置附近振动起来；另一方面，该质点也对其邻近的质点施加弹性力，迫使这些质点也在自己的平衡位置附近振动。这样，当弹性介质中某一质点发生振动时，由于质点间的弹性相互作用力，振动将由近及远传播出去。

由上可知，机械波的产生首先要有做机械振动的物体，称为**波源**。其次要有能够传播机械波的弹性介质，才能使波源的机械振动由近及远地传播出去。

波在介质中传播时，波到达处质点将在平衡位置附近振动。按照质点振动方向与波传播方向的关系，机械波可分为横波和纵波两种基本形式。

在波动中，如果**质点的振动方向与波的传播方向相互垂直**，这种波称为**横波**。如图8-10(a) 所示，一根绷紧的绳一端固定，另一端用手握住并上下抖动起来，该端的上下振动使绳子上的质点依次振动起来，这时可以看到一个接一个的波形沿着绳子向固定端传播。因绳子上质点的振动方向与波的传播方向相互垂直，所以绳子波为横波。对横波，凸起处称为波峰，凹下处称为波谷。

在波动中如果**质点的振动方向与波的传播方向相互平行**，这种波称为**纵波**。如图 8-10(b) 所示，将一根水平放置的长弹簧一端固定起来，另一端用手左右拉，使该端沿水平方向左右振动。这时可看到该端的左右振动将沿着弹簧自左向右传播，弹簧各部分呈现出由左向右移动的、疏密相间的纵波波形。气体中传播的声波也是纵波。

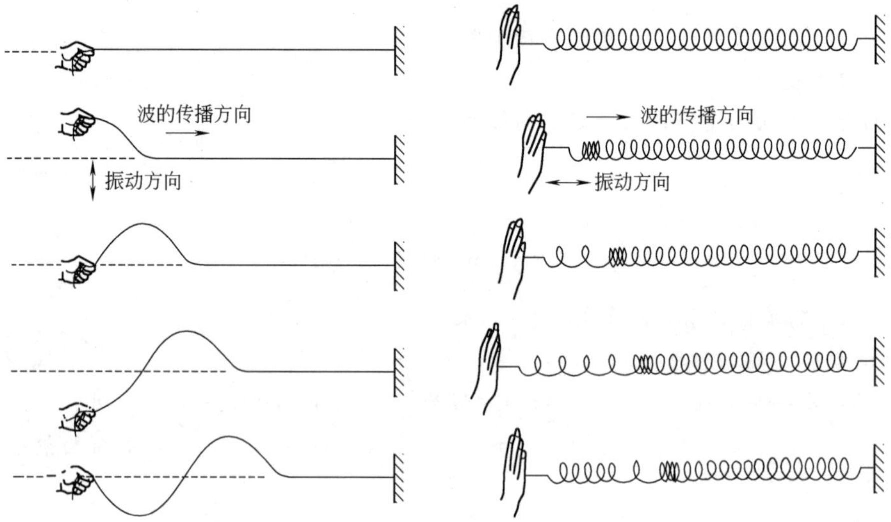

(a) 横波　　(b) 纵波

图 8-10 机械波的形式

由以上分析可以看出，无论是横波还是纵波，机械波是振动状态在弹性介质中的传播，介质中的质点并不随波前进，而仅仅是在它们各自的平衡位置附近振动。

二、机械波的描述

波传播时，介质中的各质点都在各自的平衡位置附近振动，振动相位相同的各点连成的面称为**波面**或**波阵面**。在某一时刻，由波源最初振动状态传达到各点所连成的曲面，称为**波前**。在某一时刻，波面的数目由许多个，而波前只有一个，波前是最前面的那个波面。如图 8-11 所示。

由于波面的形状不同，可以将波分为各种类型。波面是平面的波叫做**平面波**，波面是球面的波叫做**球面波**。沿波的传播方向画一些带箭头的线段称为**波射线**或**波线**。**在各向同性的介质中，波线总与波面垂直。**图 8-11 为平面波和球面波的示意图。

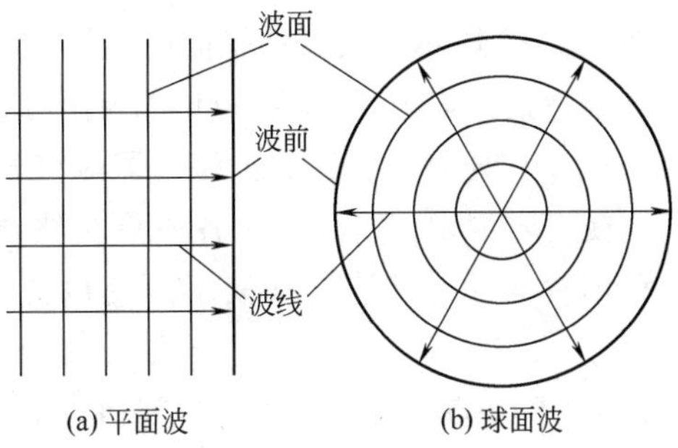

图 8-11　波前、波面与波线

波动传播时，同一波线上的两个相邻的相位差为 2π 的质点之间的距离称为**波长**，用 λ 表示。显然，在横波中，两个相邻波峰或相邻波谷的中心之间的距离是一个波长；在纵波中，两个相邻密部或两相邻疏部的中心之间的距离也是一个波长。

在波线上**波前进一个波长所需要的时间为波的周期**，用 T 表示。**波的周期的倒数**叫做**波的频率**，用 ν 表示，$\nu=\dfrac{1}{T}$。可见，频率也等于单位时间内波前进的完整波长的数目。由于波源作一次全振动，波就前进一个波长的距离，所以波的周期等于波源的振动周期，波的频率等于波源的振动频率。

单位时间内，波所传播的距离叫做**波速**，用 u 表示。

在一个周期内，波传播了一个波长的距离，所以有

$$u=\frac{\lambda}{T}=\lambda\nu \tag{8-23}$$

这是波速、波长、频率或周期之间的基本关系式。

必须指出，波的传播速度取决于介质的特性，在不同的介质中，波速是不同的。但波的频率是波源的振动频率，与介质的性质无关。所以当同一频率的波在不同介质中传播时，波的频率不变，波速和波长随介质的不同而改变。

【例题 8-6】 在室温下空气中的声速 $u=340\text{m}\cdot\text{s}^{-1}$，设波源频率为 2000Hz，求该声波的周期及在空气中的波长。

【解】 声波的周期

$$T=\frac{1}{\nu}=\frac{1}{2000}=0.5\times10^{-3}\ (\text{s})$$

声波在空气中的波长

$$\lambda=\frac{u}{\nu}=\frac{340}{2000}=0.17\ (\text{m})$$

三、平面简谐波

一般来说，介质中各个质点的振动情况是相当复杂的，由此而产生的波动也是相当复杂的。如果**波源和介质中的各质点都持续地作简谐振动**，这种波称为**简谐波**。可以证明，任何一种复杂的波，都可以认为是由许多不同频率的简谐波叠加而成的，因此简谐波是最简单、最基本的波。本章主要讨论简谐波。

1. 平面简谐波的波动方程

如图 8-12 所示，设有一平面简谐波，在无吸收的、均匀的、无限大的介质中，沿 Ox 轴正方向传播，取波线上某一点 O 为坐标原点。要描述该波，就必须知道 Ox 轴上任一点处的质点在任意时刻 t 的位移，即应该知道波线上各质点的位移是怎样随时间变化的。为了不使符号混淆，将介质中各质点在波线上的平衡位置用 x 表示，质点对其平衡位置的位移用 y 表示，波速用 u 表示。设 O 点处质点的振动方程为

$$y_0 = A\cos\omega t$$

式中，y_0 是 O 点处的质点在 t 时刻相对平衡位置的位移；A 是振幅；ω 是角频率。

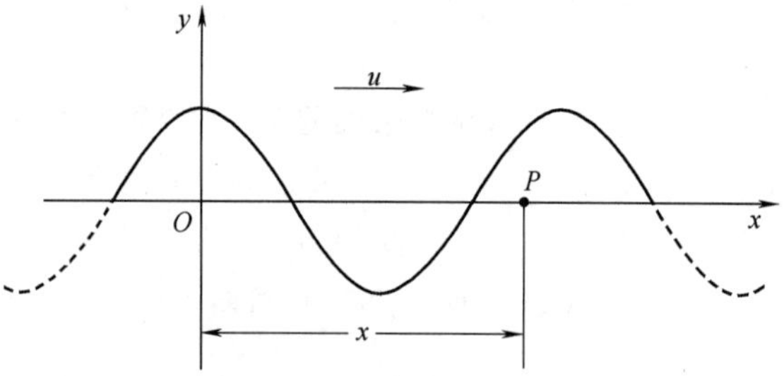

图 8-12 推导波动方程用图

现在考察在波线上离 O 点的距离为 x 的 P 点处质点的振动。P 点也以角频率 ω 作简谐运动。由于所讨论的是平面波，而且在无吸收的、均匀的介质中传播，所以波线上各质点的振幅均为 A，只是 P 点处质点振动的相位比 O 点处质点振动的相位滞后，因为 P 点处质点的振动是 O 点传过来的，振动从 O 点传到 P 点所需的时间为$\frac{x}{u}$，那么在 t 时刻，P 点处质点的位移和 O 点处质点在 $t-\frac{x}{u}$时刻的位移相同，于是 P 点处质点在 t 时刻的位移为

$$y = A\cos\omega\left(t - \frac{x}{u}\right) \tag{8-24a}$$

因为 P 点是波线上任一点，所以上式可表示波线上任一点在任意时刻 t 的位移。于是，将它称为沿 Ox 轴正方向传播的平面简谐波的波动方程。

因为 $\omega = 2\pi\nu$ 和 $u = \lambda\nu$，式(8-24a) 可改写为

$$y = A\cos 2\pi\left(\nu t - \frac{x}{\lambda}\right) \tag{8-24b}$$

如果平面简谐波沿 Ox 轴负方向传播，在图 8-12 中，P 点处质点相位比 O 点处质点的相位超前。在这种情况下，式(8-24a) 中 x 前的“$-$”号应改为“$+$”号，有

$$y = A\cos 2\pi\left(\nu t + \frac{x}{\lambda}\right) \tag{8-25}$$

式(8-24a)、式(8-24b) 和式(8-25) 中所有的波动方程，都是假设原点 O 处质点的初相为零，如果原点 O 处质点的初相为 φ，则波动方程中要出现 φ 这个常量。

2. 波动方程的物理意义

为了加深对波动方程的理解，下面阐述波动方程的物理意义。

当 x 一定时（设 $x = x_0$，即考察波线上某一点 x_0），则位移 y 仅为时间 t 的函数，此

时波动方程表示 $x=x_0$ 处质点在各个不同时刻的位移，也就是给出 $x=x_0$ 处质点的振动方程，如果以时间 t 为横坐标，位移 y 为纵坐标，就得到一条 y-t 曲线，如图 8-13 所示。

当 t 一定时（设 $t=t_0$，即在某一时刻 t_0 考察波线上所有质点的位移），则位移 y 仅为 x 的函数，此时波动方程表示 $t=t_0$ 时刻各质点的位移 y 的分布情况。如果以 x 为横坐标，位移 y 为纵坐标，就得到一条 y-x 曲线，如图 8-14 所示。

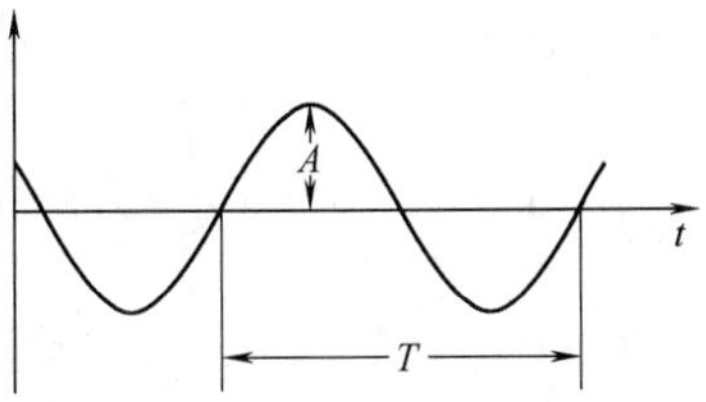

图 8-13　给定振动质点的 y-t 曲线

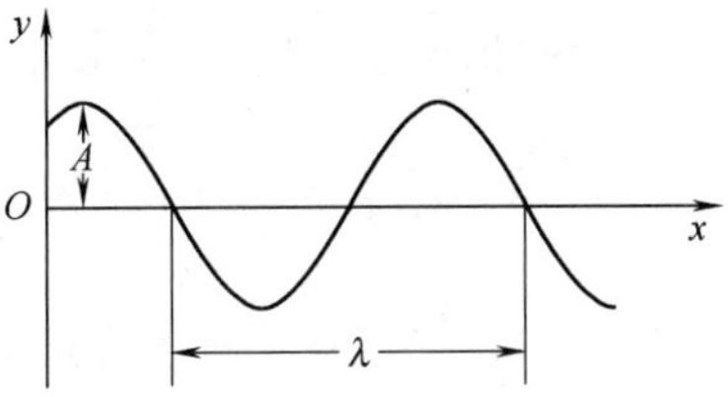

图 8-14　给定时刻的 y-x 曲线

当 x 和 t 都变化时，位移 y 是 x 和 t 的函数，此时波动方程表示波线上各个不同质点在不同时刻的位移，如以 x 为横坐标，y 为纵坐标，按式(8-24a）分别作出 $t=0$、$t=\frac{T}{8}$、$t=\frac{T}{4}$三个不同时刻的波形图，如图 8-15 所示。比较三条波形曲线可以看到，随着时间的变化，波形沿 Ox 轴正方向向前推进。经过$\frac{T}{4}$的时间，波形沿 Ox 轴正方向向前推进了$\frac{\lambda}{4}$的距离，向前推进的速度等于波速。所以当 x 和 t 都变化时，波动方程表示了波形的传播。

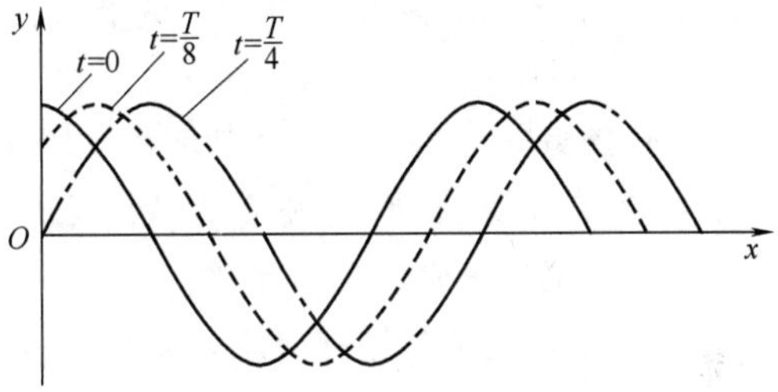

图 8-15　波的传播

【例题 8-7】 一平面简谐波的波动方程 $y=0.05\cos(10\pi t-4\pi x)$，$x$、$y$ 的单位为 m，t 的单位为 s。求该波的振幅、波速、频率和波长。

【解】 波动方程

$$y=0.05\cos(10\pi t-4\pi x)=0.05\cos10\pi\left(t-\frac{x}{2.5}\right)$$

与式(8-24a）比较，可得

$$A=0.05\text{m}，\omega=10\pi\text{rad}\cdot\text{s}^{-1}，u=2.5\text{m}\cdot\text{s}^{-1}$$

则

$$\nu=\frac{\omega}{2\pi}=5(\text{Hz})$$

$$\lambda=\frac{u}{\nu}=0.5(\text{m})$$

【例题 8-8】 设有一沿 Ox 轴正向传播的平面简谐波，其波长为 0.01m，原点处质点的振动方程为

$$y_0=0.03\cos\pi t$$

式中，y_0 的单位为 m，t 的单位为 s，求出波动方程。

【解】 由已给出的原点的振动方程可知

$$A=0.03\text{m}$$

$$\omega=\pi\text{rad}\cdot\text{s}^{-1}$$

$$\nu=\frac{\omega}{2\pi}=\frac{1}{2}\text{Hz}$$

由原点的初相为零，波长 $\lambda=0.10\text{m}$，可得波动方程为

$$y=A\cos2\pi\left(\nu t-\frac{x}{\lambda}\right)=0.03\cos2\pi\left(\frac{1}{2}t-\frac{x}{0.10}\right)=0.03\cos\pi(t-20x)(\text{m})$$

波传到某处，该处原来静止的介质质点开始振动而具有振动的能量（既有动能也有势能）。可见机械波的传播过程也就是机械能的传播过程。能量来自波源，通过介质的弹性力做功，源源不断地传播到远方，所以波动是能量传播的一种形式。

习题 8-4

一、思考题

1. 机械波产生的条件是什么？波动和振动有什么区别和联系？

2. 机械波通过不同的介质时，波长 λ、频率 ν 和波速 v，哪些量要改变？哪些量不改变？

二、计算题

1. 一平面简谐波沿 x 轴负方向传播，其振幅为 0.01m，频率为 550Hz，波速为 $330\text{m}\cdot\text{s}^{-1}$，试写出它的波动方程。

2. 一横波沿绳子传播时的波动方程为

$$y=0.05\cos(10\pi t-4\pi x)$$

式中，x 和 y 的单位为 m，t 的单位为 s。求：

① 此波的振幅、波速、频率和波长；

② 绳子上各质点振动的最大速度和最大加速度；

③ $x=0.2\text{m}$ 处的质点在 $t=1.00\text{s}$ 时的相位，它是原点处质点在哪一时刻的相位？

④ 分别画出 $t=1.00\text{s}$、1.25s、1.50s 时刻的波形图。

3. 一平面简谐波波动方程为

$$y=0.1\cos(6\pi t+0.05\pi x)$$

式中，x 和 y 的单位为 m，t 的单位为 s。求：

① 当 $t=0.1\text{s}$ 时，原点与最近一个波谷的距离；

② 此波谷何时通过原点？

4. 一平面简谐波在 $t=0$ 时的波形曲线如图 8-16 所示，波速 $u=0.08\text{m}\cdot\text{s}^{-1}$。

① 写出该波的波动方程；

② 画出 $t=\dfrac{T}{8}$ 时的波形曲线。

5. 一平面简谐波以波速 $u=0.5\text{m}\cdot\text{s}^{-1}$ 沿 x 轴负方向传播，$t=2.0\text{s}$ 时的波形如图 8-17 所示。求原点的振动方程。

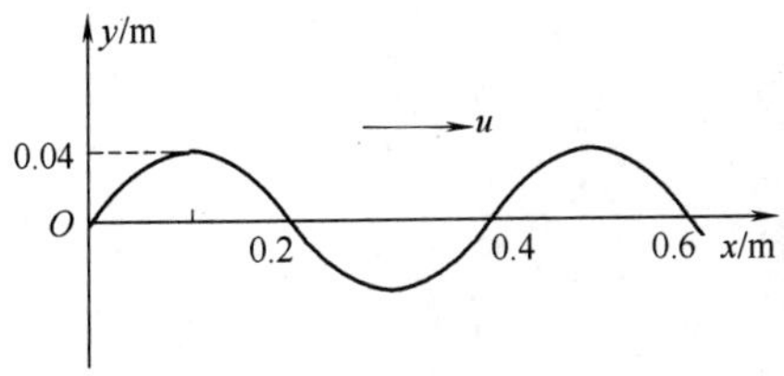

图 8-16

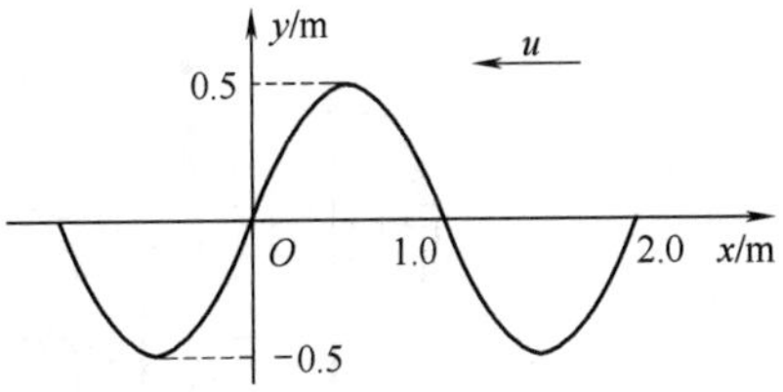

图 8-17

*第五节　波的衍射和干涉

一、惠更斯原理

在波动中，波源的振动是通过介质中的质点依次振动传播出去的，因此介质中波传播到的各点都可以看作是新的波源。例如水面波传播时遇到一障碍物，如图 8-18 所示，当障碍物小孔的大小与波长相近时，就可以看到穿过小孔后的波面是圆形的，与原来波的形态无关。这说明小孔可以看作新的波源。

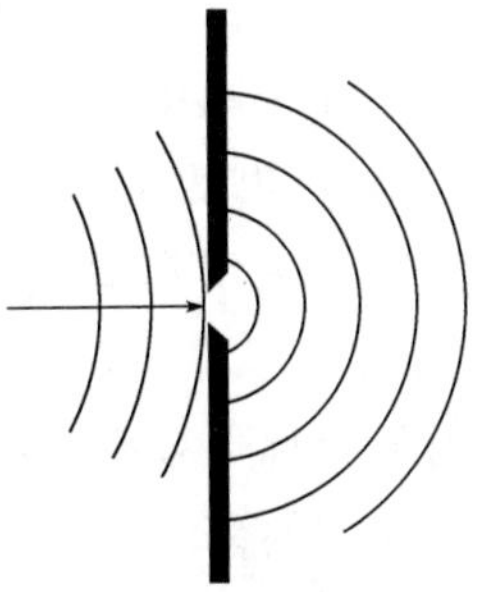

图 8-18　障碍物上的小孔成为新的波源

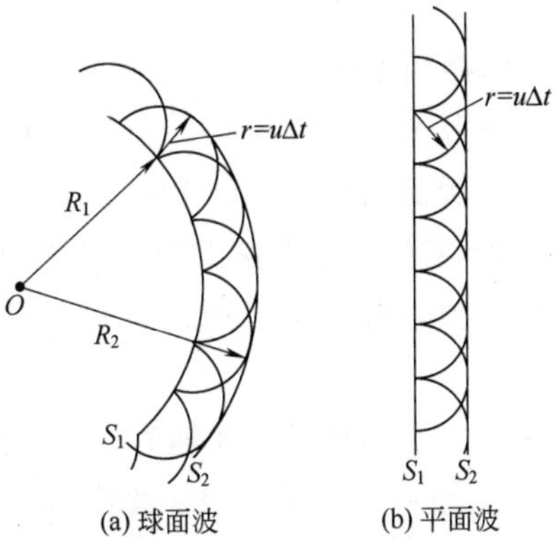

图 8-19　用惠更斯原理求波前

荷兰物理学家惠更斯在总结这类现象的基础上，提出了关于波的传播规律：**在波动传播过程中，介质中波动传播到的各点都可看作是发射子波的波源，在其后的任一时刻，这些子波的包络面就是新的波前**。这一规律称为**惠更斯原理**。

在波动过程中，若已知某一时刻波前的位置，就可以根据惠更斯原理，用几何作图的方法确定下一时刻波前的位置，从而确定了波前进的方向。图 8-19(a) 和图 8-19(b) 描绘出惠更斯原理在球面波和平面波传播中的应用。必须指出，对任何波动过程，惠更斯原理都是适用的。

二、波的衍射

波在传播过程中遇到障碍物时，能够绕过障碍物的边缘，传播方向发生偏折的现象称为**波的衍射现象**。

如图 8-20 所示，平面波通过一狭缝后，偏离原来的传播方向，发生衍射现象。

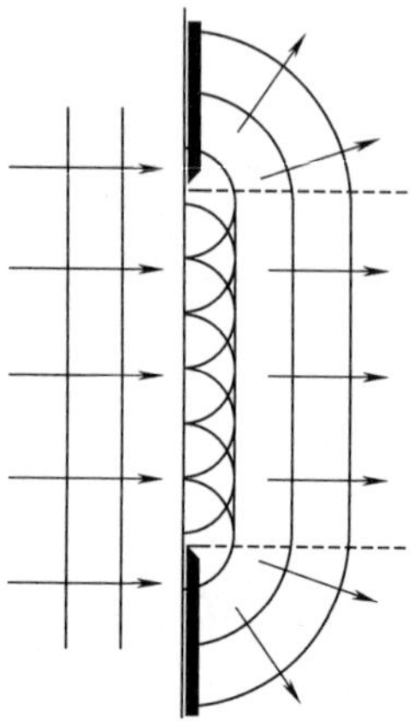

(a) 示意图

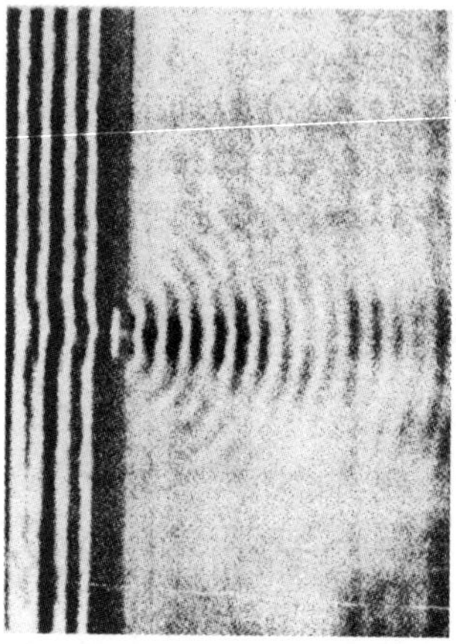

(b) 水波的衍射现象

图 8-20 波的衍射

衍射现象显著与否，与障碍物的大小同波长的比例有关。若障碍物的宽度远大于波长，则衍射现象不明显；若障碍物的宽度与波长可比拟，则衍射现象很显著。

无论是机械波还是电磁波都会产生衍射现象，衍射现象是波动的重要特征之一。

三、波的叠加原理

当几个波源产生的波在同一介质中传播时，会产生什么现象呢？在日常生活中，如听乐队演奏，听到的是各种乐器的综合音响，但是也能从综合音响中辨别出每种乐器的声音。这表明某种乐器发出的声波，并不因其他乐器同时发出的声波而受到影响，即波的传播是独立进行的。通过对多列波在介质中同时传播的观察和研究，可总结出如下的规律。

① 几列波在介质中某点相遇时，仍然保持它们各自原有的特性（频率、波长、振幅、振动方向等），按照原来的方向继续传播，就像没有遇到其他波一样。

② 在波相遇区域内任一点处，质点的振动为各列波单独存在时在该点所引起的振动的合振动，即该点处质点的振动位移是各列波在该点所引起的位移的矢量和。

这个规律称为**波的叠加原理**。

四、波的干涉

一般来说，振幅、频率、振动方向、相位等都不相同的几列波在某一点相遇时，叠加的情形是很复杂的。下面只讨论一种最简单而又重要的情形，即两列频率相同，振动方向相同，初相位相同或相位差恒定的简谐波的叠加。这样的两列波在空间相遇时，相遇处质点的两个分振动有相同的频率，相同的振动方向，有恒定的相位差。由振动的合成可知，该处质点的合振动也是简谐振动，其合振幅由分振动的相位差决定。对于不同点处，两分振动有着不同的相位差，因而其合振幅也不同。这样**在两列波相遇区域内的不同点，有的合振动始终加强，有的合振动始终减弱甚至完全抵消**，这种现象称为**波的干涉现象**。能产生干涉现象的波称为**相干波**，相应的波源称为**相干波源**。

图 8-21 给出了两列水波的干涉图样。由图可看出，有些地方水面起伏很厉害，即这

些地方振动加强了；有些地方水面只有微弱的起伏，甚至平静不动，即这些地方振动减弱，甚至完全抵消了。

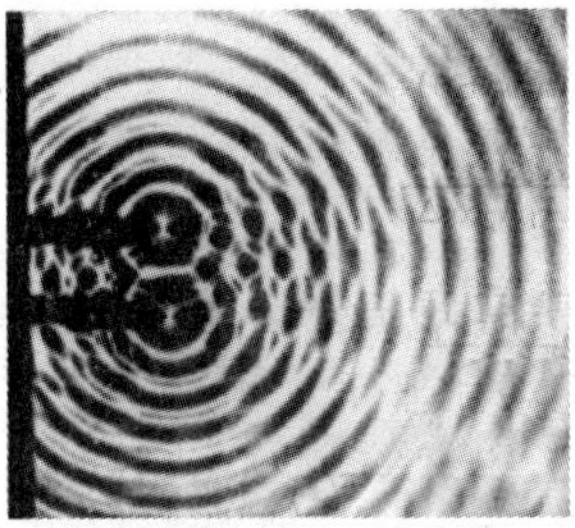

图 8-21　水波的干涉现象

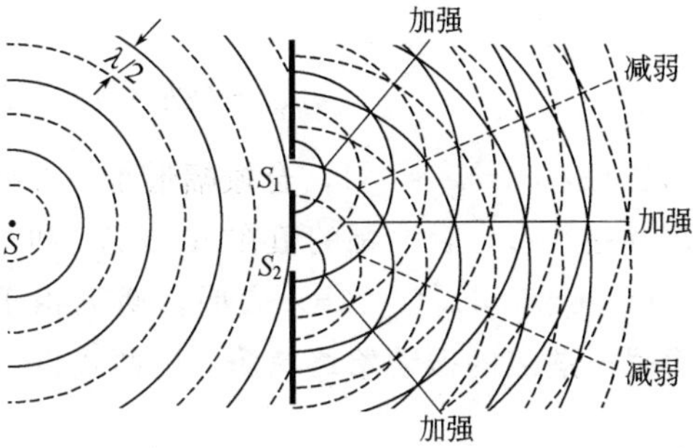

图 8-22　波的干涉现象

图 8-22 给出了用单一波源产生两列相干波的干涉现象，障碍物上有两个小孔 S_1 和 S_2，根据惠更斯原理，S_1 和 S_2 可看成两个发射子波的波源，它们发出频率相同，振动方向相同，初相位相同或相位差恒定的两列相干波，在它们相遇区域就产生干涉现象。

分析两列相干波在相遇区域干涉加强和减弱的条件。

设有两个相干波源 S_1 和 S_2，如图 8-23 所示，它们的简谐振动方程分别为

$$y_{10} = A_1\cos(\omega t + \varphi_1)$$

$$y_{20} = A_2\cos(\omega t + \varphi_2)$$

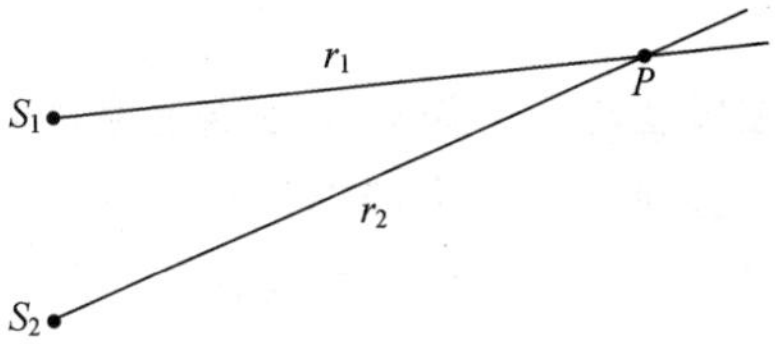

图 8-23　两列相干波在空间相遇

若这两个波源发出的波在同一介质中传播，则其波速相同，波长 λ 也相同。设介质对波的能量没有吸收，两波源到 P 点的距离分别为 r_1 和 r_2，则两列波在 P 点的振动方程分别为

$$y_1 = A_1\cos\left(\omega t + \varphi_1 - \frac{2\pi r_1}{\lambda}\right)$$

$$y_2 = A_2\cos\left(\omega t + \varphi_2 - \frac{2\pi r_2}{\lambda}\right)$$

这是两个同方向、同频率的简谐振动，其合振动也是简谐振动，设合振动方程为

$$y = y_1 + y_2 = A\cos(\omega t + \varphi)$$

式中，振幅为

$$A = \sqrt{A_1^2 + A_2^2 + 2A_1A_2\cos\Delta\varphi}$$

相位差

$$\Delta\varphi = \varphi_2 - \varphi_1 - 2\pi\frac{r_2 - r_1}{\lambda}$$

初相位 φ 由下式确定

$$\tan\varphi = \frac{A_1\sin\left(\varphi_1 - \frac{2\pi r_1}{\lambda}\right) + A_2\sin\left(\varphi_2 - \frac{2\pi r_2}{\lambda}\right)}{A_1\cos\left(\varphi_1 - \frac{2\pi r_1}{\lambda}\right) + A_2\cos\left(\varphi_2 - \frac{2\pi r_2}{\lambda}\right)}$$

可见，P 点处合振动的振幅的大小与两分振动的相位差密切相关，凡适合条件

$$\Delta\varphi = 2k\pi,\ k = 0, \pm 1, \pm 2\cdots \tag{8-26a}$$

的空间各点，$\cos\Delta\varphi = 1$，合振幅最大，$A = A_1 + A_2$，这些点振动始终最强。凡适合条件

$$\Delta\varphi = (2k+1)\pi,\ k = 0, \pm 1, \pm 2\cdots \tag{8-26b}$$

的空间各点，$\cos\Delta\varphi = -1$，合振幅最小，$A = |A_1 - A_2|$，这些点振动始终最弱。

在其他情形，合振幅的值在 $A_1 + A_2$ 和 $|A_1 - A_2|$ 之间。

式(8-26a) 和式(8-26b) 表明，**两列相干波干涉的结果使空间某些点的振动始终加强，而另一些点的振动始终减弱**。这两式也分别称为相干波干涉加强和减弱的条件。

如果两列相干波源的初相位相同，即 $\varphi_1 = \varphi_2$，则 $\Delta\varphi = 2\pi\dfrac{r_2 - r_1}{\lambda}$。波源到 P 点的距离称为波程，两波程之差为波程差，用 δ 表示，$\delta = r_2 - r_1$。这样相干波干涉加强和减弱的条件可简化为

$$\delta = r_2 - r_1 = k\lambda,\ k = 0, \pm 1, \pm 2\cdots \tag{8-27a}$$

即波程差等于零或波长整数倍的空间各点，合振幅最大，干涉加强；

$$\delta = r_2 - r_1 = (2k+1)\frac{\lambda}{2},\ k = 0, \pm 1, \pm 2\cdots \tag{8-27b}$$

即波程差等于半波长奇数倍的空间各点，合振幅最小，干涉减弱。

必须指出，干涉现象是波动形式所独有的重要特征之一，干涉现象对于光学、声学、近代物理学都有广泛的应用。

【例题 8-9】 如图 8-24 所示，设平面横波Ⅰ沿 BP 方向传播，它在 B 点的振动方程为 $y_1 = 0.3\times10^{-2}\cos 2\pi t$，平面横波Ⅱ沿 CP 方向传播，它在 C 点的振动方程为 $y_2 = 0.4\times10^{-2}\cos(2\pi t + \pi)$，式中，$y_1$、$y_2$ 以 m 为单位；t 以 s 为单位。P 点与 B 点的距离为 0.40m，与 C 点相距 0.45m。波速为 $0.20\mathrm{m\cdot s^{-1}}$。试求：

① 两列波传到 P 点的相位差；

② 在 P 点合振动的振幅。

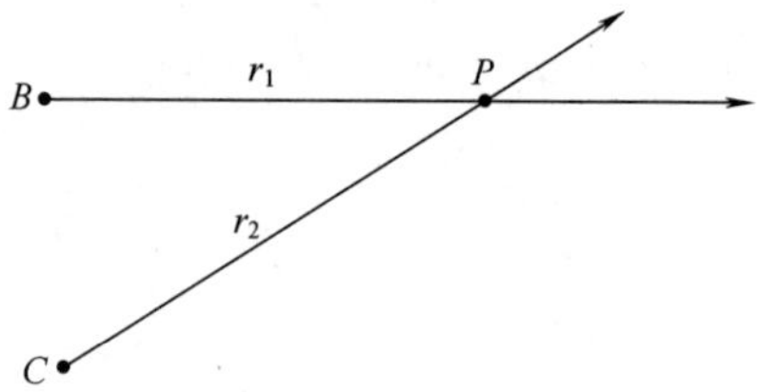

图 8-24 [例题 8-9] 图

【解】 ① 两列波同方向、同频率，其频率

$$\nu = \frac{\omega}{2\pi} = \frac{2\pi}{2\pi} = 1(\mathrm{Hz})$$

波长

$$\lambda = \frac{u}{\nu} = \frac{0.20}{1} = 0.20(\mathrm{m})$$

两列波在 P 点引起的分振动的相位差为

$$\Delta\varphi = \varphi_2 - \varphi_1 - 2\pi\frac{r_2 - r_1}{\lambda} = \pi - 2\pi\times\frac{0.45 - 0.4}{0.20} = \frac{\pi}{2}$$

② 两列波在 P 点合振动的振幅为

$$A = \sqrt{A_1^2 + A_2^2 + 2A_1A_2\cos\Delta\varphi} = \sqrt{(0.3\times10^{-2})^2 + (0.4\times10^{-2})^2} = 0.5\times10^{-2}(\mathrm{m})$$

* 习题 8-5

一、 思考题

1. 波在传播过程中，产生明显的衍射现象的条件是什么？

2. 两列简谐波叠加时，讨论下列情况能否产生干涉现象？

① 两列波的振动方向相同，初相位也相同，但频率不同；

② 两列波的频率相同，初相位也相同，但振动方向不同；

③ 两列波的频率相同，振动方向也相同，但相位差不能保持恒定；

④ 两列波的频率相同，振动方向相同，初相位也相同，但振幅不同。

二、计算题

位于 A、B 点的两相干波源，相位差为 π，振动频率均为 100Hz，产生的波以 $10\mathrm{m}\cdot\mathrm{s}^{-1}$ 的速度传播，介质中的 P 点与 A、B 等距离，如图 8-25 所示。A、B 两波源在 P 点引起的分振动的振幅都是 $5\times10^{-2}\mathrm{m}$。设 A 点波源的初相为 φ，求：

① P 点的振动方程；

② 如果 A、B 的相位差为零，写出 P 点的振动方程。

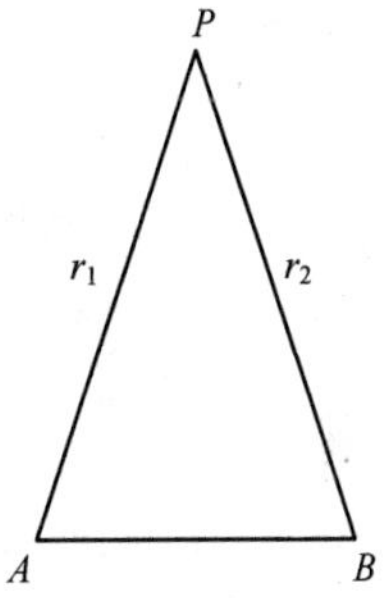

图 8-25

本章小结

本章重点是掌握简谐运动特征，并能根据给定的初始条件写出简谐振动方程以及写出平面简谐波波动方程。难点是旋转矢量法的应用和平面简谐波波动方程的建立。

一、简谐振动的特征方程

$$\begin{cases} F=-kx \\ \dfrac{\mathrm{d}^2x}{\mathrm{d}t^2}+\omega^2x=0 \\ x=A\cos(\omega t+\varphi) \\ \dfrac{1}{2}mv^2+\dfrac{1}{2}kx^2=\dfrac{1}{2}kA^2 \end{cases}$$

二、简谐振动的特征量

振幅 A、角频率 ω（频率 ν、周期 T）、相位（$\omega t+\varphi$）、初相 φ。

$$\omega=2\pi\nu=\frac{2\pi}{T}$$

ω 由振动系统的物理特性决定，如弹簧振子，$\omega=\sqrt{\dfrac{k}{m}}$；单摆，$\omega=\sqrt{\dfrac{g}{l}}$。

振幅 A 和初相 φ 由初始条件决定

$$\begin{cases} x_0=A\cos\varphi \\ v_0=-A\omega\sin\varphi \end{cases}$$

解得

$$A=\sqrt{x_0^2+\frac{v_0^2}{\omega^2}} \qquad \tan\varphi=-\frac{v_0}{\omega x_0}$$

两个同频率简谐振动的相位差为一恒量，等于它们的初相之差，即

$$\Delta\varphi=(\omega t+\varphi_2)-(\omega t+\varphi_1)=\varphi_2-\varphi_1$$

三、旋转矢量法

如图 8-26 所示，某时刻 t，矢量 $\mathbf{A}$ 的矢端 M 在 Ox 轴上投影 P 点坐标

$$x=A\cos(\omega t+\varphi)$$

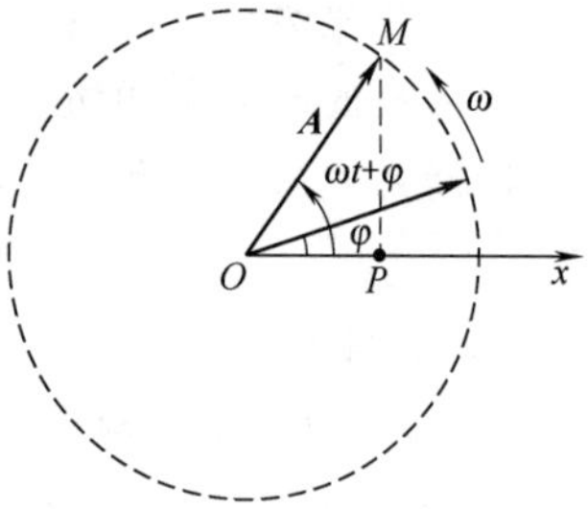

图 8-26

四、同方向、同频率的两个简谐振动的合成

两个简谐振动

$$\begin{cases}x_1=A_1\cos(\omega t+\varphi_1)\\ x_2=A_2\cos(\omega t+\varphi_2)\end{cases}$$

其合振动仍是简谐振动 $x=A\cos(\omega t+\varphi)$

$$A=\sqrt{A_1^2+A_2^2+2A_1A_2\cos(\varphi_2-\varphi_1)}$$

$$\tan\varphi=\frac{A_1\sin\varphi_1+A_2\sin\varphi_2}{A_1\cos\varphi_1+A_2\cos\varphi_2}$$

当 $\varphi_2-\varphi_1=2k\pi$ 时，$A=A_1+A_2$；当 $\varphi_2-\varphi_1=(2k+1)\pi$ 时，$A=|A_1-A_2|$

五、平面简谐波波动方程

设坐标原点 O 处质点的振动方程为

$$y_0=A\cos\omega t$$

则平面简谐波波动方程可表示为

$$y=A\cos\omega\left(t\mp\frac{x}{u}\right)=A\cos2\pi\left(\frac{t}{T}\mp\frac{x}{\lambda}\right)=A\cos2\pi\left(\nu t\mp\frac{x}{\lambda}\right)$$

1. 描述波动的特征量

波的周期 T 和频率 ν、波速 u、波长 λ。它们之间的关系为

$$\nu=\frac{1}{T} \quad u=\frac{\lambda}{T}=\lambda\nu$$

2. 沿波 Ox 轴正向传播，方程中取“$-$”；沿 Ox 轴负向传播取“$+$”。

*** 六、波的衍射和干涉**

1. 波的衍射

波的衍射是指波能绕过障碍物的边缘继续向前传播的现象。障碍物的大小与波长可以拟时，才有明显的衍射。

2. 波的干涉

波的干涉是指在两波相遇区域内的不同点，有的合振动始终加强，有的合振动始终减弱甚至完全抵消的现象。

发生干涉现象的条件是：两列波频率相同，振动方向相同，初相位相同或相位差恒定。

自测题

一、判断题

1. 振动的物体在任何时刻都要受到回复力作用。 (　　)
2. 振幅是描述振动强弱的物理量。 (　　)

3. 有机械波必然存在机械振动。（　　）

4. 在波的传播过程中，介质质点也随波一起传播出去。（　　）

*5. 干涉和衍射是波特有的两种现象。（　　）

二、选择题

1. 如图 8-27 所示，两个同频率、同振幅的简谐振动曲线 a 和 b，它们的相位关系是（　　）

(A) a 比 b 滞后 $\frac{\pi}{2}$；　(B) a 比 b 超前 $\frac{\pi}{2}$；　(C) b 比 a 滞后 $\frac{\pi}{4}$；　(D) b 比 a 超前 $\frac{\pi}{4}$。

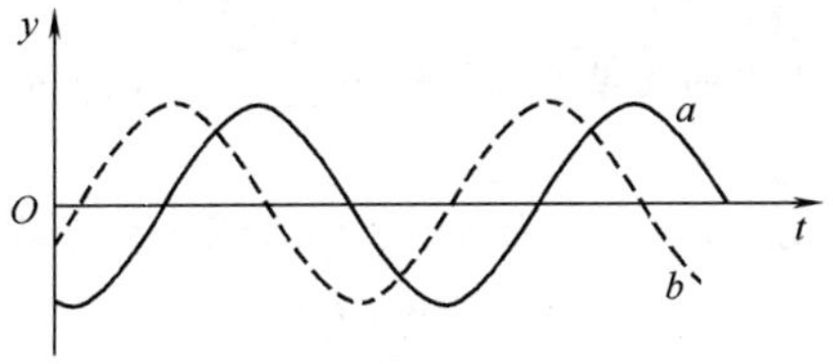

图 8-27

2. 研究弹簧振子振动时，得到四条曲线，如图 8-28 所示。图中横坐标为位移 x，纵坐标为有关物理量。描述物体加速度与位移的关系曲线是（　　）

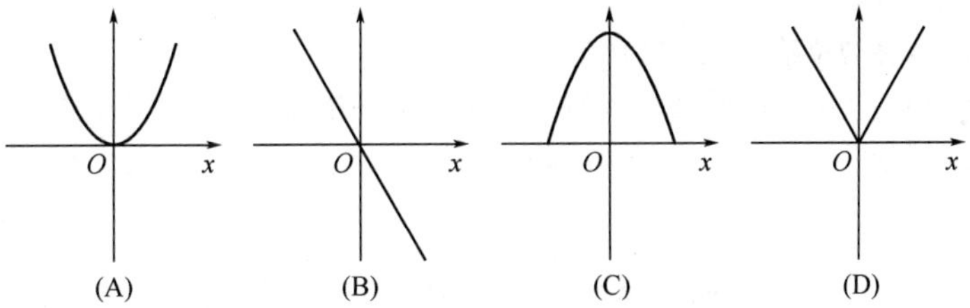

图 8-28

3. 做简谐振动的物体，其位移为振幅的一半时，动能和势能之比为（　　）

(A) 1∶1；　(B) 1∶2；　(C) 3∶1；　(D) 2∶1。

4. 下列叙述中正确的是（　　）

(A) 机械振动一定能产生机械波；

(B) 波动方程中的坐标原点一定要设在波源上；

(C) 波动传播的是运动状态和能量；

(D) 振动的速度与波的传播速度大小相等。

5. 一平面简谐波波动方程为 $y=A\cos\left(\omega t-\frac{\omega x}{u}\right)$，式中 $-\frac{\omega x}{u}$ 表示（　　）

(A) 波源的振动相位；　(B) 波源的振动初相；　(C) x 处质点的振动相位；(D) x 处质点振动初相。

三、填空题

1. 一物体的质量为 2.5×10^{-2}kg，它的振动方程为

$$x=6.0\times10^{-2}\cos\left(5t-\frac{\pi}{4}\right)$$

式中，x 以 m 为单位；t 以 s 为单位。该物体振动的振幅为________，周期为________，初相为________。质点在初始位置所受的力________，在 π s 末的位移为________，速度为________，加速度为________。

2. 已知弹簧振子的总能量为 128J，振子处于最大位移的 $\frac{1}{4}$ 处时，其动能的瞬时值为________，势能的瞬时值为________。

3. 两简谐振动的方程为

$$x_1 = 8\times10^{-2}\cos\left(2t+\frac{\pi}{6}\right)$$

$$x_2 = 6\times10^{-2}\cos\left(2t-\frac{\pi}{6}\right)$$

式中，x_1、x_2 的单位是 m；t 的单位是 s。则两振动的相位差为______，合振幅为______________。

4. 已知平面简谐波波动方程为

$$y = A\cos(bt-cx+\varphi)$$

式中，A、b、c、φ 均为常量。则平面简谐波的振幅为________，频率为________，波速为________，波长为________。

5. 一平面简谐波沿 Ox 轴负方向传播，已知 $x=-1$m 处质点的振动方程为

$$y_1 = A\cos(\omega t+\varphi)$$

若波速为 u，则此波的波动方程为______________________________。

四、计算题

1. 一物体沿 Ox 轴做简谐运动，振幅为 6.0×10^{-2}m，周期为 2.0s。当 $t=0$ 时，位移为 3.0×10^{-2}m，且沿 Ox 轴正向运动。求：

① $t=0.5$s 时，物体的位移、速度和加速度；

② 物体从 $x=-3.0\times10^{-2}$m 处向 Ox 轴负方向运动到平衡位置，至少需要多少时间？

2. 平面简谐波以速度 $u=350\text{m}\cdot\text{s}^{-1}$ 沿 Ox 轴正方向传播，A 点位于 $x_A=2.5\times10^{-2}$m 处，它的振动方程为

$$y_A = 5\times10^{-2}\cos\left(7000\pi t-\frac{5\pi}{6}\right)$$

式中，y_A 以 m 为单位；t 以 s 为单位。求：

① 原点 O 的振动方程；

② 波动方程。

附录一　矢量代数简介

一、标量和矢量

物理学中经常会遇到两类物理量，一类物理量，如质量、时间、路程、功、能量、温度等，只有大小和正负，而没有方向，这类物理量称为**标量**。标量的代数运算有加、减、乘、除、乘方、开方等；标量的分析运算有微分和积分等。

另一类物理量，如位移、速度、加速度、力、动量等，既有大小又有方向，而且合成时遵从平行四边形法则，这类物理量称为**矢量**。

为了与标量相区别，矢量符号通常表示如下。

① 在字母的上方画一个箭头，如 $\vec{a}$，$\vec{A}$，…在手写文件和习题作业中习惯用这种表示方法。

② 用粗黑体字母，如 $\boldsymbol{a}$，$\boldsymbol{A}$，…印刷书刊中多用此种表示方法。

作图时，常用有向线段表示矢量。有向线段的长度（用单位长度量度的数值，恒为正值）表示矢量的大小；有向线段的箭头指出矢量的方向，如附录图 1 所示。

有两个矢量 $\boldsymbol{A}$ 和 $\boldsymbol{B}$，如果它们的大小相等，方向相同，则称这两个矢量相等，写作

$$\boldsymbol{A}=\boldsymbol{B}$$

如附录图 2 所示，把矢量 $\boldsymbol{A}$ 在空间平移，则矢量 $\boldsymbol{A}$ 的大小和方向都不会改变，仍然等于原来的矢量，称此为**矢量的平移**，它是矢量的一个重要性质。

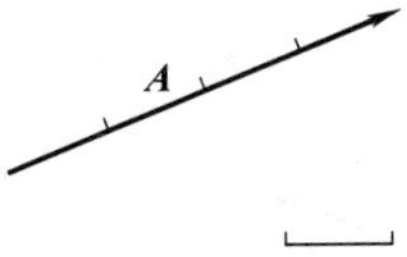

附录图 1　矢量的图示

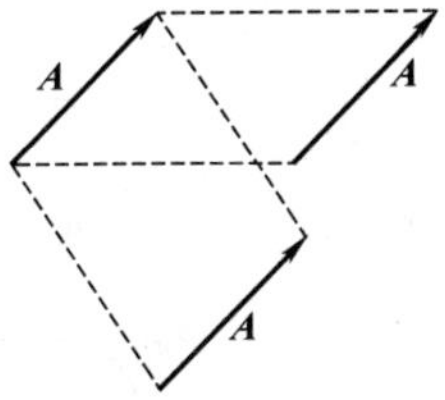

附录图 2　矢量平移

有两个矢量 $\boldsymbol{A}$ 和 $\boldsymbol{B}$，它们的大小相等，方向相反，称 $\boldsymbol{B}$ 是 $\boldsymbol{A}$ 的**负矢量**（或 $\boldsymbol{A}$ 是 $\boldsymbol{B}$ 的负矢量），表示为

$$\boldsymbol{B}=-\boldsymbol{A} \tag{1}$$

所谓负矢量，是指与另一个矢量相比较而言，如果只单独讨论一个矢量，就没有必要使用负矢量这个概念了。

矢量有大小和方向的双重特征，把矢量的大小称为**矢量的模**，用 $|\boldsymbol{A}|$、$|\boldsymbol{a}|$ 或 A、a 表示。沿着矢量 $\boldsymbol{A}$ 的方向，取长度等于 1（单位长度）的有向线段，把它称为矢量 $\boldsymbol{A}$ 的单位矢量，用 $\boldsymbol{e}_A$ 或其他指定的符号表示。

借助模和单位矢量，矢量 $\boldsymbol{A}$ 可表示为

$$\boldsymbol{A}=|\boldsymbol{A}|\boldsymbol{e}_A \tag{2a}$$

或

$$\boldsymbol{A}=A\boldsymbol{e}_A \tag{2b}$$

矢量的代数运算有矢量加法，矢量减法，标积，矢积等；矢量的分析运算有矢量的微分和矢量的积分。

二、矢量的加减法

两矢量 $\boldsymbol{A}$ 和 $\boldsymbol{B}$ 之和，等于以 $\boldsymbol{A}$、$\boldsymbol{B}$ 为邻边的平行四边形的对角线所表示的矢量，如附录图 3（a）所示，写成

$$\boldsymbol{C}=\boldsymbol{A}+\boldsymbol{B} \tag{3a}$$

把它称为矢量的**平行四边形法则**。在附录图 3（b）中把 $\boldsymbol{A}$ 平移到 $\boldsymbol{B}$ 的矢端，使 $\boldsymbol{A}$、$\boldsymbol{B}$ 和 $\boldsymbol{C}$ 构成三角形，称为矢量的**三角形法则**。它是从平行四边形法则派生出来的。

若有多个矢量相加，例如求矢量 $\boldsymbol{A}$、$\boldsymbol{B}$、$\boldsymbol{C}$ 和 $\boldsymbol{D}$ 之和，根据上面的求和法则，可以推论出附录图 3（c）所示的**多边形法则**。这时，合矢量

$$\boldsymbol{R}=\boldsymbol{A}+\boldsymbol{B}+\boldsymbol{C}+\boldsymbol{D} \tag{3b}$$

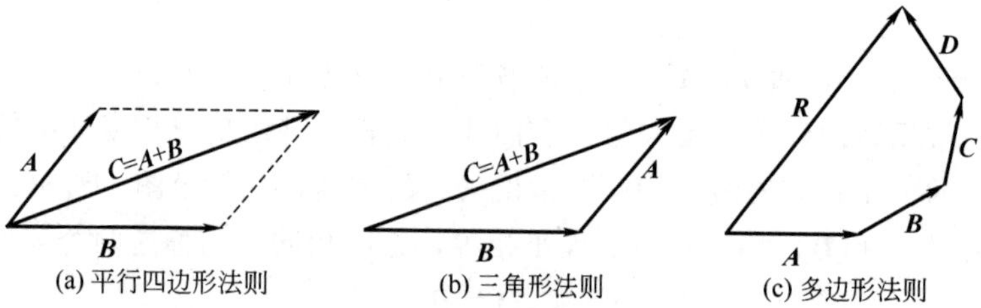

附录图 3 矢量的加法法则

合矢量的大小和方向可通过计算求得。如附录图 4 所示，合矢量 $\boldsymbol{C}$ 的大小和方向很容易求得

$$C=\sqrt{A^2+B^2+2AB\cos\alpha} \tag{4}$$

$$\varphi=\arctan\frac{B\sin\alpha}{A+B\cos\alpha} \tag{5}$$

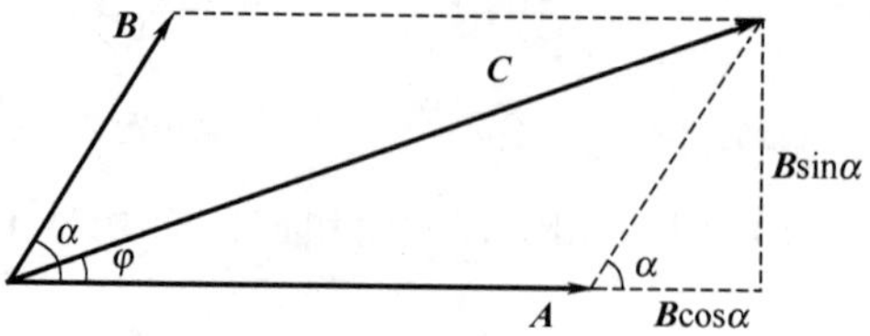

附录图 4 两矢量合成的计算

因为 $\boldsymbol{A}-\boldsymbol{B}=\boldsymbol{A}+(-\boldsymbol{B})$，所以欲求两矢量之差 $\boldsymbol{A}-\boldsymbol{B}$，可先找出 $\boldsymbol{B}$ 的负矢量（$-\boldsymbol{B}$），然后将 $\boldsymbol{A}$ 和 $-\boldsymbol{B}$ 相加即可。

三、矢量的正交分解与合成

一个矢量可分解为几个分矢量，最常用的矢量分解在两个或三个相互垂直的指定方向上，这种分解称为**正交分解**。

取平面直角坐标系 Oxy，如附录图 5 所示，矢量 $\boldsymbol{A}$ 在 Ox 轴和 Oy 轴上的分矢量 $\boldsymbol{A}_x$、

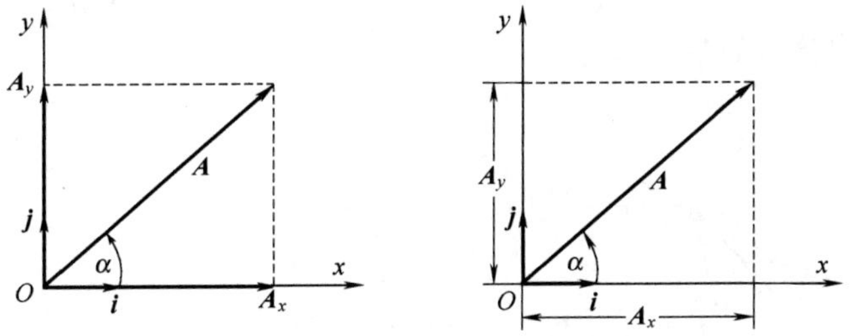

附录图 5　矢量的正交分量

$\boldsymbol{A}_y$ 都是一定的，即

$$\boldsymbol{A}=\boldsymbol{A}_x+\boldsymbol{A}_y \tag{6}$$

设沿 Ox、Oy 轴正方向的单位矢量分别为 $\boldsymbol{i}$、$\boldsymbol{j}$，则 $\boldsymbol{A}_x=A_x\boldsymbol{i}$，$\boldsymbol{A}_y=A_y\boldsymbol{j}$，其中

$$A_x=A\cos\alpha,\ A_y=A\sin\alpha$$

于是式(6) 可写成

$$\boldsymbol{A}=A\cos\alpha\boldsymbol{i}+A\sin\alpha\boldsymbol{j} \tag{7}$$

显然矢量 $\boldsymbol{A}$ 的模为

$$A=\sqrt{A_x^2+A_y^2}$$

矢量 $\boldsymbol{A}$ 与 Ox 轴的夹角 α 为

$$\alpha=\arctan\frac{A_y}{A_x}$$

运用矢量在直角坐标轴上的分量表示法，可以使矢量的加减运算简化。设平面直角坐标系内有矢量 $\boldsymbol{A}$ 和 $\boldsymbol{B}$，它们与 x 轴的夹角分别为 α 和 β，如附录图 6 所示。则矢量 $\boldsymbol{A}$ 和 $\boldsymbol{B}$ 在两坐标轴上的分量可表示为

$$\begin{cases}A_x=A\cos\alpha\\A_y=A\sin\alpha\end{cases}\qquad\qquad\begin{cases}B_x=B\cos\beta\\B_y=B\sin\beta\end{cases}$$

由附录图 6 可看出，合矢量 $\boldsymbol{C}=\boldsymbol{A}+\boldsymbol{B}$。$\boldsymbol{C}$ 在两坐标轴上的分量大小 C_x 和 C_y 与矢量 $\boldsymbol{A}$ 和 $\boldsymbol{B}$ 的分量之间的关系为

$$\begin{cases}C_x=A_x+B_x\\C_y=A_y+B_y\end{cases}$$

合矢量 $\boldsymbol{C}$ 的大小和方向由下式确定

$$C=\sqrt{C_x^2+C_y^2},\qquad \varphi=\arctan\frac{C_y}{C_x}$$

四、矢量的乘积

矢量具有大小和方向。因此，两矢量相乘也不像标量那样简单。下面介绍两矢量相乘的两种方法，一种是**标积**，一种是**矢积**。

1. 矢量的标积

两矢量 $\boldsymbol{A}$ 和 $\boldsymbol{B}$ 的标积是一个标量，其值等于两矢量的大小 A、B 与它们之间夹角 α 的余弦的乘积，写作

$$\boldsymbol{A}\cdot\boldsymbol{B}=AB\cos\alpha \tag{8}$$

如附录图 7 所示，$\boldsymbol{A}\cdot\boldsymbol{B}$ 相当于$\boldsymbol{A}$ 的大小与$\boldsymbol{B}$ 沿$\boldsymbol{A}$ 方向分量的乘积（或相当于$\boldsymbol{B}$ 的大小与$\boldsymbol{A}$ 沿$\boldsymbol{B}$ 方向分量的乘积）。

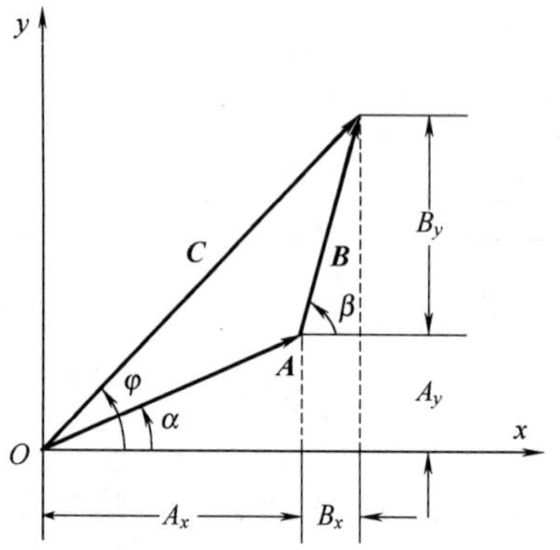

附录图 6　两矢量合成的解析法

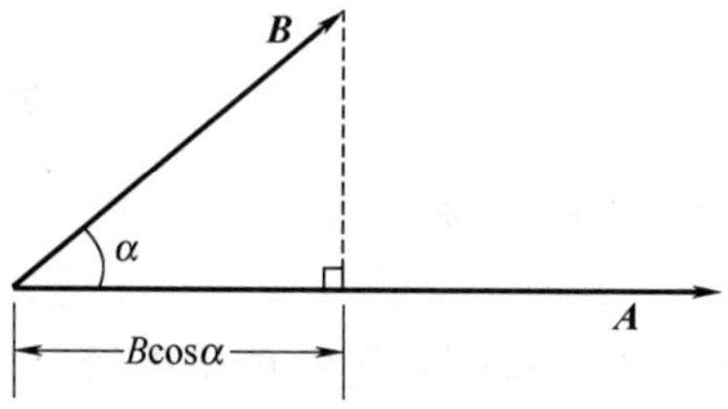

附录图 7　两矢量的标积

2. 矢量的矢积

两个矢量的矢积仍为一矢量。如附录图 8 所示，用$\boldsymbol{C}$ 表示矢量$\boldsymbol{A}$ 和$\boldsymbol{B}$ 的矢积，写作

$$\boldsymbol{A}\times\boldsymbol{B}=\boldsymbol{C} \tag{9}$$

矢量$\boldsymbol{C}$ 的大小为

$$C=AB\sin\alpha \tag{10}$$

式中，A、B 分别为矢量$\boldsymbol{A}$、$\boldsymbol{B}$ 的大小，α 为$\boldsymbol{A}$、$\boldsymbol{B}$ 之间小于 π 的夹角。

矢量$\boldsymbol{C}$ 的方向垂直于$\boldsymbol{A}$ 和$\boldsymbol{B}$ 所组成的平面，其指向可用右手螺旋定则确定（如附录图 8 所示）：当右手四指从$\boldsymbol{A}$ 经小于 π 的夹角转向$\boldsymbol{B}$ 时，右手拇指的指向就是$\boldsymbol{C}$ 的方向。如果以$\boldsymbol{A}$ 和$\boldsymbol{B}$ 组成平行四边形的邻边，则$\boldsymbol{C}$ 是这样一个矢量，它垂直于平行四边形所在的平面，其指向代表着此平面的正法线方向，而它的大小则等于平行四边形的面积。

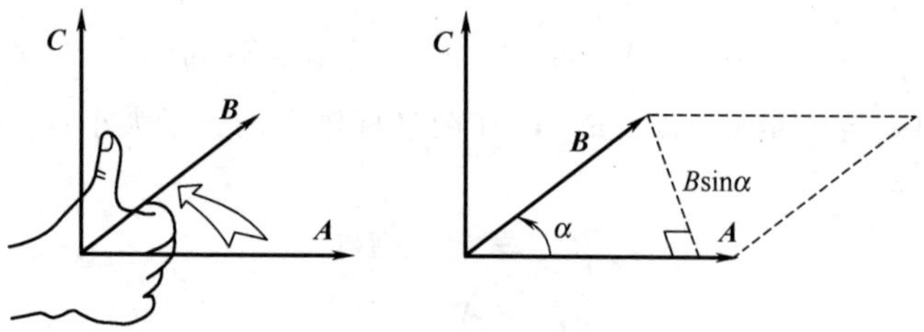

附录图 8　两矢量的矢积

附录二　我国法定计量单位和国际单位制（SI）

我国法定计量单位，是以国际单位制单位为基础，同时选用了一些非国际单位制的单位。本书使用我国法定计量单位。为此，对国际单位制择要予以介绍。

附录表 1　国际单位制的基本单位

量的名称	单位名称①	单位符号	定　义
长度	米	m	米是光在真空中(1/299792458)s 时间间隔内所经路径的长度
质量	千克(公斤)②	kg	千克是质量单位，等于国际千克原器的质量
时间	秒	s	秒是铯-133 原子基态的两个超精细能级之间跃迁所对应的辐射的 9192631770 个周期的持续时间
电流	安[培]	A	在真空中，截面积可忽略的两根相距 1m 的无限长平行圆直导线内通以等量恒定电流时，若导线间相互作用力在每米长度上为 2×10^{-7}N，则每根导线中的电流为 1A
热力学温度	开[尔文]	K	热力学温度开尔文是水三相点热力学温度的 1/273.16
物质的量	摩[尔]	mol	摩尔是一系统的物质的量，该系统中所包含的基本单元数与 0.012kg 碳-12 的原子数目相等。在使用摩尔时，基本单元应予指明，可以是原子、分子、离子、电子及其他粒子，或是这些粒子的特定组合
发光强度	坎[德拉]	cd	坎德拉是一光源在给定方向上的发光强度，该光源发出频率为 540×10^{12}Hz 单色辐射，且在此方向上的辐射强度为(1/683)W·sr^{-1}

① 去掉方括号时为单位名称的全称，去掉方括号中的字时即成为单位名称的简称；无方括号的单位名称，简称与全称同。

② 圆括号中的名称与它前面的名称是同义词。

附录表 2　国际单位制的辅助单位

量的名称	单位名称	单位符号	定　义
[平面]角	弧 度	rad	弧度是一圆内两条半径之间的平面角，这两条半径在圆周上截取的弧长与半径相等
立体角	球面度	sr	球面度是一立体角，其顶点位于球心，而它在球面上所截取的面积等于以球半径为边长的正方形面积

附录表 3 常用法定计量单位

一、SI 单位

量的名称	计量单位				备注
	名称	简称	符号	中文符号	
长度	米	米	m	米	$1cm=10^{-2}m$ $1km=10^{3}m$
面积	平方米	平方米	m^2	米^2	$1cm^2=10^{-4}m^2$ $1mm^2=10^{-6}m^2$
体积	立方米	立方米	m^3	米^3	$1cm^3=10^{-6}m^3$ $1dm^3=10^{-3}m^3$
时间	秒	秒	s	秒	
质量	千克(公斤)	千克(公斤)	kg	千克(公斤)	$1g=10^{-3}kg$
转动惯量	千克平方米	千克平方米	$kg\cdot m^2$	千克·米^2	
密度	千克每立方米	千克每立方米	$kg\cdot m^{-3}$	千克·米$^{-3}$	$1g\cdot cm^{-3}=1kg\cdot dm^{-3}=10^3kg\cdot m^{-3}$
速度	米每秒	米每秒	$m\cdot s^{-1}$	米·秒$^{-1}$	$1cm\cdot s^{-1}=10^{-2}m\cdot s^{-1}$
角速度	弧度每秒	弧度每秒	$rad\cdot s^{-1}$	弧度·秒$^{-1}$	
加速度	米每平方秒	米每平方秒	$m\cdot s^{-2}$	米·秒$^{-2}$	
角加速度	弧度每平方秒	弧度每平方秒	$rad\cdot s^{-2}$	弧度·秒$^{-2}$	
力	牛顿	牛	N	牛	$1N=1kg\cdot m\cdot s^{-2}$
力矩	牛顿米	牛米	$N\cdot m$	牛·米	
动量	千克米每秒	千克米每秒	$kg\cdot m\cdot s^{-1}$	千克·米·秒$^{-1}$	
角动量	千克平方米每秒	千克平方米每秒	$kg\cdot m^2\cdot s^{-1}$	千克·米^2·秒$^{-1}$	
冲量	牛顿秒	牛秒	$N\cdot s$	牛·秒	$1N\cdot s=1kg\cdot m\cdot s^{-1}$
冲量矩	牛顿米秒	牛米秒	$N\cdot m\cdot s$	牛·米·秒	
劲度系数	牛顿每米	牛每米	$N\cdot m^{-1}$	牛·米$^{-1}$	
压强	帕斯卡	帕	Pa	帕	$1Pa=1N\cdot m^{-2}$
功 能 热	焦耳	焦	J	焦	$1J=1N\cdot m$
功率	瓦特	瓦	W	瓦	$1W=1J\cdot s^{-1}$ $1kW=10^3W$
周期	秒	秒	s	秒	
频率	赫兹	赫	Hz	赫	$1Hz=1s^{-1}$ $1kHz=10^3Hz$ $1MHz=10^6Hz$
波长	米	米	m	米	$1cm=10^{-2}m$ $1nm=10^{-9}m$
摄氏温度	摄氏度	摄氏度	℃	摄氏度	
热力学温度	开尔文	开	K	开	1K=1℃

续表

量的名称	计量单位				备注
	名称	简称	符号	中文符号	
比热容	焦耳每千克开尔文	焦每千克开	$J \cdot kg^{-1} \cdot K^{-1}$	焦·千克$^{-1}$·开$^{-1}$	
	焦耳每千克摄氏度	焦每千克摄氏度	$J \cdot kg^{-1} \cdot ℃^{-1}$	焦·千克$^{-1}$·摄氏度$^{-1}$	$1J \cdot kg^{-1} \cdot K^{-1} = 1J \cdot kg^{-1} \cdot ℃^{-1}$
摩尔热容	焦耳每摩尔开尔文	焦每摩开	$J \cdot mol^{-1} \cdot K^{-1}$	焦·摩尔$^{-1}$·开$^{-1}$	
熔化热 汽化热	焦耳每千克	焦每千克	$J \cdot kg^{-1}$	焦·千克$^{-1}$	
电流	安培	安	A	安	$1mA = 10^{-3}A$ $1\mu A = 10^{-6}A$
电荷[量]	库仑	库	C	库	$1C = 1A \cdot s$
电场强度	伏特每米	伏每米	$V \cdot m^{-1}$	伏·米$^{-1}$	
	牛顿每库仑	牛每库	$N \cdot C^{-1}$	牛·库$^{-1}$	$1N \cdot C^{-1} = 1V \cdot m^{-1}$
电势 电压	伏特	伏	V	伏	$1V = 1J \cdot C^{-1}$ $1kV = 10^3V$ $1mV = 10^{-3}V$
电容	法拉	法	F	法	$1F = 1C \cdot V^{-1}$ $1\mu F = 10^{-6}F$ $1pF = 10^{-12}F$
电阻	欧姆	欧	Ω	欧	$1\Omega = 1V \cdot A^{-1}$ $1k\Omega = 10^3\Omega$ $1M\Omega = 10^6\Omega$
电阻率	欧姆米	欧米	Ω·m	欧·米	
电动势	伏特	伏	V	伏	
磁感应强度	特斯拉	特	T	特	
磁通[量]	韦伯	韦	Wb	韦	$1T = 1N \cdot A^{-1} \cdot m^{-1} = 1Wb \cdot m^{-2}$
自感	亨利	亨	H	亨	$1H = 1V \cdot s \cdot A^{-1}$ $1mH = 10^{-3}H$ $1\mu H = 10^{-6}H$

二、国家选定的非国际单位制单位

量的名称	计量单位				备注
	名称	简称	符号	中文符号	
质量	吨	吨	t	吨	$1t = 10^3kg$
	原子质量单位	原子质量单位	u	原子质量单位	$1u = 1.6605402 \times 10^{-27}kg$
时间	分	分	min	分	1min=60s
	小时	时	h	时	1h=60min=3600s
	日(天)	日(天)	d	日(天)	1d=24h=86400s

续表

量的名称	计量单位				备注
	名称	简称	符号	中文符号	
[平面]角	角秒	秒	$''$	秒	$1''=(\pi/648000)\mathrm{rad}$
	角分	分	$'$	分	$1'=60''=(\pi/10800)\mathrm{rad}$
	度	度	$^\circ$	度	$1^\circ=60'=(\pi/180)\mathrm{rad}$
体积	升	升	L(l)	升	$1\mathrm{L}=1\mathrm{dm}^3=10^{-3}\mathrm{m}^3$
速度	千米每小时	千米每小时	$\mathrm{km\cdot h^{-1}}$	千米·小时$^{-1}$	$1\mathrm{km\cdot h^{-1}}=\frac{5}{18}\mathrm{m\cdot s^{-1}}$
转速	转每分	转每分	$\mathrm{r\cdot min^{-1}}$	转·分$^{-1}$	$1\mathrm{r\cdot min^{-1}}=\frac{1}{60}\mathrm{r\cdot s^{-1}}$
	转每秒	转每秒	$\mathrm{r\cdot s^{-1}}$	转·秒$^{-1}$	$1\mathrm{r\cdot s^{-1}}=60\mathrm{r\cdot min^{-1}}$
功	千瓦特小时	千瓦时	$\mathrm{kW\cdot h}$	千瓦·时	$1\mathrm{kW\cdot h}=3.6\times10^6\mathrm{J}$
能	电子伏	电子伏	eV	电子伏	$1\mathrm{eV}=1.60217733\times10^{-19}\mathrm{J}$

习题中计算题答案

第一章

习题 1-1　1. 0，2000m。

2. ①100m，东偏南约 37°；②140m。

习题 1-2　1. ①$(14.4\boldsymbol{i}+9.4\boldsymbol{j})$m（$\boldsymbol{i}$ 指东，$\boldsymbol{j}$ 指北），60m；

②$(0.32\boldsymbol{i}+0.21\boldsymbol{j})\,\mathrm{m\cdot s^{-1}}$，$1.33\,\mathrm{m\cdot s^{-1}}$。

2. ①$(2-2t)\,\mathrm{m\cdot s^{-1}}$；②$-2\,\mathrm{m\cdot s^{-1}}$。

3. ①$(2\boldsymbol{i}+8t\boldsymbol{j})\,\mathrm{m\cdot s^{-1}}$；②$y=x^2$。

习题 1-3　1. ①$(-12t)\,\mathrm{m\cdot s^{-2}}$；②$-12\,\mathrm{m\cdot s^{-2}}$。

2. $(6\boldsymbol{i}-6t\boldsymbol{j})\,\mathrm{m\cdot s^{-2}}$。

*3. $x=\sqrt{(l_0-v_0t)^2-h^2}$，$-\dfrac{(l_0-v_0t)v_0}{\sqrt{(l_0-v_0t)^2-h^2}}$，$-\dfrac{v_0^2h^2}{[(l_0-v_0t)^2-h^2]^{\frac{3}{2}}}$。

*4. ①$(6t\boldsymbol{i}+4t\boldsymbol{j})\,\mathrm{m\cdot s^{-1}}$，$[(3t^2+10)\boldsymbol{i}+2t^2\boldsymbol{j}]$m；②$y=\dfrac{2}{3}x-\dfrac{20}{3}$。

习题 1-4　1. ①269m；②存在空气阻力。

*2. $8.36\,\mathrm{m\cdot s^{-2}}$，$5.12\,\mathrm{m\cdot s^{-2}}$。

3. ①b，做匀速圆周运动；②$\dfrac{b^2}{R}$，0；③$\dfrac{2\pi R}{b}$。

4. ①$3\pi\,\mathrm{m\cdot s^{-1}}$；②$2\pi\,\mathrm{m\cdot s^{-2}}$，$9\pi^2\,\mathrm{m\cdot s^{-2}}$。

5. $0.5\pi\,\mathrm{m\cdot s^{-1}}$，$0.5\pi^2\,\mathrm{m\cdot s^{-2}}$，0。

第二章

习题 2-1　1. $\sqrt{\dfrac{2h\cos\alpha}{g\sin\beta\sin(\beta-\alpha)}}$。

2. ①98N；②49N。

3. 460m，5.49×10^3N。

习题 2-2　1. 4J。

2. $(1-\sqrt{2})kl^2$。

3. 0.45m。

4. $2.8\,\mathrm{m\cdot s^{-1}}$。

习题 2-3　1. $\dfrac{mg}{k}+\sqrt{\left(\dfrac{mg}{k}\right)^2+\dfrac{2mgh}{k}}$。

2. ①$3.1\,\mathrm{m\cdot s^{-1}}$，$4.4\,\mathrm{m\cdot s^{-1}}$；

②$a_n=9.8\,\mathrm{m\cdot s^{-2}}$，$a_t=8.5\,\mathrm{m\cdot s^{-2}}$；$a_n=19.6\,\mathrm{m\cdot s^{-2}}$，$a_t=0$；

③$8.8\times10^{-2}$N，1.76×10^{-1}N。

习题 2-4　1. ①$-16\,\mathrm{kg\cdot m\cdot s^{-1}}$，$-16\,\mathrm{N\cdot s}$；②$-8\times10^3$N。

2. 0.25m·s^{-1}。

3. 14.1m·s^{-1}，$\boldsymbol{v}_3$ 与 $\boldsymbol{v}_2$（或 $\boldsymbol{v}_1$）之间的夹角为 135°。

4. ①1.38m·s^{-1}；②1.9×10^4N·s。

*习题 2-5 ①587m·s^{-1}；②0.002。

第三章

习题 3-1 1. $3Bt^2$rad·s^{-1}；$6Bt$rad·s^{-2}。

2. ①3.14rad·s^{-2}；②6.28rad·s^{-1}。

3. ①43.9rad·s^{-1}；②−5.11rad·s^{-2}；③71.6m。

4. ①125.7rad·s^{-1}；②66r；③9.42m·s^{-2}；④7.9×10^3m·s^{-2}。

习题 3-2 1. −0.157rad·s^{-2}；−99.9N·m。

2. 10.8s。

3. $\dfrac{2(m_1-\mu m_2)g}{2m_1+2m_2+m}$；$\dfrac{m_1(2m_2+2\mu m_2+m)g}{2m_1+2m_2+m}$；$\dfrac{m_2(2m_1+2\mu m_1+\mu m)g}{2m_1+2m_2+m}$。

4. 3.04m·s^{-2}；67.6N；52.4N。

习题 3-3 1. 17.8J。

2. 7.0×10^3J。

习题 3-4 1. $\dfrac{3F\Delta t}{ml}$。

2. ①$4\omega_0$；②$\dfrac{3}{2}mr_0^2\omega_0^2$。

3. ①200r·min^{-1}；②1.32×10^4J。

第四章

习题 4-1 1. 14.4N。

2. 10^{-7}N，3.3×10^{-10}C。

习题 4-2 1. 1.8×10^4V·m^{-1}，2.88×10^{-15}N。

2. 距 q_1 为 4.14cm 处。

3. ①$\dfrac{\delta}{2\varepsilon_0}\boldsymbol{i}$，$\dfrac{3\delta}{2\varepsilon_0}\boldsymbol{i}$，$-\dfrac{\delta}{2\varepsilon_0}\boldsymbol{i}$；

②2.50×10^5V·m^{-1}，7.50×10^5V·m^{-1}，−2.50×10^5V·m^{-1}。

4. $\dfrac{1}{\pi\varepsilon_0}\dfrac{Q}{4r^2-L^2}\boldsymbol{i}$。

5. $-\dfrac{Q}{2\pi^2\varepsilon_0 R^2}\boldsymbol{j}$。

习题 4-3 1. $\dfrac{eq}{4\pi\varepsilon_0 r}$。

2. $-\dfrac{q_0 q}{4\pi\varepsilon_0 r_a}$，$-\dfrac{q_0 q}{4\pi\varepsilon_0}\left(\dfrac{1}{r_a}-\dfrac{1}{r_b}\right)$，增加，增加了$\dfrac{q_0 q}{4\pi\varepsilon_0}\left(\dfrac{1}{r_a}-\dfrac{1}{r_b}\right)$。

习题 4-4 1. $\dfrac{Q}{4\pi\varepsilon_0 R}$。

2. $-\dfrac{\delta|x|}{2\varepsilon_0}$。

3. ①3.37×10^5V·m^{-1}，0；②0；③0。

4. ①$2.88\times10^{3}$V；②-2.88×10^{-6}J。

习题 4-5 1. ①$2.0\times10^{3}$V；②$2.0\times10^{5}$V·m^{-1}。

2. ①$3.54\times10^{-9}$F；②$3.54\times10^{-6}$C；③$2.0\times10^{5}$V·m^{-1}。

* 习题 4-6 $\frac{1}{2}C\varepsilon^{2}$，$\frac{1}{4}C\varepsilon^{2}$。

第五章

习题 5-1 1. 1.44×10^{-13}N。

2. 1.6×10^{-19}C。

习题 5-2 1. 1.13×10^{-4}T，垂直纸面向里。

2. 1.0×10^{-4}T，垂直纸面向外。

*3. 0。

习题 5-3 ①$26\times10^{-3}$T；②$1.89\times10^{-6}$Wb。

习题 5-4 1. 3.2×10^{-16}N。

2. ①$3.48\times10^{-2}$m；②0.379m；③$2.28\times10^{7}$Hz。

3. $\frac{qB^{2}x^{2}}{8U}$。

4. ①0.96N，方向垂直向下；0.96N，方向水平向右；
0.96N，方向向左上方且与竖直方向夹角45°；②0。

第六章

习题 6-2 1. ①$-0.5\pi\cos10\pi t$；②-1.57V。

2. $\frac{\mu_0 I_0 b\omega}{2\pi}\ln\frac{a+d}{d}\sin\omega t$。

习题 6-3 1. ①0.2V，沿着棒由 $b\rightarrow a$；②0.05N，向左；③0.05N，向右；④0.2W；⑤0.2W

2. -1.88×10^{-3}V，C 点电势高。

3. ①$\frac{1}{6}B\omega L^{2}$，C 点电势高；②$-\frac{1}{18}B\omega L^{2}$，$\frac{2}{9}B\omega L^{2}$，$-\frac{1}{6}B\omega L^{2}$。

4. 1.11×10^{-6}V，C 点电势高。

习题 6-4 1. 4×10^{-3}V，顺时针方向。

2. ①$4.4\times10^{-8}$I；②-8.8×10^{-8}V，逆时针方向。

习题 6-5 1. -1.08×10^{4}V。

2. 1.21×10^{3} 匝。

3. $\frac{\mu_0\pi R_1^{2}N_1N_2}{l}$。

* 习题 6-6 1. 1.0×10^{-2}J。

2. 1.6×10^{4}J·m^{-3}。

第七章

习题 7-1 1. 100atm。

2. 1.33×10^{-2}m^{3}。

习题 7-2 1. 3.1×10^{5}J，增加。

2. 1.5×10^{2}J。

习题 7-3 1. 5.0×10^{2}J，1.21×10^{3}J。

2. 623J，1038.5J；623J；623J；0，415.5J。

3. 2.72×10^{3}J。

4. ①$9.64\times10^{5}$Pa，571K；②-5.63×10^{3}J。

习题 7-4 1. 15.1%。

2. ①2.7%；②10%；后一种方案更好。

3. ①29.4%；②425K。

4. 1.05×10^{4}J。

第八章

习题 8-1 1. ①0.4m，0.67s，9.42rad·s^{-1}；②$\frac{\pi}{2}$，0，-3.77m·s^{-1}；

③-0.4m，0，35.5m·s^{-1}。

2. ①$x=0.24\cos\frac{\pi}{2}t$；②0.17m；③-4.19×10^{-3}N；④0.67s；

⑤-0.326m·s^{-1}，5.31×10^{-4}J，1.77×10^{-4}J，7.1×10^{-4}J。

习题 8-2 ①$\pm\pi$；②$-\frac{\pi}{2}\left(或\frac{3\pi}{2}\right)$；③$-\frac{\pi}{4}\left(或\frac{7\pi}{4}\right)$。

习题 8-3 ①0.078m，84°48′；②$2k\pi+\frac{3\pi}{4}$，$2k\pi+\frac{5\pi}{4}$。

习题 8-4 1. $y=0.01\cos1100\pi\left(t+\frac{x}{330}\right)$m。

2. ①0.05m，2.5m·s^{-1}，5Hz，0.5m；
②1.57m·s^{-1}，49.3m·s^{-2}；③$9.2\pi$，0.92s。；④略。

3. ①8m；②$\frac{1}{6}$s。

4. ①$y=0.04\cos\left(0.4\pi t-5\pi x+\frac{\pi}{2}\right)$m；②略。

5. $y=0.5\cos(0.5\pi t+0.5\pi)$m。

* 习题 8-5 ①$y_P=0$；②$y=0.1\cos(200\pi t-20\pi r_1+\varphi)$m。

自测题答案

第一章

一、判断题

×，√，√，×，√。

二、选择题

B，A，D，C，D，C，B。

三、填空题

1. 匀速直线，竖直上抛。

2. 大小，方向。

3. x_0m，$[b+3ct+2et^2]$m·s^{-1}，bm·s^{-1}，$[2c+6et]$m·s^{-1}，$2c$。

4. $[2\cos\pi t\boldsymbol{i}+2\sin\pi t\boldsymbol{j}]$m，$x^2+y^2=2^2$，圆，$[-2\pi\sin\pi t\boldsymbol{i}+2\pi\cos\pi t\boldsymbol{j}]$m·s^{-1}，$2\pi$m·s^{-1}，$2\pi^2$m·s^{-2}，0。

四、计算题

1. ①$(-10+60t)\boldsymbol{i}+(15-40t)\boldsymbol{j}$ m·s^{-1}；②$60\boldsymbol{i}-40\boldsymbol{j}$ m·s^{-2}。

2. bt，$\dfrac{b^2t^2}{R}$，b，$\dfrac{b}{R}\sqrt{R^2+b^2t^4}$

第二章

一、判断题

√，√，×，×，√，×，×，√，√，√。

二、选择题

C，A，C，C，A，D，B，A。

三、填空题

1. $\dfrac{F}{m+M}$，$\dfrac{MF}{m+M}$。

2. 零，负。

3. 近日，远日。

4. $\sqrt{2}mv$，西南。

*5. 0.06m·s^{-1}，35.5°。

四、计算题

1. $\arccos\dfrac{g}{l\omega^2}$。

2. 13m·s^{-1}。

3. $\dfrac{2mg}{k}$，$2mg$，$g\sqrt{\dfrac{m}{k}}$。

*4. 501.4m·s^{-1}。

第三章

一、判断题

×，×，√，√，×。

二、选择题

C，A，B，D，B，C。

三、填空题

1. $-2\pi\nu\theta_0\sin(2\pi\nu t+\varphi)$，$-(2\pi\nu)^2\theta_0\cos(2\pi\nu t+\varphi)$，$\theta_0$，$2\pi\nu\theta_0$，$(2\pi\nu)^2\theta_0$，0。

2. $1.25\text{m}\cdot\text{s}^{-2}$，$2.5\text{rad}\cdot\text{s}^{-2}$。

3. $\frac{5}{4}ml^2$，$\frac{1}{4}ml^2$。

4. 3，3。

5. B，A。

6. $m_2r^2\omega_2-m_1R^2\omega_1$。

四、计算题

1. ①$-3\pi\text{rad}\cdot\text{s}^{-2}$；②300r；③$30\pi\text{rad}\cdot\text{s}^{-1}$；

④$47.1\text{m}\cdot\text{s}^{-1}$，$-4.71\text{m}\cdot\text{s}^{-2}$，$4.44\times10^3\text{m}\cdot\text{s}^{-2}$。

2. ①$1.31\text{m}\cdot\text{s}^{-2}$；②13.1N。

3. $0.628\text{rad}\cdot\text{s}^{-1}$。

*4. $1\text{rad}\cdot\text{s}^{-1}$；0。

第四章

一、判断题

√，√，×，√，×。

二、选择题

B，A，C，D，B，*B。

三、填空题

1. 在两点电荷连线之间，离点电荷 q 为 $(\sqrt{2}-1)l$ 处。

2. $\frac{\lambda}{2\pi\varepsilon_0 r}$。

3. $\frac{\sigma}{2\varepsilon_0}$。

4. b，a，$-\frac{qQ}{4\pi\varepsilon_0 r_b}$，增加。

5. $\frac{q}{6\pi\varepsilon_0 R}$。

6. 增大，减少。

四、计算题

1. $3.24\times10^4\text{V}\cdot\text{m}^{-1}$，方向与 BC 的夹角为 33.7°。

2. $\frac{\lambda^2}{2\pi\varepsilon_0}\ln\frac{a+l}{a}$，方向向右。

3. $\frac{q}{8\pi\varepsilon_0 l}\ln\frac{a+2l}{a}$。

第五章

一、判断题

×，×，×，√，√。

二、选择题

C，C，D，B，B。

三、填空题

1. 0，$\frac{\sqrt{2}\mu_0}{8\pi R^2}Idl$，$\frac{\mu_0}{4\pi R^2}Idl$，垂直纸面向里，垂直纸面向外。

2. 5.6A。

3. $\frac{\mu_0 I}{4}\left(\frac{1}{R_1}+\frac{1}{R_2}\right)$，垂直纸面向里。

4. qE，垂直纸面向外，$qvB\sin\theta$，垂直纸面向里，$E=vB\sin\theta$。

四、计算题

1. ①$9\times10^{-6}$T，垂直纸面向外；②在两导线决定的平面内，在上导线下方 7.7cm 处。

2. $3.0\times10^{6}\text{m}\cdot\text{s}^{-1}$。

3. 1.28×10^{-3}N，方向向左。

第六章

一、判断题

×，×，√，×，√。

二、选择题

C，D，C，D，D。

三、填空题

1. ①无电流；②有电流，顺时针方向；③有电流，顺时针方向。

2. $-3.18\text{T}\cdot\text{s}^{-1}$。

3. $-\frac{\mu_0\pi r^2\omega I_0}{2R}\cos\omega t$。

4. 洛伦兹，感生电场。

5. 变化的磁场，闭合曲线。

6. 2∶1。

7. 0。

*8. 8×10^{-2}J。

*9. $1.5\times10^{8}\text{V}\cdot\text{m}^{-1}$。

四、计算题

1. $NBbA\omega\sin\omega t$。

2. 3×10^{-3}V，顺时针方向。

3. ①$2.26\times10^{-2}$H；②0.226V。

第七章

一、判断题

√，√，×，√，×。

二、选择题

C，A，A，D，C。

三、填空题

1. −750J。

2. −950J。

3. 等压膨胀过程，绝热膨胀过程，等压膨胀过程。

4. 210J，790J。

*5. 不可能从单一热源吸收热量，使之完全变为有用功而不产生其他影响；热量不可能自动地从低温物体传给高温物体而不引起其他变化；在孤立系统内，伴随热现象的自然过程都具有方向性。

四、计算题

1. 300J，600J。

2. ①$6.92\times10^2$J，6.92×10^2J；②$6.92\times10^2$J，9.68×10^2J。

3. ①900J；②1600J。

第八章

一、判断题

×，√，√，×，√。

二、选择题

A，B，C，C，D。

三、填空题

1. 6×10^{-2}m，0.4πs，$-\frac{\pi}{4}$，-2.65×10^{-2}N，-4.24×10^{-2}m，$-0.212\text{m}\cdot\text{s}^{-1}$，$1.06\text{m}\cdot\text{s}^{-2}$。

2. 120J，8J。

3. $\frac{\pi}{3}$，1.22×10^{-1}m。

4. A，$\frac{b}{2\pi}$，$\frac{b}{c}$，$\frac{2\pi}{c}$。

5. $y=A\cos\left[\omega\left(t+\frac{x+1}{u}\right)+\varphi\right]$。

四、计算题

1. ①$5.2\times10^{-2}$m，$-9.42\times10^{-2}\text{m}\cdot\text{s}^{-1}$，$-0.513\text{m}\cdot\text{s}^{-2}$；②0.833s。

2. ①$y=5\times10^{-2}\cos\left[7000\pi\left(t-\frac{x}{350}\right)-\frac{\pi}{3}\right]$m；②$y_O=5\times10^{-2}\cos\left(7000\pi t-\frac{\pi}{3}\right)$m。

参考文献

[1] 鲍世宁等. 大学物理学教程. 杭州：浙江大学出版社，2014.
[2] 叶伟国等. 大学物理. 北京：清华大学出版社，2012.
[3] 龚勇清. 大学物理教程. 北京：国防工业出版社，2011.
[4] 朱浩等. 大学物理教程（上、下）. 成都：西南交通大学出版社，2010.
[5] 陈颖聪等. 新世纪大学物理. 上海：华东师范大学出版社，2005.
[6] 陈信义. 大学物理教程. 北京：清华大学出版社，2005.
[7] 吴柳. 大学物理学. 北京：高等教育出版社，2003.
[8] 张小芳等. 大学物理（高职版）. 成都：电子科技大学出版社，2017.
[9] 李迺伯等. 物理学（第四版）. 北京：高等教育出版社，2017.